Achim Kolacki (Hrsg.)

VM/CMS – Virtuelle Maschinen

Achim Kolacki (Hrsg.)

VM/CMS – Virtuelle Maschinen

Praxis und Faszination eines Betriebssystems

Bearbeitet von
Helmut Drieger

Springer Fachmedien Wiesbaden GmbH

CIP-Titelaufnahme der Deutschen Bibliothek

Drieger, Helmut:
VM-CMS, virtuelle Maschinen: Praxis und
Faszination eines Betriebssystems / bearb.
von Helmut Drieger, Achim Kolacki (Hrsg.). –
Braunschweig; Wiesbaden: Vieweg, 1991
   ISBN 978-3-663-11764-3

Druck und buchbinderische Verarbeitung: W. Langelüddecke, Braunschweig

ISBN 978-3-663-11764-3   ISBN 978-3-663-11763-6 (eBook)
DOI 10.1007/978-3-663-11763-6

Inhaltsverzeichnis

Kapitel 4

Die virtuelle CMS Maschine und deren Konfiguration 19

Kapitel 5

Die CMS Umgebung 31

Kapitel 6

Die Arbeit mit der virtuellen Maschine 35

Kapitel 13

Anhang A

Anhang B

Anhang C

Anhang D

VM/CMS - Virtuelle Maschinen

Praxis und Faszination eines Betriebssystems

Vorwort

Bereits während meiner Studienzeit wurde ich mit dem eklatanten Mangel an Literatur zu Betriebssystemen, Anwendungssystemen und Programmiersystemen auf Großrechnern konfrontiert. Hier hat sich seither nichts gebessert.

Der deutsche Buchmarkt im DV-Sektor zeichnet sich noch immer durch ein bemerkenswertes Ungleichgewicht aus: Eine wahre Titelflut für den Personal Computer-Bereich einerseits, so gut wie keine Originalpublikationen für das Mainframe-Management. Natürlich gibt es die unmittelbar produktbezogenen Handbücher und Schulungsunterlagen der Hersteller, die nur den direkten Kunden zugänglich und von immer wieder kritisierter Qualität sind; weder Bandbreite noch Neutralität haben hier eine Chance. Natürlich gibt es Titel, die die allgemeinen Grundlagen oder den theoretischen Überbau abdecken. Und schlicht ärgerlich ist das geradezu hypnotische Festhalten an mehr oder weniger gelungenen, wortwörtlichen Übersetzungen aus dem Amerikanischen. Merken denn die Verleger, Redakteure und Lektoren nicht, daß wegen der unterschiedlichen Mentalität und der andersartigen Wirtschaftsstrukturen und Arbeitsphilosophie bei 1:1-Übertragungen immer eine Diskrepanz, eben eine mangelnde Griffigkeit für Deutsche bestehen bleibt?

Aber nicht nur die angeführten Argumente, sondern auch die komplexe Bandbreite der hiesigen DV-Landschaft und und speziell die Anzahl der Installationen zu dem von mir gewählten Thema beweisen den eindeutigen Bedarf an praxisbezogener Sekundärliteratur. Ich freue mich, daß ich einen Herausgeber gefunden habe, der bezüglich der angeschnittenen Problematik mit mir übereinstimmt, und ich bedanke mich an dieser Stelle für die außerordentlich gute Kooperation.

Das vorliegende Buch beschreibt das Betriebssystem VM (virtual machines) von seiner Funktionalität her und berücksichtigt alle wesentlichen Komponenten. Dabei werden insbesondere der Editor XEDIT und die Programmiersprache REXX wegen ihrer integralen Bedeutung für das VM vorgestellt. CMS als Timesharing System wird gemäß seiner Bedeutung ausführlich behandelt.

Ein besonderes Kapitel befaßt sich mit der Betrachtung der Performance sowie der Optimierungsmöglichkeiten. Praktische Beispiele zu allen Hauptbestandteilen illustrieren die VM-Leistungsmerkmale.

Ich habe mich bemüht, das Buch von der Gliederung, der Zielgruppenorientierung (DV-Anwender, Programmierer und Systemverantwortliche) und dem leichten Informationszugriff her so benutzerfreundlich wie möglich zu gestalten. Über Reaktionen, konstruktive Kritik und kollegialen Gedankenaustausch würde ich mich sehr freuen.

Helmut Drieger

Pfünz, im Juli 1990

Kapitel 1

Was ist ein Betriebssystem ?

1.1 Die Basisfunktion eines Betriebssystems

Das System VM gehört, wenn man Software klassifiziert, zur Gattung der Betriebssysteme. Eine Finanzbuchhaltungssoftware gehört im Gegensatz dazu zu den Anwendungssystemen. Ein Paket, bestehend aus Editor (Schreibsystem), Compiler (Sprachübersetzer), Linker (Binder), Debugger (Programm zur Fehlersuche), könnte man als ein Programmiersystem definieren.

Worin liegt nun der große Unterschied zwischen einem Betriebssystem und einem Anwendungssystem?

Nehmen wir einen ganz einfachen Taschenrechner, auf dem wir eins und eins zusammenzählen können. Auch der Taschenrechner ist ein Computer (was ja nichts anderes heißt als "Rechner"), er hat die klassischen Elemente einer Rechenanlage: eine Eingabemöglichkeit (die Tastatur), eine Ausgabemöglichkeit (die elektronische Anzeige) und ein Rechenelement. Können wir sagen, der Taschenrechner hat ein Betriebssystem? Ganz klar, ja. Denn in dem kleinen Kasten muß eine "Intelligenz" vorhanden sein, die die Daten von der Tastatur zur Recheneinheit bringt und das Ergebnis zur Anzeige. Tastatur, Anzeige und Rechenelement sind Teile der Hardware, und um die Hardware "zum Leben" zu erwecken, ist ein bestimmter Teil Software, das Betriebssystem, nötig.

In unserem Beispiel spricht man im allgemeinen aber noch nicht von einem Betriebssystem, sondern eher von einem Mikroprogramm oder auch von der "Firmware". Das Beispiel soll aber verdeutlichen, daß ein Betriebssystem nötig ist zur Steuerung und Verwaltung der Hardware einer Rechenanlage. Ohne Betriebssystem verbraucht der größte Rechner allenfalls Strom, ist aber zu einer sinnvollen Aufgabe nicht einsetzbar.

Die einzelnen Komponenten eines Rechners nennen wir die Betriebsmittel, die eine Hardware zur Verfügung stellt. Also der Speicher, die Ein- und Ausgabeeinheiten, der oder die Prozessor(en), Hintergrundspeicher (die Erweiterung des Hauptspeichers auf schnellen magnetischen Speichermedien oder Halbleiterspeichern) sind Betriebsmittel. Das Betriebssystem oder auch Steuerprogramm verwaltet die Betriebsmittel und stellt sie der restlichen Software ungeachtet, ob es ein Anwendungs- oder Programmiersystem ist, zur Verfügung.

Der Unterschied des Betriebssystems zur restlichen Software ist also klar: Die Betriebssystemsoftware ist die Basissoftware, ohne die eine Rechenanlage nicht zu betreiben ist.

Steuerprogramme waren auf den allerersten Rechnern noch nicht vorhanden, die Ansteuerung der Hardware lag damals zu großen Teilen in den Anwendungsprogrammen. Wenn man eine Generationeneinteilung vornimmt, befinden wir uns heute in der vierten Generation der Betriebssysteme. Sie ist u.a. dadurch gekennzeichnet, daß neben der Basis auch ein Timesharingsystem implementiert ist, über das der Anwender sofort Kontakt mit dem Rechner aufnehmen kann. Diese Systeme heißen **TSO** (Time Sharing Option im **MVS**), **CMS** (Conversational Monitoring System im **VM**), **ICCF** (Interactive Communication Control Facility im **VSE**) usw.

Wir wollen hier das **CMS** als ein Betriebssystem eines virtuellen Rechner im **VM** betrachten.

1.2 Der Microcode oder die Firmware

Bevor wir zum **Kapitel 2** übergehen, kehren wir noch einmal zur Hardware und zu unserem Taschenrechner zurück. Betreiben wir doch einmal ein Gedankenspiel. Angenommen der Hersteller des Taschenrechners bekommt von einem Halbleiterhersteller das besonders günstige Angebot einer viel kontrastreicheren Anzeigeeinheit. Die Maße sind identisch, der Einbau in das vorhandene Gehäuse bereitet keine Schwierigkeiten. Nur, um die Zahlen richtig darzustellen, benötigt die neue Anzeige andere Signale von der Recheneinheit. Das bedeutet, es wäre eine neue Recheneinheit zu entwickeln, die die korrekten Signale liefert. War der Hersteller des Taschenrechners genügend weitsichtig, so hat er zwischen den Prozessor und das Display die Möglichkeit der Signalumsetzung eingebaut, vielleicht eine festprogrammierbare Logikeinheit, ein Mikroprogramm, das einfach umzustellen und billig zu implementieren ist.

Beim Großrechner hat das Mikroprogramm die Aufgabe, die elektronischen Funktionen auf die immer gleichen Erfordernisse der Software abzubilden. Stellen wir uns einen einfachen Assemblerbefehl vor zum Umspeichern des Inhalts eines Prozessorregisters in ein anderes. Der Befehl **LR 2,3** bringt zum

Beispiel den Inhalt des Registers drei in das Register zwei. Hinter dieser mnemonischen Schreibweise verbirgt sich ein fester hexadezimaler Kode, der in allen Programmen, die auf einem Rechner mit der gleichen Architektur eingesetzt werden, immer identisch sein soll. Die Architektur ist wie in einem Gesetzbuch festgeschrieben. Die Hardware, in unserem Fall der Prozessor muß sich natürlich ändern dürfen. Das hat zur Folge, daß sich die physikalischen Vorgänge, die einzelnen Prozessorschritte, ändern. Das Mikroprogramm, wiederum eine Abfolge von Befehlen, aber jetzt direkt an die Hardware ist zu ändern, damit das Programm auf dem neuen Rechner läuft.

Dieser Teil der Software ist ganz klar vom Betriebssystem abzugrenzen, das Mikroprogramm gehört, obwohl es Software ist, zur Hardware. Das Mikroprogramm wird während des **IML**-Vorgangs (initial microprogram load) von einer Diskette (oder auch einer Festplatte) in einen besonderen Teil des Speichers geladen und steht dort bis zum nächsten **IML** zur Verfügung.

Erst nach dem IML kann der **IPL** (initial program load) stattfinden. Mit dem **IPL** wird das Betriebssystem, z.B. das VM, auf einem Rechner gestartet.

Verlassen wir jetzt die Hardware und wenden uns dem **VM** zu. Wir beginnen mit einem kleinen geschichtlichen Rückblick. Im Anschluß daran erläutern wir dann die Grundgedanken des **VM**. Die ausführliche Darstellung des Betriebssystemkerns, des **CP** (Control Program), läßt uns erstmalig in die Welt eines virtuellen Systems einsteigen.

Kapitel 2

Einführung in das Betriebssystem VM

2.1 Etwas Geschichte

Die Geschichte des VM beginnt 1964 am Cambridge Scientific Center der
IBM. Die ersten Namen waren CP-40 bzw. CP-67 für die IBM/360-40 und
IBM/360-67. Für den Kunden waren diese Testsysteme aber noch nicht verfügbar. Als erstes Kundensystem kam 1972 das VM/370 für die neuen
IBM/370 Rechner auf den Markt. Derzeit intallierte Systeme heißen VM/SP
in den Releases 4, 5 und 6. VM/XA existiert für die Großsysteme (erweiterte
/370 Architektur).

2.2 Der Grundgedanke des VM

Vorläufer des VM sind die "realen" Betriebssysteme (z.B. OS, DOS). Solche
Systeme verwalten alle physikalisch vorhandenen, realen Betriebsmittel, wo-
bei durchaus mehrere Prozesse sich diese teilen. Es ist unschwer zu ermes-
sen, wie komplex die Wartung eines solchen Systems war, insbesondere wenn
Korrekturen an kritischen Stellen nötig sind. Ein immenser Aufwand an Zeit,
Hardware und Personal war erforderlich. Die Arbeit war schwierig, das Pro-
dukt enthielt häufig noch Fehler, Testumgebung war der Produktiveinsatz.
Deshalb reifte die Idee, die Hardware im Programm zu simulieren.

In unserer Welt der Nachbildungen, der Flugsimulatoren und Rechnerspiele,
liegt diese Lösung auf der Hand, 1964 aber war die Idee einer rein logischen
Vervielfachung von Rechnern bahnbrechend. Die Väter von VM haben es
ermöglicht, bereits in kleinen VM-Installationen durchaus hundert virtuelle
Rechner gleichzeitig auf ein und derselben realen Hardware in Betrieb zu
nehmen.

Wer von den hundert logischen Rechnern steuert denn jetzt die Hardware,
werden Sie fragen, einer muß ja der Chef sein. Die Antwort lautet schlicht,
keiner der logischen Computer ist der Meister, alle sind gleichberechtigte
Partner. Zur Verwaltung der einmal vorhandenen physikalischen Betriebsmittel gibt es ein Programm, das Steuerprogramm des VM, das CONTROL

PROGRAM (CP). Das CP ist Herr über die physikalischen Vorgänge und besitzt die Fähigkeit, die Rechnereinheiten den untergeordneten Betriebssystemen (man achte auf die Mehrzahl) zugänglich zu machen. Diese untergeordneten Betriebssysteme, auch Gastbetriebssysteme (Guest Operating Systems) genannt, sind die Systeme, mit denen die Rechner bisher standalone (= ein Betriebssystem auf einer Hardware) betrieben wurden. Sie gehören zu den Systemfamilien OS (MVS/XA, MVS, OS/VS1,...), DOS (DOS, DOS/VS, DOS/VSE, VSE/SP), UNIX und VM. Sie lesen richtig, das CP kann als Gastsystem auch wieder ein VM steuern. "VM unter VM" heißt das Schlagwort. Bei jedem Release-Wechsel wird das neue System zunächst einmal unter dem alten VM installiert und getestet. In großen Installationen wird beispielsweise ein VM/SP unter einem VM/XA produktiv betrieben.

Wenn wir von einem Betriebsystem VM sprechen, müssen wir mindestens zwei, seit dem Release 4 drei Komponenten unterscheiden.

- Das CP, das Control Program als den Betriebsystemkern. Er steuert die Hardware und stellt die Betriebsmittel seinen Anwendern (das sind die logischen virtuellen Rechner) zur Verfügung.

- Das CMS, das Timesharing System als Betriebssystem im logischen Rechner und als Benutzerschnittstelle.

- Das GCS, das Group Control System, ein Mini MVS zum Betrieb von typischer OS-Software, wie z.B. das VTAM.

Betrachten wir nun die Installation eines logischen Rechners im VM (*Anhang G, Abbildung 1*).

2.3 Virtualisierung der realen Welt

Diese Überschrift möchte ich als Begriff verwenden, wenn es gilt, die Funktion des CP zu erklären. Betrachten wir **Bild 1** (Angang G) und erinnern uns kurz, was die Bestandteile eines Rechnersystems sind. Herz des ganzen Systems ist der Prozessor (oder auch die Prozessoren) und der Hauptspeicher, dann Platten als Hindergrund- und Massenspeicher, Ein-/Ausgabesysteme mit der Peripherie wie Bandgeräte, Drucker, Bildschirmsteuereinheiten, Datenfernverarbeitungsgeräte, Kartenleser und Stanzer. Die beiden letztgenannten Geräte werden heute wohl nur noch selten in einem Rechenzentrum zu finden sein, diese Gerätefunktionen aber sind auch in Standalone-Installationen über das Timesharingsystem abgebildet.

Wie wir wissen steuert das CP des VM die physikalische, die reale Welt des Rechnersystems. Die Virtualisierung liegt in der Fähigkeit des CP, die physikalischen Komponenten für einen CP-User zu simulieren (den Begriff CP-User verwende ich als Synonym für den virtuellen Rechner). Dabei wird die physische Konfiguration des realen Rechners nicht einfach eins-zu-eins für den CP-User kopiert; was auch völlig sinnlos wäre, was soll z.B. ein CMS Anwender mit einigen Gigabyte an Plattenkapazität? Im DIRECTORY des CP wird die Konfiguration des CP-Users festgelegt. Dort wird gesagt, wieviel Platten in welcher Größe, wieviel Hauptspeicher, welche UR-Einheiten, usw. der virtuelle Rechner verwenden kann. (UR-Einheiten sind Kartenleser, Stanzer, etc.).

Ein typischer VM-Directory Eintrag könnte wie folgt aussehen:

```
        USER meier hugo 1M 2M G                    (1)
        ACCOUNT 8000 verkauf                       (2)
        CONSOLE 009 3215                           (3)
        SPOOL 00C 2540 READER A                    (4)
        SPOOL 00D 2540 PUNCH A                     (5)
        SPOOL 00E 1403 A                           (6)
        MDISK 191 3380 400 10 VMPK01 MR work       (7)
        LINK MAINT 190 190 RR                      (8)
```

(1):   Es wird ein neuer virtueller Rechner mit dem Namen "meier" und dem Logon Passwort "hugo" definiert. Er kann 1 Megabyte Hauptspeicher benutzen und hat die CP Klasse G. Wenn 1MB als Hauptspeicher nicht ausreicht, kann "meier" ein zusätzliches Megabyte beanspruchen.

(2):   Dem User "meier" wird die Accounting Nummer 8000 und der Listverteilerkode "verkauf" zugeordnet. Mit dem Accounting wird festgehalten, welche Betriebsmittel der virtuelle Rechner "meier" verbraucht hat, sowie eine Statistik über die Höhe seines Verbrauches geführt.

(3):   Der Rechner "meier" hat als Konsole einen Bildschirm vom Typ 3215 an der (virtuellen) Adresse 009.

(4):   Der Rechner hat einen Kartenleser vom Typ 2540 an der virtuellen Adresse 00C, der Leser ist auf Klasse A gestartet.

(5):   Der Rechner hat einen Stanzer vom Typ 2540 an der virtuellen Adresse 00D, der Stanzer ist ebenfalls auf Klasse A gestartet.

(6):   Der Rechner hat einen Drucker vom Typ 1403 an der virtuellen Adresse 00E und auch mit Klasse A.

(7):   Der Rechner hat eine Platte vom Typ 3380 an der virtuellen Adresse
       191. Die Platte ist 10 Zylinder groß und liegt auf dem physikalischen
       Volume VMPK01 beginnend mit Zylinder 400. Die Platte ist im MR
       Mode im Zugriff und durch das LINK Passwort "work" vor dem Zugriff
       anderer Rechner geschützt.

(8):   Mit diesem Directory Statement wird die Platte eines anderen virtuel-
       len Rechners (Maint 190) als eigene Platte in Zugriff genommen, hier
       ebenfalls mit der virtuellen Adresse 190. Der Zugriffsmodus ist Read
       Only.

Hat man einen Bildschirm mit dem VM Logon-Bild vor sich, kann man sich
mit dem Namen des CP-Users anmelden und mit dem Passwort ausweisen.
Führt man so einen Logon durch, meldet sich das CP, das Control Program
des VM Betriebssystems. ("CP Read" am Bildschirm rechts unten). Man kann
jetzt mit dem CP kommunizieren, d.h. CP Befehle eingeben.

Es läuft aber noch kein Gastbetriebssystem in dem Sinne, wie wir es oben definiert haben. Das CP alleine kann für den Anwender noch keine sinnvollen
Aufgaben erledigen. Wie wir gesehen haben, definieren wir einen neuen virtuellen Rechner mit allen benötigten Resourcen. Nach dem Logon befinden
wir uns im Stadium wie nach einem IML auf einem realen Rechner.

Wie startet man einen realen Rechner weiter? Wie wir bereits wissen, durch
den IPL-Vorgang (Initial Program Load). Einen IPL führt man auf ein IPL-
fähiges Gerät, in der Regel eine Platte, aus. Im ersten Satz des ersten Zylin-
ders muß der IPL-Record stehen, ein Miniprogramm, das den Prozessor in
die Startroutinen des jeweiligen Betriebssystems führt.

Beim Start des realen Rechners mit dem VM steht im Zylinder Null der IPL-
Platte nichts anderes als ein kleines Verzweigungsprogramm zum VM-
Nucleus. Der VM-Nucleus enthält eine Bootstrap-Routine, also ein Pro-
gramm, das den Betriebssystemkern in den Speicher lädt.

Auch der virtuelle Rechner wird durch IPL gestartet, entweder durch das CP-
Kommando IPL oder durch das Directory Statement IPL. In der o.a. Definition könnte also als zweite Zeile der Eintrag

```
IPL CMS (1a)
```

stehen. Das bedeutet, daß nach dem Logon das CP von sich aus den IPL Be-
fehl ausführt. In unserem Fall führen wir aber keinen IPL auf ein IPL-fähiges
Gerät aus, sondern auf ein sogenanntes "Saved System". Das ist auf einer
VM-Platte ein mit Namen versehener, speziell reservierter Bereich. Auf die-

sen Bereich wird der IPL durchgeführt, letztendlich also doch wieder auf ein IPL-fähiges Gerät.

Der o.a. Befehl **IPL CMS** führt also einen IPL auf ein "Saved System" mit dem Namen "CMS" aus. Das Saved System enthält alle Routinen des zu startenden Betriebssystems. In unserem Fall ist es das Conversational Monitor System (CMS). Wie weiter oben schon angedeutet, wird es in einem VM System sehr viele virtuelle Rechner geben. Wenn nun jeder Rechner immer wieder die gleiche Kopie der Betriebssystemroutinen laden müßte, wäre das ein riesiger Ballast; Betriebsysteme sind ja bekanntermaßen nicht gerade kleinlich, was Speicheranforderungen angeht. Saved Systems haben die Eigenschaft, von allen Rechnern parallel verwendet werden zu können, d.h. die Routinen liegen bei allen Rechnern im Speicherlayout an der gleichen Stelle.

So wie wir hier das CMS mit Hilfe des IPL gestartet haben, können wir auch ein VSE/SP oder ein MVS starten. Das VSE/SP hält beispielsweise sein Betriebssystem auf einer Platte, beginnend ab Zylinder 0, Spur 1, bereit. Es wird also im VM Directory ein CP-User kreiert, der entweder Inhaber dieser Platte ist oder per LINK Zugriff auf diese Platte hat. Soll VSE/SP gestartet werden, erfolgt ein IPL auf die Plattenadresse; also IPL cuu (cuu ist die allgemein übliche Schreibweise von Geräteadressen; c = Kanalnummer, uu = Gerätenummer an diesem Kanal).

Halten wir kurz inne und fassen das wichtigste noch einmal zusammen.

2.4 Zusammenfassung der Virtualisierung

- Wir haben einen realen Rechner, einen Blechkasten mit viel Elektronik. Wir haben Magnetplatten als Speichermedium, wir haben Bildschirme, um mit dem Rechner zu kommunizieren. Und - wir wissen, daß wir mit all dem absolut nichts anfangen können, solange wir kein Betriebssystem einsetzen.

- Wir wissen auch, daß als Bindeglied zwischen der Hardware und dem Betriebssystem die Firmware oder das Mikroprogramm aktiv ist.

- Nach dem Mikroprogrammstart (IML) erfolgt der IPL, der Start des VM-Betriebssystems, genauer des Steuerprogramms (CP). Danach sind alle virtuellen Rechner betriebsbereit.

- Die virtuellen Rechner sind im DIRECTORY des Steuerprogramms mit einem Directory-Entry definiert. Dieser legt die Betriebsmittel des logischen Rechners fest.

- Der logische Rechner ist, ähnlich dem realen Rechner, im Stadium nach dem IML, also noch nicht betriebsfähig. Um sinnvolle Aufgaben mit dem virtuellen Rechner erledigen zu können, muß ein IPL auf ein Betriebssystem erfolgen.

- Solch ein Betriebssystem kann das Timesharing-System des VM, das CMS sein, oder ein anderes, auch auf einem realen Rechner lauffähiges Betriebssystem, wie ein MVS oder ein VSE.

Führen wir uns auch noch einmal den Begriff der Virtualisierung vor Augen. Alle physikalischen Geräteadressen auf einem virtuellen Rechner bestehen in der /370-Architektur aus zwei Teilen, der Nummer des Kanals (von X'0' bis X'F') und der Nummer des Gerätes an diesem Kanal (von X'00' bis X'FF'). Die gleiche Logik in der Numerierung wurde auch bei der Virtualisierung beibehalten. So sind alle Geräteadressen des logischen Rechners virtuelle Adressen, die im DIRECTORY festgelegt sind.

Nehmen wir als Beispiel den Eintrag Nummer 7 im o.a. Directory-Eintrag, das MDISK Statement. Mit dem MDISK Eintrag wird eine Magnetplatte für den virtuellen Rechner definiert. Aus der Sicht des Anwenders hat diese Platte die Adresse X'191' und ist 10 Zylinder des Plattentyps 3380 groß (ca. 7 Megabyte). Für den Anwender beginnt die Platte selbstverständlich mit dem Zylinder Null und endet mit dem Zylinder neun Spur vierzehn. (0-9 sind 10 Zylinder und 0-14 sind 15 Spuren pro Zylinder, eine Spur kann ca. 47000 Byte speichern).

Im MDISK Eintrag steht aber Zylinder 400 und der Name der physikalischen Platte (VMPK01). Der Name der virtuellen Platte (Adresse 191) kann ein ganz anderer sein. Dem CP wird also gesagt, daß für einen virtuellen Rechner eine Platte ab dem physischen Zylinder 400 in der Größe von 10 Zylindern reserviert ist.

Die Virtualisierung liegt also darin, die Adresse 191 des virtuellen Rechners auf das physische Volume ab dem Zylinder 400 abzubilden. Auf welcher physischen Adresse die Platte mit dem Namen VMPK01 liegt, ist dem CP schon wieder gleichgültig, denn den Weg zu der physischen Adresse hat sich das CP beim Start gemerkt und dem Namen der Platte zugewiesen.

So gesehen sind selbst die physikalischen Adressen virtuell, weil sich das CP nur nach den Volume-Namen richtet und nicht nach Kanaladressen.

Es ist wichtig zu verstehen, daß der physische Zylinder 400 der Zylinder Null der virtuellen Platte 191 ist. Wenn Sie sich dies in aller Ruhe vor Augen führen, wird Ihnen das Prinzip der Virtualisierung klarer werden.

2.5 CP - Befehle und Befehlsklassen

Die Kommunikation mit dem CP findet über die entsprechenden CP Befehle statt. Einen haben wir schon kennengelernt, den IPL-Befehl. Es gibt ca. 100 CP Befehle, um die verschiedenen Funktionen des CP zu nutzen. (s. **Anhang A**).

Jeder CP Befehl ist an eine Klasse gebunden. Die Klassen werden mit A bis G bezeichnet. Die A-Befehle sind die mächtigsten (z.B. SHUTDOWN, das Beenden des CP und damit das Abschalten des Rechners). Doch die Klasseneinteilung hat nicht nur mit Mächtigkeit zu tun, sondern mit der Aufgabenverteilung der einzelnen Anwender, die mit dem CP kommunizieren.

Es gibt den reinen Konsumenten von Rechnerleistung, den allgemeinen Anwender also, beispielsweise einen Programmierer, der im CMS sein Quellenprogramm editiert. Er wird die Klasse G erhalten. Die folgende Aufstellung enthält grob die Zuordnung von Klasse zur Funktion.

Klasse	Funktion
A	Operator
B	Resource Operator
C	Systemprogrammierer
D	Spooling Operator
E	Systemanalytiker
F	Servicetechniker
G	Allgemeiner Anwender

Any   CP Befehl mit allgemeiner Berechtigung

H   Für IBM reserviert

Der CP User kann mittels des Kommandos COMMANDS erfragen, welche CP Befehle ausgeführt werden dürfen.

Wem die vom Hersteller vorgesehene Klasseneinteilung für bestimmte Anwender zu undifferenziert ist, kann über OVERRIDES die Klassen erweitern. Die oben angeführte grobe Struktur kann so verfeinert werden.

Ein kurzer Überblick über die Komponenten des VM soll im folgenden das bisher Erarbeitete abrunden. Danach wird das Thema CMS behandelt und ausführlich erörtert.

Kapitel 3

Die Komponenten des VM - eine Aufzählung

Diese Aufzählung, die der Übersicht dient, umfaßt sieben Bestandteile des VM. Die einzelnen Teile genau zu behandeln, würde den Rahmen des Buches sprengen und wäre für eine Vielzahl der Leser auch von untergeordentem Interesse. So will ich den Versuch unternehmen, die einzelnen Komponenten soweit zu erklären, wie es für das Gesamtverständnis des VM unbedingt nötig ist. Den weiter interessierten Leser muß ich leider doch auf die VM-Literatur des Herstellers verweisen.

3.1 CP und CMS

Wie wir vorher schon gesehen haben, ist das Control-Program (CP) nicht in der Lage, sinnvolle Arbeit für den Anwender zu leisten. Es hat aber die Fähigkeit, die physische Hardware in eine virtuelle Hardware abzubilden und damit eigene virtuelle Rechner zu betreiben. Diese virtuellen Rechner benötigen als Trägersystem ein Betriebssystem. Das Timesharingsystem des VM, das Conversational Monitoring System (CMS), haben wir im letzten Kapitel bereits genannt. Es wird als Basissystem mitgeliefert. Der Betreiber möchte ja mit seinem VM-Rechner möglichst schnell ein Programm entwickeln oder ein fertiges System anwenden. Das CMS bietet dafür einen unkomplizierten Einstieg. Wir wissen aber auch, daß das VSE und das MVS Gastbetriebssysteme des VM sein können.

Die *Abbildung 2* im Anhang G verdeutlicht die Hierarchie, in der die Systeme angeordnet sind und welche wichtigen Programme unter deren Steuerung laufen können.

Aus dem Bild ist auch die Kombination "VM unter VM" ersichtlich. Ein weiteres CP läuft unter der Kontrolle des CP des physischen Rechners, quasi ein virtuelles CP.

3.2 Group Control System (GCS)

Ein Gastsystem wurde noch nicht erwähnt, das GCS. Es ist seit dem Release 4 Bestandteil des VM, muß aber nicht unbedingt installiert sein. Das Group Control System (GCS) ist hauptsächlich das Trägersystem für die Kommunikationsprogramme VTAM und RSCS, sowie für VTAM-Programme, die im VM laufen sollen (z.B. Netview). Mit dem Release 4 wurde VM damit SNA-fähig (s. auch Kapitel 13). Das VSCS stellt die Verbindung von einem SNA Terminal zum CP her, VSCS repräsentiert das VM als VTAM Anwendungsprogramm. VSCS kann im VTAM mitlaufen, oder es kann ein eigenständiger CP-User sein.

3.3 Remote Spooling Control System (RSCS)

Das RSCS ist das Remote Spooling System des VM, also Austausch von Druckoutput mit anderen VM- oder MVS-Systemen und Filetransfer mit solchen Rechnern. Es wird uns noch einige Male begegnen.

3.4 Interactive Problem Control System (IPCS)

Das IPCS ist seit Release 4 Bestandteil von VM und ermöglicht die Dumpanalyse der verschiedenen VM-Dumps.

3.5 Die VM internen Dienste

Die bisher genannten Systeme sind eigenständige Produkte und einzeln lizenzpflichtig (außer GCS und IPCS). Nachfolgend wollen wir die VM-internen Dienste, die Bestandteil von VM sind, aufzählen und kurz erklären. (4).

3.5.1 DIAGNOSE

Mit dem DIAGNOSE-Befehl können von Anwendungsprogrammen aus, bestimmte Betriebssystemdienste des VM angefordert werden. Der DIAGNOSE-Befehl ist kein ausführbarer Prozessorbefehl der /370 Architektur. Es gibt auch keine Mnemonik. Der Befehl muß mit DC (Define Constant) Assembleranweisungen kodiert werden. Der Befehlskode X'83' ist dafür reserviert. Beide nachfolgenden Halbbytes enthalten Registerangaben; danach werden zwei Bytes Funktionskode deklariert. Mit den Registern werden meist Adressen von Parameterlisten oder Pufferadressen an die DIAGNOSE-Routinen übergeben. Trifft der Prozessor auf den Befehlskode

X'83', erfolgt ein "Programm- Interrupt", denn in der /370 Architektur gibt es einen solchen Kode nicht. Der "Programm-Interrupt-Handler" des CP stellt den DIAGNOSE-Befehlskode fest, analysiert die nachfolgenden Bytes und führt die über den Funktionskode angeforderten CP-Dienste aus. Diese können zum Beispiel das Lesen der Systemuhr, das Manipulieren von Spoolfiles, der Update des VM-Directory, Anfordern von realem Speicher, Festhalten oder Freigeben von Speicherseiten, etc. sein. Bestimmte Dienste darf nur der privilegierte User nutzen (z.B.: Anforderungen von realem Speicher), einige andere stehen jedem zur Verfügung (Lesen der Systemuhr). Realisiert wird dieser Zugriffsschutz durch die Bindung des Diagnose-Befehls an die User-Klassen.

3.5.2 Inter-User Communications Vehicle (IUCV)

Dieser Betriebssystemdienst ist eine Einrichtung zur Kommunikation von virtuellen Rechnern untereinander. Ein Programm in einem Rechner kann Verbindung zu einem Programm in einem anderen Rechner aufnehmen und Daten austauschen (Programm-zu-Programm-Kommunikation). Es erfolgt ein Datentransfer vom Speicher der einen virtuellen Maschine in den Speicher der anderen virtuellen Maschine, ohne die üblichen Speicherschutzmechanismen zu umgehen. Koordinator ist das CP, es sorgt für die Sicherheit und den Schutz der Daten. Die Synchronisation der virtuellen Maschinen erfolgt über eine Interruptsteuerung; genauer über den externen Interrupt mit dem Interrupt Kode X'4000'. Makros erleichtern die Programmierung. (Siehe auch VMCF weiter unten). Für alle Leser, die sich näher mit diesem Systemdienst beschäftigen wollen, habe ich im Anhang C ein Beispielprogramm zusammengestellt. Es ist nicht ganz leicht, aus der Literatur heraus eine IUCV Programmverbindung aufzubauen.

3.5.3 CP System Services

Der interessierte Benutzer sollte für diesen Punkt die IBM Literatur (4) konsultieren. Hier sollen die einzelnen Services nur aufgezählt werden.

- SNA Virtual Console Communication Services   (*CCS)
- Message System Service   (*MSG)
- DASD Block I/O System Service   (*BLOCKIO)
- Signal System Service   (*SIGNAL)
- Message All System Service   (*MSGALL)
- Error Logging System Service   (*LOGREC)
- Spool System Service   (*SPL)

Alle System-Services sind Kommunikationsdienste und werden über IUCV gesteuert. Die Namen in Klammern sind die CP internen Userids, mit denen IUCV verkehrt, und gleichzeitig der Parametername für das OPTION Statement im VM Directory für einen CP-User, wenn er sich eines der Dienste bedienen will. Die letzten drei Services sind neu ab Release 5.

3.5.4 Special Message Facility

Mittels dieser Einrichtung kann ein Anwender über das CP SMSG Kommando mit einer anderen virtuellen Maschine kommunizieren. Man kann Nachrichten an diesen virtuellen Rechner schicken, die dieser interpretiert und beantwortet. Ein Anwender kann so z.B. Befehle an das RSCS System schicken, das RSCS antwortet mit den entsprechenden Rückmeldungen. Trägersystem ist wieder IUCV oder auch VMCF (siehe unten).

3.5.5 Single Console Image Facility

Ein virtueller Rechner kann im "disconnected" Mode laufen, d.h. der Rechner führt ein Programm ohne Operator aus. Der CP-User ist also an keinem Terminal angemeldet. In jedem VM gibt es mehrere solcher Rechner (z.B. VTAM, RSCS). In den CONSOLE Statements solcher Maschinen kann ein anderer CP User angegeben werden, der, sofern er angemeldet ist, alle Nachrichten von diesen "disconnected" Usern bekommt und der auch mittels CP SEND Befehl an diese User Kommandos geben kann.

3.5.6 Logical Device Support Facility

Mit dieser Einrichtung kann ein Anwendungsprogramm logische Geräte der Typen 327x und 328x, also Terminals und Drucker, im CP definieren und ansprechen. Die Funktion wird über den DIAGNOSE Kode X'7C' implementiert.

3.5.7 Virtual Machine Communication Facility (VMCF)

VMCF ist ein weiteres Kommunikationsmittel zur Verständigung von Programmen in unterschiedlichen virtuellen Rechnern. Es ist direkt mit IUCV vergleichbar. Die Synchronisation erfolgt auch über externe Interrupts (Kode X'4001'), die einzelnen VMCF Aktionen werden mit DIAGNOSE-Befehlen (X'68' als Funktionskode) initiiert. IUCV hat eigene Pseudobefehle. Die Programmierweise von IUCV- und VMCF-Programmen ist unterschiedlich. Die VMCF-Steuerblöcke müssen selbst programmiert werden, ebenso die Einrichtung der externen Interruptroutinen. Bei IUCV gibt es für die einzelnen Funktionen Makros, die die Programmierung sehr erleichtern. Für CMS Programme gibt es teilweise eigene IUCV Makros.

Über die bisher genannten VM internen Dienste hinaus, gibt es auch noch VM Anwendungen, die Bestandteil der VM Lizenz sind:

3.6 Programmable Operator Facility (PROP)

Der programmierbare Operator unterstützt den VM Operator bei seiner Arbeit. Dazu gehört z.B. das Ausfiltern unwichtiger Systemmeldungen, das Reagieren auf bestimmte Meldungen mit vordefinierten Antworten, das Loggen der Systemmeldungen, Remote-Operating, etc.

3.7 National Languages

Ab Release 5 ist es möglich, VM in der jeweiligen Landessprache zu bestellen. So erscheinen beispielsweise alle Systemmeldungen in deutsch, die umfangreiche Hilfeunterstützung ist übersetzt und auch die Kommandoeingabe erfolgt in der Landessprache.

Soviel zur Übersicht über das VM. Die ersten drei Kapitel haben Ihnen die Philosophie des VM näher gebracht und einen Einblick in die Virtualisierung vermittelt.

Die Idee, auf einem Rechner soviele eigenständige virtuelle, logische Rechner einzurichten, wie gefordert werden und in den Grenzen der Leistungsfähigkeit einer Hardware performant zu betreiben, hat mich schon immer fasziniert. Hier vereinen wir die logische Trennung von bestimmten Aufgaben mit den gemeinsamen Anforderungen an zentral verwaltete Betriebsmittel. Ausreichend vorhandene Kommunikationsbausteine runden das Bild ab und ermöglichen einen zuverlässigen Austausch zwischen den virtuellen Maschinen.

Im folgenden beschäftigen wir uns mit dem CMS. Die Funktion und die Konfiguration der CMS-Userid, also der eigentliche virtuelle Rechner, wird jetzt im Vordergrund stehen.

Kapitel 4

Die virtuelle CMS Maschine und deren Konfiguration

4.1 Warum wird ein System wie CMS benötigt?

Jedes Großrechnerbetriebssystem, wie MVS oder VSE, bietet die Grundlage ein VTAM, ein CICS, ein Datenbanksystem zu betreiben und Batch-Jobs laufen zu lassen. Darüber hinaus ist aber ein System erforderlich, womit z.B. die Arbeitsvorbereitung die Batch-Jobs erstellt, der Programmierer seinen Quellenkode für die CICS-Programme oder Batch-Programme schreibt, die Sekretärin die Geschäftspost tippt und versendet, der Systemprogrammierer Systemparameter definiert, der Betriebswirt Zahlenmaterial der Firma auswertet, usw.

Solche Systeme sind im MVS in Form des TSO und im VSE in Form des ICCF selbstverständlich vorhanden. So ist auch im VM, als übergeordnetem System, eine z.B. dem TSO vergleichbare Umgebung erforderlich.

Was benötigt wird, ist ein System, in dem viele verschiedenartige Programme installiert werden können:

- Textsysteme und/oder Bürokommunikationseinrichtungen wie SCRIPT oder PROFS;

- Datenbanken wie SQL und Abfragesysteme wie QMF;

- Programmentwicklungssysteme wie CSP;

- Graphikanwendungen wie CADAM und viele, viele andere.

Die genannten Komponenten sind Programme, die dem jeweiligen Endanwender helfen, seine tägliche Arbeit mit Hilfe des Computers zu erleichtern, ja teilweise erst zu ermöglichen. Diese Anwender müssen von VM eigentlich nichts wissen, sie müssen ihr Anwendungssystem kennen, mit dem sie arbeiten.

Der Programmierer, der Systemprogrammierer und der Arbeitsvorbereiter wird kein Anwendungssystem benötigen, er wird mit einem Editor zufrieden sein. (Er kann aber auch ein Entwicklungssystem für seine Programmierarbeit fordern).

Im VM ist das Conversational Monitor System (CMS) das Basissystem, das alle individuellen Nutzer des VM Rechners zufriedenstellt. Es liefert einem Anwender die Umgebung eines kompletten /370 Rechners, inklusive eines komfortablen Editors (XEDIT), einer strukturierten, interpretativ verarbeiteten Prozedurensprache (REXX), einem Assembler mit allen Debugmöglichkeiten. Über Lizenzen sind verschiedene Compiler wie PL/I, PASCAL, C, FORTAN, BASIC installierbar. Die damit entwickelten Programme sind direkt im CMS ablauffähig (es ist ja ein /370 Rechner). Es können aber auch Programme entwickelt und getestet werden, deren Zielbetriebssystem entweder zur DOS- oder OS-Familie gehört.

Beginnen wir jetzt mit der Betrachtung der einzelnen Komponenten einer CMS-Userid. Es haben sich mehrere Bezeichnungen eingebürgert: CMS Maschine, aus der wörtlichen Übersetzung; CMS User, damit ist eigentlich mehr die Person gemeint, die mit dem CMS arbeitet; ich möchte daher im folgenden von der CMS-Userid sprechen (oder einfach Userid), ein identifizierender Name für einen virtuellen Rechner im VM. Im Kapitel 2 haben wir unter der Überschrift "Virtualisierung der realen Welt" von einem CP-User gesprochen, als ein virtueller Rechner den das CP des VM steuert. Wir haben festgestellt, daß so ein CP-User ein Trägersystem für seine Funktionen benötigt. Das Trägersystem wird durch IPL gestartet. Sprechen wir von einer CMS-Userid, so ist dies im ersten Schritt ein CP-User gemäß der Definitionen im **Kapitel 2** mit einem IPL auf das CMS als zweiten Schritt. Der Directory-Eintrag wird also mit Sicherheit das Statement "IPL CMS" beinhalten. "CMS" als Parameter des IPL Statements ist ein frei wählbarer Name, er wird beim Abspeichern des "Saved Systems" vergeben.

4.2 Erster Logon

Setzen wir uns einmal in Gedanken an ein Terminal und versuchen, zum ersten mal eine Anmeldung am CMS. Wie Sie an das VM Ihres Rechenzentrums kommen, kann ich hier nicht beschreiben, denn dies hängt in erster Linie davon ab, wie Ihr Bildschirm angeschlossen ist (VTAM oder VM-enabled). Nehmen wir also an, Ihr Terminal zeigt das Begrüßungsbild von VM. Dies ist nicht einheitlich, denn das Layout kann bei der VM-Installation frei definiert werden. Haben Sie das Release 4 von VM vor sich, drücken Sie als erstes die Eingabetaste (Datenfreigabe-Taste), das Begrüßungsbild verschwindet, und Sie erhalten die Aufforderung, sich anzumelden. Das erforderliche Kommando ist der CP Befehl LOGON:

```
LOGON userid oder kürzer
L userid
```

Findet das CP Ihre Userid im VM Directory, fordert Sie das CP oder ein eventuell installiertes Sicherheitssystem (z.B. RACF) dazu auf, das Passwort für die Userid einzutippen. Die eingetippten Zeichen erscheinen aus Sicherheitsgründen nicht auf dem Bildschirm. Sie haben in der Regel auch nur drei Versuche, falls Sie sich vertippen. Ab Release 5 können Sie Ihre Anmeldedaten gleich im Begrüßungsbild angeben. Haben wir diese erste Hürde genommen, sollten Sie auf dem Bildschirm die Meldung

```
R; T=0.01/0.01 11:12:13 oder auch nur R;
```

sehen. Dies ist die Ready Meldung des CMS. CMS ist gestartet und wartet auf die Eingabe von CMS Befehlen. Einen ersten Befehl wollen wir gleich kennenlernen. Welche Form die Ready Meldung hat, bestimmen Sie mit dem Befehl

```
=>   SET RDYMSG SMSG   für die Kurzform und
=>   SET RDYMSG LMSG   für die Langform.
```

In der Langform zeigt Ihnen das CMS neben der Uhrzeit noch die verbrauchte CPU Zeit. Die CPU Zeit wird im VM immer in zwei Werten gemessen. Einmal die Zeit, die das CP insgesamt für die jeweilige Userid aufwenden mußte (CPU total time) und zum anderen die Zeit, die innerhalb der Userid verbraucht wurde (CPU virtual time). Die Differenz ist der CPU Verbrauch des CP.

Mehr wollen wir im Moment noch gar nicht tun, außer uns gleich wieder abzumelden. Wir müssen unseren Wunsch, das CMS-System zu verlassen, dem CP mitteilen. Der Befehl dazu lautet LOGOFF. Es erscheint die Logoff Meldung mit einigen Daten über Ihre Userid, z.B. wie lange Sie am CP angemeldet waren.

Wir können noch wenig mit unserem virtuellen Rechner anfangen, wenn wir nicht so recht wissen, wie er konfiguriert ist, also vieviel Speicher wir zur Verfügung haben, wie groß die Platten sind, welche wir überhaupt haben, usw.

4.3 Virtueller Prozessor und virtueller Speicher

Abbildung 3 im Anhang G zeigt die typische Konfiguration einer CMS-Userid. Es zeigt die Zentraleinheit mit dem virtuellen Prozessor und dem virtuellen Speicher. Der Speicher sollte mindestens 512K (typisch sind 1-2MB) betragen, er kann sich bis 16MB erstrecken. Auf mittleren 4381 Rechnern ist auch real nicht mehr als 16MB Hauptspeicher vorhanden. Wie groß der Speicher Ihrer Userid nach dem IPL ist, bestimmt das User Statement im VM Directory. Hier werden zwei Größen angegeben. Der erste Wert legt die Größe nach dem IPL fest, der zweite die Größe des Speichers, den Sie sich selbst mittels CP Befehl (DEFINE) definieren können.

CP Befehl? Wir sind doch jetzt im CMS. Das ist richtig, doch das CMS hat eine Umgebung, ein CMS-Environment, und in dieser Umgebung gibt es u.a. das CP. Vordergründig sind wir im CMS, im Hintergrund wartet aber auch das CP zur Befehlsausführung. Wir werden das CMS Environment noch genauer besprechen, Sie können sich schon mal das **Bild 4** ansehen. Vorerst sollte es genügen wenn Sie wissen, daß CP Befehle möglich sind.

Mit dem QUERY Befehl

```
    =>    QUERY VIRTUAL STORAGE

    STORAGE = 02048K
    R; T=0.01/0.01 08:18:05
```

erhalten Sie z.B. die Größe des virtuellen Speichers.

4.4 Unit Record (UR) -Einheiten

Im oberen Teil von **Bild 3** sehen Sie die UR-Einheiten (Unit Record). Sie sind die Verbindung Ihres virtuellen Rechners nach außen, d.h. zu anderen virtuellen Rechnern in Ihrem VM; oder aber auch zu virtuellen Rechnern in anderen VM Systemen auf physisch anderen Rechnern. Die physischen Rechner müssen z.B. über VTAM/RSCS verbunden sein. Sie können auch mit TSO Anwendern in MVS Rechenzentren kommunizieren. Doch zurück zu den UR-Einheiten.

Der Kartenleser (READER) mit der virtuellen Adresse 00C ist das Eingabemedium für Ihren virtuellen Rechner. Jedesmal, wenn Sie von anderen virtuellen Rechnern Daten erhalten, erscheinen Sie immer auf dem READER Ihrer Userid. Niemand kann direkt in den Speicher Ihrer Userid schreiben (IUCV ist ein anderes Thema, dort ist es möglich) oder Files direkt auf Ihre Minidisks übertragen.

Der Stanzer (PUNCH) mit der virtuellen Adresse 00D ist das Ausgabemedium für Sätze mit maximal 80 Stellen.

Der Drucker (PRINT) mit der virtuellen Adresse 00E ist das zweite Ausgabemedium für Drucksätze mit maximal 133 Stellen (incl. Vorschubsteuerzeichen).

Ihr Ein- bzw. Ausgabegerät, mit dem Sie sich Online mit dem CMS unterhalten, ist die Konsole (CONSOLE). Sie hat normalerweise die virtuelle Adresse 009.

Die UR-Einheiten können Sie mit dem QUERY Befehl anzeigen:

```
=>    QUERY  VIRTUAL   UR oder in der Kurzform
=>    Q V UR
```

Sie erhalten die folgende Anzeige:

```
RDR   OOC CL  A    NOCONT   NOHOLD   EOF       READY
PUN   OOD CL  A    NOCONT   NOHOLD COPY 001   READY FORM STANDARD
      OOD FOR   RCMSSYS1  DIST VERKAUF
PRT   OOE CL  A    NOCONT   NOHOLD COPY 001   READY FORM STANDARD
      OOE FOR   RCMSSYS1  DIST VERKAUF    FLASHC  000
      OOE FLASH         CHAR       MDFY        0 FCB
R; T=0.01/0.01 08:18:44
```

Sie sehen links die Gerätebezeichnungen in ihren im VM üblichen Abkürzungen mit den virtuellen Adressen. Anschließend werden eine Reihe von Statusmeldungen, teilweise mehrzeilig, zu jedem Gerät ausgegeben. Die Statuswerte können mit dem SPOOL Befehl geändert werden. Dort werden wir auf diese Anzeige zurückkommen. In gleicher Art können Sie auch den Status Ihrer Konsole anzeigen:

```
=>    QUERY VIRTUAL CONS

CONS 009 ON LDEV 400C    TERM START
     009 CL T NOCONT NOHOLD COPY 001 READY FORM STANDARD
     009 TO  RCMSSYS1 DIST VERKAUF    FLASHC 000
     009 FLASH        CHAR        MDFY       0 FCB
R; T=0.01/0.01 08:18:45
```

4.5 Die Minidisks

Im unteren Teil von **Bild 3** sehen Sie die verfügbaren Magnetplatten. Es sind selbstverständlich keine physischen Laufwerke, auch die Platten sind virtualisiert. Aus CMS-Sicht sind es eigenständige Platten eines bestimmten Typs (z.B. IBM 3380) mit dessen Charakteristika und mit einer bestimmten Größe, gemessen in Zylindern bei CKD-Einheiten und in Blöcken bei FBA-Einheiten. Die CMS Platten sind Teil einer realen VM-Platte, mit einer realen Volume-Bezeichnung auf dem realen Zylinder Null. Beginnend mit Zylinder eins können CMS Platten, oder nach dem VM Sprachgebrauch MI-

NIDISKs, mittels MDISK Statement für eine bestimmte Userid vergeben werden. Vergleichen Sie mit unserem Beispiel-Directory-Eintrag aus **Kapitel 2**. Jede Minidisk beginnt also auf einem realen Zylinder eines realen Volumes, aus CMS-Sicht aber mit Zylinder Null. Vor dem ersten Gebrauch muß eine Minidisk formatiert werden, wobei der virtuelle Volumename (oder auch Label) vergeben wird:

```
=>    FORMAT  191  A  (BLKSIZE 1024)
```

Mit diesem Befehl formatieren Sie Ihre Minidisk mit der Adresse 191 und einer Blockgröße von einem Kilobyte. Welche Blockung Sie verwenden sollen, hängt davon ab, wie die Daten struktuiert sind. Verwendbare Blockgrößen sind 800 Byte, 1, 2 und 4 KB. Sicherheitshalber werden Sie vor dem Formatieren noch einmal gefragt, ob Sie dies wirklich wollen, denn der Formatvorgang läuft auch auf bereits formatierten und mit Daten versehenen Minidisks. Nachdem Sie noch den Volumenamen angegeben haben, läuft die Formatierung. Nach dem Abschluß erhalten Sie eine Meldung, wieviel Zylinder formatiert wurden. Die Anzahl entspricht der Eintragung im MDISK Statement.

Der zweite Parameter beim o.a. Format Befehl (A) gibt den Filemode an. Der Filemode ist eine zweistellige Angabe, wobei uns vorerst nur die erste Stelle interessiert. Die erste Stelle des Filemodes ist ein Buchstabe von A bis Z. Jede Minidisk wird mit einem Filemode versehen. Damit ist auch schon die Anzahl festgelegt; 26 Minidisks mit den Filemodes von A bis Z können also gleichzeitig im Zugriff sein. Die Filemodes legen außerdem eine alphabetisch aufsteigende Suchreihenfolge fest. Werden z.B. Programme zur Ausführung gesucht, wird immer an der alphabetisch niedrigsten Minidisk begonnen. Die Reihenfolge ist beliebig änderbar. Der Befehl

```
=>    RELEASE filemode    (wobei filemode = A..Z)
```

entfernt eine Minidisk aus der Suchreihenfolge, bei einem eventuellen Suchlauf wird die entsprechende Minidisk nicht mehr berücksichtigt. Mit dem Befehl

```
=>    ACCESS vaddr filemode
```

(wobei vaddr die virtuelle Adresse und filemode wieder A..Z ist) wird eine Minidisk mit einer bestimmten virtuellen Adresse unter dem angegebenen Filemode in die Suchreihenfolge aufgenommen. Mit einer RELEASE-ACCESS Befehlsfolge kann eine Minidisk in der Suchreihenfolge also vor- oder zurückgesetzt werden.

Doch zurück zu **Bild 3**. Sie sehen dort fünf Minidisks. Die angegebenen virtuellen Adressen und die zugeordneten Filemodes sind die VM Empfehlung:

Adresse	Filemode	Inhalt
190	S	CMS Systemplatte. Diese Minidisk enthält alle Komponenten des CMS
191	A	Arbeitsplatte der Userid
192	D	Erweiterung zur Arbeitsplatte
19D	H	Enthält alle Hilfsfiles des VM
19E	Y/S	Ist als Erweiterung zur Systemplatte im Zugriff

Alle Minidisks, außer der Arbeitsplatte A, sind im READ ONLY Mode im Zugriff, sie können vom User nicht beschrieben werden. Die D-Disk wird meist für Programme und Daten benutzt, die alle Userid's gemeinsam benutzen sollen und die nicht Bestandteil des CMS Systems sind. Also alle rechenzentrumsspezifischen Prozeduren, Programme und Daten. Alle anderen Minidisks werden meist nicht modifiziert und enthalten den gelieferten Kode.

Eine Minidisk ist eine virtuelle DASD (Direct Access Storage Device). Der Eigentümer einer DASD ist die Userid, die das MDISK Statement im VM Directory hat. Eine virtuelle DASD einer Userid kann auch einer anderen Userid gehören. Solche Minidisks werden entweder permanent per LINK Statement im VM Directory oder temporär per LINK Befehl zugewiesen. Sie sind damit aber noch nicht in der Suchreihenfolge, sondern lediglich mit einer bestimmten virtuellen Adresse für den ACCESS Befehl verfügbar.

Mit dem Befehl

```
=>   q v dasd

DASD 190 3380 VMNRES R/O    32 CYL
DASD 191 3380 VMPKON R/W    10 CYL
DASD 192 3380 VMNRES R/O    10 CYL
DASD 19D 3380 VMNRES R/O    27 CYL
DASD 19E 3380 VMNRES R/O    15 CYL
DASD 301 3380 VMNRES R/O    34 CYL
DASD 500 3380 VMPKON R/W    15 CYL
DASD 501 3380 CMS002 R/W     5 CYL
DASD 502 3380 VMMAN1 R/W    15 CYL
R; T=0.01/0.01 08:18:05
```

können Sie sich anzeigen lassen, welche DASDs Ihre Userid besitzt, also welche virtuelle Adresse, welcher Plattentyp, auf welchem realen Volume die Minidisk residiert, welchen Zugriffsmodus sie hat und wie groß die Minidisk ist.

Im Gegensatz dazu zeigt Ihnen der Befehl

```
=>   q disk

LABEL   CUU  M   STAT   CYL  TYPE BLKSIZE    FILES
SY1191  191  A   R/W     10  3380 1024         504
SY1500  500  B   R/W     15  3380 4096          58
SY1501  501  C   R/W      5  3380 4096          10
MNT192  192  D   R/O     10  3380 1024         299
MNT190  190  S   R/O     28  3380 4096         195
MNT301  301  V   R/O     34  3380 1024        1583
MNT19E  19E  Y/S R/O     15  3380 2048          85

         BLKS USED-(%)  BLKS LEFT  BLK TOTAL
             3763-81         887        4650
              711-32        1539        2250
               29-04         721         750
             3211-69        1439        4650
             3303-79         897        4200
            15432-98         378       15810
             3137-77         913        4050
       R; T=0.01/0.02 08:17:34
```

welche Minidisks in der Suchreihenfolge sind. Aus dieser Anzeige ist jetzt ersichtlich, mit welchem Filemode die Minidisk verbunden ist, welchen virtuellen Label sie hat, nochmal die virtuelle Adresse und der Zugriffsmodus sowie die Größe und der Plattentyp. Darüberhinaus ist aber ersichtlich, wieviel
Files die Minidisk beinhaltet, mit welcher Blockung sie formatiert ist, wieviel
Blöcke die Minidisk enthält, wieviele Blöcke benutzt sind und wieviele noch
frei sind.

Es ist wichtig zu verstehen, was eine DASD und was eine DISK ist. In der "Q
V DASD"-Anzeige sehen Sie, daß der Userid auch die Platten mit der virtuellen Adresse 19D und 502 gehören, in der "Q DISK"-Anzeige erscheinen
diese Minidisks nicht. Sie sind also nicht in der Suchreihenfolge. Daten dieser Platten können (noch) nicht bearbeitet werden.

Der Befehl

```
=>    DETACH vaddr
```

entfernt eine DASD von der Userid mit der virtuellen Adresse vaddr. Der
DETACH Befehl ist das Gegenstück zum LINK Befehl.

Mit dem LINK Befehl nehmen Sie sich eine fremde (das MDISK Statement
im VM Directory hat eine andere Userid) Minidisk für Ihren Gebrauch in
Zugriff.

Der LINK-Befehl hat folgenden Aufbau:

```
=>   LINK TO userid vaddr1 AS vaddr2 mode PASS=password
```

wobei

userid	der Eigentümer der Minidisk ist,
vaddr1	die virtuelle Adresse der Minidisk beim Eigentümer, also die Adresse, wie sie im MDIS Statement angegeben ist,
vaddr2	die virtuelle Adresse, die die Minidisk bei der Link-Userid bekommen soll,
mode	der Zugriffsmodus,
password	das Link-Passwort, wie es je nach Zugriffsmodus im MDISK Statement steht.
	"TO" und "AS" sind Füllworte und können weggelassen werden.

Bei der VM Installation wird festgelegt, ob das Passwort in der obigen Form gegeben werden kann oder ob der User (ähnlich wie beim Logon Passwort) in einer extra Zeile zur Passwort-Eingabe aufgefordert wird. Die eingegebenen Zeichen werden auch dabei nicht angezeigt.

Der Zugriffsmodus im LINK Befehl sowie im MDISK Statement hat folgende Bedeutungen:

Mode	Bedeutung
R	Zugriff lesend, der Link erfolgt nur, wenn keine andere Userid Schreibzugriff hat
RR	Zugriff lesend, der Link erfolgt unabhängig davon, ob eine andere Userid Schreibzugriff hat oder nicht
WR	Schreibzugriff; der Link erfolgt nur, wenn keine andere Userid einen LINK auf diese Minidisk hat
WR	Schreibzugriff, wenn er möglich ist (d.h. keine andere Userid hat einen LINK), sonst erfolgt lesender Zugriff
M	Schreibzugriff, nur wenn keine andere Userid Schreibzugriff hat

R   Schreibzugriff; hat eine andere Userid Schreibzugriff, erfolgt lesender Zugriff

MW   Schreibzugriff, unabhängig ob eine ander Userid Schreibzugriff
             hat

Vielleicht ist daraus ersichtlich, daß immer nur eine Userid schreibenden
Zugriff auf eine Minidisk haben darf, gleichzeitig aber schreibender Zugriff
von mehreren Userids auf die gleiche Minidisk erlaubt ist. Die klare Aussage
in der VM Literatur dazu ist, daß die Datenintegrität von der VM Seite nicht
gewährleistet ist. Regeln Programme, insbesondere Gastbetriebssysteme den
mehrfach schreibenden Zugriff, setzt dem das VM nichts entgegen. Die
Datenintegrität stellt dann das Gastsystem sicher.

Zum letzten Mal werfen wir einen Blick auf **Bild 3**. Rechts außen ist das
Bandsymbol eingezeichnet. Bis zu 16 Bandstationen können Sie gleichzeitig
mit Ihrem virtuellen Rechner betreiben. Bänder lassen sich nicht virtualisieren, so daß dies mit 16 realen Bandstationen vergleichbar ist. Wo dies sinnvoll sein könnte, kann ich mir nicht so recht vorstellen. Vielleicht gibt es mit
den modernen Kassettenstationen eine Anwendung, bei der 16 Bandeinheiten gleichzeitig benötigt werden? Bänder sind für die Datensicherung und
Datenarchivierung natürlich unerläßlich. Jeder CMS-Benutzer kann sich sicher sein, daß das Rechenzentrum seine Datensicherheit gewährleistet. Meist
sind automatische Verfahren implementiert, über die der Anwender verlorene Daten wiederherstellen kann. Standardmäßig werden für Bänder die
virtuellen Adressen 181 bis 187 und 288 bis 28F verwendet. Äquivalent dazu
werden die symbolischen Namen TAP0 bis TAPF verwendet.

4.5.1 Die temporäre Minidisk

Jeder CMS Benutzer kann die im VM Directory festgelegte Konfiguration
der CMS Userid verändern. Der Befehl dazu ist der CP Befehl DEFINE. Im
Abschnitt 4.3 haben wir schon einmal davon gesprochen. Dort haben wir mit
DEFINE die Größe des virtuellen Speichers verändert. Für den Fall, daß ein
CMS Benutzer zur Erfüllung einer bestimmten Aufgabe vorübergehend eine
weitere Minidisk benötigt, ist es möglich, mit dem DEFINE Befehl eine temporäre Minidisk einzurichten. Je länger und intensiver mit einer CMS Userid
gearbeitet wird, um so mehr wächst das Datenvolumen der A-Disk an. Der
Anwender muß mit seinem Minidiskplatz haushalten. Soll aber z.B. eine
große Liste vom virtuellen Reader zur Weiterverarbeitung eingelesen werden, kann dies zu Problemen führen. Die Errichtung einer eigenen Minidisk
ist dann sehr von Vorteil. Der DEFINE Befehl hat die Form

```
CP DEFINE T3380 AS 199 CYL 10
```

Damit wird auf einer 3380 Einheit eine temporäre DASD mit 10 Zylindern und mit der virtuellen Adresse X'199' definiert. Der angeforderte Platz wird aus einem bei der Systemgenerierung festgelegten Plattenbereich genommen. Auf einer VM eigenen Platte werden Zylinder reserviert, in dem alle temporären Minidisks angelegt werden. Die Reservierung erfolgt mit dem Format/Allocate Programm des VM.

Mit "DEFINE" alleine ist die Minidisk aber noch nicht nutzbar, es wurde lediglich eine zusätzliche virtuelle DASD definiert. Was fehlt, ist die Formatierung der Minidisk. Mit

```
FORMAT 199 T
```

wird die DASD mit der virtuellen Adresse X'199' mit einer Blockgröße von 1024 Byte formatiert. Nach der Formatierung ist die Minidisk mit Filemode T in der Suchreihenfolge. Jetzt kann die Minidisk im Schreib-/Lesemodus wie die A-Disk verwendet werden.

Nachdem wir hier von temporären Minidisks sprechen, ist klar, daß die Lebensdauer einer mit DEFINE angelegten Minidisk begrenzt ist. Der Tod der Minidisk und natürlich der darauf befindlichen Daten tritt mit dem LOGOFF ein. Das muß man immer im Hinterkopf behalten, wenn man mit temporären Disks arbeitet. Schon mancher hat ein langes Gesicht gemacht, als er sich mit LOGOFF in die Mittagspause verabschiedet hat und am Nachmittag seine temporären Daten weiterbearbeiten wollte. Eine kleine Prozedur mit Namen LOGOFF EXEC, die prüft, ob eine temporäre Disk vorhanden ist, könnte hilfreich sein. Die Prüfung ist einfach, wenn man eine virtuelle Adresse für temporäre Disks reserviert.

Mit DISCONNECT kann die Userid verlassen werden. Mit dem DISCONNECT wird der virtuelle Rechner ja nicht abgeschaltet, es wird ihm lediglich die Konsole entzogen. Ein Programm oder eine Prozedur läuft auch im "disconnected mode" weiter. So bleibt auch die virtuelle DASD erhalten. Nach dem "reconnect" mit LOGON ist die temporäre Minidisk allerdings aus der Suchreihenfolge verschwunden. Ein erneuter

```
ACCESS 199 T
```

macht die temporären Daten mit Filemode T wieder zugänglich.

4.6 Wie ist die CMS Userid im VM Directory definiert?

Zusammenfassend für dieses Kapitel wollen wir uns noch einmal einen Eintrag in das VM Directory ansehen, wie er für das **Bild 4** im Anhang G kodiert werden müßte.

```
USER meier hugo 1M 2M G
IPL CMS
ACCOUNT 8000 verkauf
CONSOLE 009 3215
SPOOL 00C 2540 READER A
SPOOL 00D 2540 PUNCH A
SPOOL 00E 1403 A
MDISK 191 3380 400 10 VMPK01 MR work
LINK MAINT 190 190 RR
LINK MAINT 192 192 RR
LINK MAINT 19D 19D RR
LINK MAINT 19E 19E RR
```

Es ist eine Kopie des Beispiels aus **Kapitel 2**, ergänzt um das IPL Statement und um die "Links" der fehlenden Minidisks.

Zur Wiederholung: Der virtuelle Rechner heißt "Meier" und hat das Logon Passwort "Hugo". Der virtuelle Speicher hat nach einem IPL eine Kapazität von 1 Megabyte. Per DEFINE Befehl können maximal 2 MB beansprucht werden. Die CP Klasse ist G, ein allgemeiner User. Für das Accounting wird eine Nummer vergeben, sowie der Listenverteilerkode. Vergleichen Sie dazu die obigen QUERY-Abfragen zu den UR-Einheiten. Das CONSOLE Statement definiert die Konsole, anschließend sehen Sie die SPOOL Anweisungen für die UR-Einheiten. Das MDISK Statement legt die Arbeitsplatte fest. Die nachfolgenden LINK Statements machen die CMS System Disks sowie die Hilfsfiles und die Erweiterung der Arbeitsplatte verfügbar. Eigentümer dieser Minidisks ist meist die Userid MAINT. Über diese Userid erfolgt die Installation des VM.

Kapitel 5

Die CMS Umgebung

5.1 Der Weg vom CMS zum CP und zurück

Im vorangehenden Kapitel haben wir bei unserer ersten Anmeldung bereits kurz den Begriff der CMS Umgebung, des ENVIRONMENTs gestreift. Wir benötigten einen Befehl, um unseren virtuellen Speicher zu ändern. Durchgeführt haben wir dies noch nicht. Nehmen wir an, die READY Meldung des CMS (R;) steht auf Ihrem Bildschirm. Sie haben die Berechtigung, 2 MB zu benutzen und haben derzeit nur 1 MB, das Ihnen für eine bestimmte Anwendung nicht ausreicht. Sie verwenden folgenden Befehl, um den Speicher auf 2 MB zu vergrößern:

```
=>    DEFINE STORAGE nnnnnK mit nn = 2048     oder
=>    DEFINE STORAGE nnM    mit nn = 2
```

Die Speichergröße ist demnach in MB oder KB anzugeben. Nachdem der Befehl gegeben wurde erhalten Sie folgende Meldung an Ihrem Bildschirm:

```
STORAGE = 02048K
CP ENTERED; DISABLED WAIT PSW '00020000 00000000'
```

Dies bedeutet, Ihr Rechner hat jetzt 2 MB verfügbar, das CP geht aber davon aus, daß die vorangehende Anwendung unter keinen Umständen weiterlaufen kann, weil der Rechner in seinen Resourcen geändert wurde. In der realen Welt würde dies bedeuten, der Techniker hätte ein paar Speicherbausteine mehr eingebaut. Dazu hätte er den Rechner in aller Regel abgeschaltet. Danach wird das gesamte System neu gestartet. Von der gleichen Voraussetzung geht das CP nach einer Änderung des virtuellen Speichers aus. Die obige Meldung bedeutet demnach, CP hat die Steuerung übernommen (CP ENTERED;) und den virtuellen Prozessor in den Wartezustand versetzt (DISABLED WAIT). Die nächste auszuführende Instruktion liegt auf Adresse Null. Dort liegt das IPL-New PSW . Um Ihren Rechner wieder zum Leben zu erwecken, müssen Sie einen IPL durchführen. Der Befehl IPL CMS veranlaßt dies. Nach dem IPL sehen Sie die gewohnte READY Meldung des CMS. Ihr Rechner hat jetzt die gewünschten 2 MB. Wir können dies mittlerweile auch kontrollieren. Mit:

```
=>    QUERY VIRTUAL STORAGE
```

erhalten wir:

```
STORAGE = 02048K
R;
```

Im letzten Kapitel haben wir schon festgestellt, der DEFINE Befehl sei ein CP Befehl. Wir befinden uns aber im CMS. Wie weiß das CMS, das jetzt ein CP Befehl zur Bearbeitung ansteht? Das CMS bearbeitet den CP Befehl nicht selbst, sondern gibt ihn an das CP ab, es muß nur wissen, daß es ein CP Befehl ist. Um dem CMS diese Kenntnis zu vermitteln, gibt es mehrere Wege. Zum einen existiert der CMS Befehl

```
=>   CP cp-befehl
```

Dadurch erfährt CMS, daß der Parameter des CMS-CP Befehls ein CP Befehl ist. CMS kümmert sich also nicht lange um deren Interpretation, sondern gibt den Befehl an das CP zur Ausführung ab. CP meldet die Antwort auf dem Bildschirm und gibt die Steuerung wieder an das CMS ab. CMS tritt wieder mit seiner READY Meldung in Erscheinung.

Der CMS-CP Befehl ist auch ohne Parameter erlaubt, CMS gibt damit die Kontrolle an das CP ab. CP seinerseits wartet auf den Empfang eines Befehls. Nach der Ausführung des ersten CP Befehls bleibt die Steuerung beim CP. CP ist bereit, einen neuen Befehl anzunehmen. Um das CMS wieder zu starten, brauchen Sie einen neuen Befehl, bei dem es sich nicht um IPL, sondern um BEGIN handelt. BEGIN startet ein Programm mit der Programm OLD-PSW Adresse. Bevor CMS die Steuerung an das CP abgibt, wird die Adresse des Wiedereintritts gespeichert, der BEGIN Befehl nutzt diese Adresse als Startadresse. Nach dem BEGIN Befehl sehen Sie folglich wieder die READY Meldung des CMS.

Für diesen Umschaltmechanismus CMS-CP-CMS mit dem CMS-CP Befehl und BEGIN Befehl gibt es häufig auch die PA1 Taste. Wenn Sie sich im CMS befinden und drücken diese Taste an Ihrem Terminal, landen Sie im CP. Drücken Sie die Taste erneut, sind Sie wieder im CMS. Ersichtlich ist dies an Ihrem Terminal an der Statusanzeige in der rechten unteren Ecke. Sie können dort folgende Anzeigen beobachten:

Status	Bedeutung
CP	READ Sie befinden sich im CP und können CP Befehle eingeben
VM	READ Sie befinden sich im CMS, CMS wartet auf Befehle
RUNNING	CMS bearbeitet gerade Ihren letzten Befehl oder wartet auf eine neue Befehlseingabe

MORE...   CMS hat den Bildschirm bis zur letzten Zeile
                        vollgeschrieben, CMS gibt Ihnen 60 Sekunden
                        Zeit den Bildschirm zu lesen. Reicht die Zeit
                        nicht aus, drücken Sie die Datenfreigabetaste.
                        Die Statusanzeige wechselt auf Holding

HOLDING   Die Bildschirmanzeige bleibt bis zum Drücken
                        der CLEAR-Taste erhalten

Ein zweiter Weg, über die Grenzen des CMS zum CP zu wechseln, ist die
#CP Funktion in der Form

```
=>   #CP cp-befehl
```

Diese Funktion gibt ebenfalls den Befehl zur Bearbeitung an das CP ab, CP
antwortet und gibt die Steuerung wieder zurück. Im Unterschied zum CMS-
CP Befehl ist die #CP Funktion in allen anderen Umgebungen auch wirksam.

Ein letzter Weg, vom CMS ins CP und zurück zu wechseln, ist der, den CP
Befehl ohne jeglichen Vorspann einzugeben. CMS prüft dann erst einmal, ob
es ein CMS Befehl ist. Handelt es sich nicht um einen CMS Befehl, gibt es
dann in Unwissenheit darüber, was für ein Befehl es ist, die Steuerung an das
CP. Voraussetzung für diesen Weg ist, daß die implizite CP Funktion eingeschaltet ist. Der Befehl

```
=>   QUERY IMPCP
```

mit der Antwort

```
IMPCP = OFF    oder
IMPCP = ON
```

setzt Sie davon in Kenntnis. Mit dem CMS Befehl

```
=>   SET IMPCP ON ! OFF
```

kann die Funktion ein- oder ausgeschaltet werden.

Halten wir fest: Es ist möglich, auf verschiedenen Wegen von der CMS Umgebung in die CP Umgebung zu wechseln und wieder zurückzukehren.

Sehen wir uns **Bild 4** an. Es zeigt die Umgebung des CMS. Links oben sehen
wir die Anmeldung der Userid mit dem LOGON Befehl. Der Logon endet in
der CP Umgebung. Grundsätzlich sind jetzt CP Befehle möglich. Bei einer
CMS Userid wird ein automatisches IPL angestoßen, wenn im VM Directory
das IPL Statement steht. Genauso kann aber auch ein IPL auf ein Gastsystem (z.B. VSE/SP oder GCS) erfolgen.

5.2 XEDIT Umgebung

Bleiben wir zunächst noch beim CMS. Dort wird in aller Regel automatisch mit IPL in die CMS Umgebung gewechselt. Der wahrscheinlich häufigste Umgebungswechsel wird zwischen CMS und Editor (XEDIT) ausgeführt. Der Weg vom CMS in die Editorumgebung ist eben der Aufruf des Editors; der Gang zurück wird von den Endekommandos des Editors FILE oder QUIT veranlaßt. Der Editor hat seinerseits eine CMS Umgebung.

5.3 DOS Umgebung

Im CMS ist die Entwicklung und die Ausführung von DOS Programmen möglich. Dazu wird eine DOS Partition simuliert. Die DOS Fähigkeit von CMS ist eine eigene Umgebung, die mit SET DOS ON erreicht und mit SET DOS OFF wieder verlassen wird.

5.4 DEBUG Umgebung

Jede Programmausführung ist aus CMS Sicht eine eigene Umgebung. Auch der Debugger zum Test von CMS- und CP-Programmen ist eine separate Umgebung.

Das Konzept der Environments hat den Vorteil, daß jedes Kommando über einen Prefix eindeutig erkennbar und zuordenbar ist. Die Prozedurensprache REXX hält zur Richtungsbestimmung eines Kommandos ein eigenes Statement bereit, das ADDRESS Statement. Der Parameter der ADDRESS Anweisung ist der Name der Umgebung, an die nachfolgende Befehle geschickt werden.

Mit den letzten beiden Kapiteln haben wir das CMS in seinen Grundlagen kennengelernt und wollen jetzt in die Tiefe einsteigen. Das nötige Grundwissen für einen praxisorientierten Einstieg haben wir ja erworben.

Kapitel 6

Die Arbeit mit der virtuellen Maschine

Die Einbettung des CMS in das VM haben wir in den letzten Kapitel eingehend studiert. Beginnen wir nun mit der konkreten Arbeit im Conversational Monitor System. Hier werden wir uns auf die Basisfunktionen beschränken müssen, die Diskussion und Beschreibung verschiedener Endanwendersysteme wird späteren Publikationen vorbehalten bleiben.

Gleich zu Anfang ein Vergleich:

Angenommen wir kaufen uns einen PC, dann benötigen wir neben der reinen Hardware mindestens ein Betriebssystem, denn ohne ein solches, das wissen wir, ist dem Rechner wenig zu entlocken. Wir wissen ja, das Betriebssystem verwaltet und steuert die Resourcen des Rechners und stellt diese effizient in einer bestimmten Bedienungsumgebung dem Anwender zur Verfügung. Ich bekomme also einen bestimmten Befehlsvorrat an die Hand, der es mir ermöglicht, Dateien auf einem Speichermedium (Diskette und Festplatte) zu bearbeiten und Programme auszuführen, aber auch Programme zu erzeugen.

Das ist auch schon alles. Erste Frage, wie erzeuge ich überhaupt Dateien auf meiner Festplatte. Nun, ein Minieditor (Editor, so heißt der englische Begriff für Programme, die es ermöglichen, Texte zu erfassen, zu verändern und schließlich in Dateien abzuspeichern) ist bei jedem Betriebssystem im Lieferumfang enthalten. Anspruch an Komfort darf aber meist nicht gestellt werden.

Die zweite Frage könnte lauten, wenn ich meine Anwendung schon nicht bekomme, wie kann ich mir dann mein Programm für meine Anwendung selbst erstellen? Welches Instrument bekomme ich dafür geliefert? Wenn Sie über das Betriebssystem hinaus nicht weiter investieren wollen, werden Sie mit einem BASIC-Interpreter zufrieden sein müssen. Er gehört meistens zum Lieferumfang. Wohlgemerkt, der Basic-Interpreter hat nichts mit dem Betriebssystem zu tun. Er wird lediglich als ein Programm, das unter dem Betriebssystem lauffähig ist, vom Hersteller mitgeliefert.

Zurück zum CMS. Was bekommen wir hier als Standardausrüstung geliefert? Damit wir Dateien bearbeiten können, natürlich einen Editor und zwar keinen Minieditor, sondern ein Programm, das kaum Wünsche in der Programm- und Datenerfassung offen läßt. Für die Textverarbeitung im Büro ist der CMS Editor weniger geeignet und dafür auch gar nicht konzipiert.

Womit entwickeln wir Programme im CMS? Die Programmiersprache ist hier der Assembler. Alle anderen Interpreter und Compiler sind eigenständige Produkte und gehören nicht zum CMS. Es sind alle möglichen Sprachen verfügbar (C, PASCAL, BASIC, PL/1, FORTRAN, COBOL, ...).

Die Prozedurensprachen im CMS (EXEC, EXEC2 und REXX) dürfen natürlich nicht vergessen werden. Damit lassen sich sehr wohl Programme entwickeln. Insbesondere, wenn man das ISPF als Map-System dazu nimmt.

Zwei Bereiche kann man also betrachten, wenn man über CMS spricht: Einmal den Bereich der Dateihandhabung, zum anderen den Bereich der Programmentwicklung. Da wir nur die CMS Basis behandeln, kann unter Programmentwicklung nur die Systementwicklung mit Assembler verstanden werden, keinesfalls die Anwendungsentwicklung. Diese ist selbstverständlich komfortabel möglich, wenn die entsprechenden Zusatzprogramme, wie z.B. Compiler, installiert sind. Einen fließenden Übergang zwischen Systementwicklung und Anwendungsentwicklung kann man bei Verwendung von REXX beobachten. Für REXX gibt es Schnittstellen, z.B. für SQL (RXQL), und REXX Prozeduren sind mit ISPF lauffähig - hier sind wir eindeutig auf der Anwendungsseite.

Den ersten Bereich, die Dateibehandlung im CMS, wollen wir im folgenden eingehend untersuchen.

6.1 Das CMS Filesystem

Um das CMS anschaulich darzustellen, ist ein Vergleich mit dem Betriebssystem MS-DOS auf dem PC gewählt worden, da durch die große Verbreitung von Personal Computern ein breites Allgemeinwissen auf diesem System vorhanden ist. Auch bei der Diskussion um die Struktur der Fileablage und Fileverarbeitung bietet sich der Brückenschlag zum einfacheren System an.

6.1.1 Filename (FN), Filetype (FT), Filemode (FM)

Wie sieht die Namensstruktur bei MS-DOS Filenamen aus? Einen Filenamen kann man dort in mehrere Teile zerlegen:

```
Laufwerk Pfad Filename.Erweiterung
```

wobei

Laufwerk	A: bis Z:,
Pfad	/name/...,
Filename	8 Stellen Name,
Erweiterung	3 Stellen Erweiterung zum Namen

ist.

Stellen wir gleich einmal die CMS Filenamenstruktur gegenüber und vergleichen sie. Ein CMS Filename besteht aus drei Teilen:

```
Filename Filetype Filemode
```

wobei

Filename	8 Stellen Name,
Filetype	8 Stellen Type,
Filemode	2 Stellen Mode

ist. Die angegebenen Stellenanzahlen sind die Maximallängen. Ein Filename kann selbstverständlich auch nur aus einem Buchstaben bestehen. Für die Gegenüberstellung von PC- und CMS-Filenamen machen wir die Zuordnung:

```
PC                          CMS

Laufwerk        <->         Filemode
Filename        <->         Filename
Erweiterung     <->         Filetype
Pfad            <->         ?
```

Beide Systeme, obwohl grundverschieden, lassen sich also ganz gut vergleichen.

6.1.2 Der Filemode

Der Filemode ist im CMS zweistellig aufgebaut. Die erste Stelle ist ein Buchstabe von A bis Z. Die zweite Stelle ist eine Ziffer zwischen 0 und 6. Der Buchstabe bezeichnet die Minidisk, also an welcher Stelle in der Suchreihenfolge die Minidisk im Zugriff ist. Mit dem ACCESS Befehl legen Sie den Filemode-Buchstaben fest. Die Filemode-Ziffer hat folgende Bedeutungen:

Filemode   **Bedeutung**

0   Mit einer LINK-ACCESS Befehlsfolge kann eine fremde Userid Ihre Minidisk z.B. in Lesezugriff nehmen. Dateien mit dem Filemode 0 kann die fremde Userid aber nicht sehen. Sie machen Ihre Dateien damit "privat". Erlauben Sie der fremden Userid dagegen Schreibzugriff auf Ihre Minidisk, hat der Filemode 0 keine Wirkung mehr.

1   Für Dateien, die gelesen und verändert werden können. Der Filemode 1 ist die Voreinstellung, wenn die Filemode-Ziffer nicht angegeben wird.

2   In jeder Installation gibt es Minidisks, die allen Userids gemeinsam zu Verfügung steht (z.B. die Systemdisk 190). Dateien, auf die alle Zugriff haben sollen, können zur Unterscheidung von anderen Dateien auf einer öffentlichen Minidisk, mit dem Filemode 2 versehen werden. Mit einem ACCESS 292 F/A * * F2 werden z.B. alle Dateien mit dem Filemode 2 auf der Minidisk 292 als Erweiterung zur A-Disk der Userid zur Verfügung gestellt.

3   Dateien mit Filemode 3 werden gelöscht nachdem sie gelesen wurden. Ein Programm erzeugt z.B. eine Listendatei mit Filemode 3. Nachdem die Liste gedruckt ist, wird sie gelöscht.

4   Dateien mit Filemode 4 haben OS Format.

5   Kann wie Filemode 1 benutzt werden. Man kann so Dateigruppen bilden.

6   Das "update-in-place" Attribut des CMS Files ist aktiv. Es bedeutet, daß ein Datensatz des Files genau an die gleiche Stelle auf der Minidisk zurückgeschrieben wird.

Die Filemode-Ziffern können bei den Kommandos COPYFILE, DLBL, FILEDEF, GENMOD, READCARD, RECEIVE, RENAME, SORT und XEDIT vergeben werden.

Wenn wir bei unserer PC-CMS-Gegenüberstellung sagen, der CMS Filemode ist der Laufwerksbezeichnung beim PC vergleichbar, liegen wir genau richtig. Unter einem Laufwerk beim PC versteht man eben die Diskettenstation oder die Festplatte (Winchester), also das externe Speichermedium des PCs. Im CMS ist die Minidisk unser Speichermedium. In der Ziffernstelle des Filemode finden wir dagegen eine Erweiterung gegenüber dem PC, die wegen der Multiuserfähigkeit des VM/CMS den zwingend notwendigen Zugriffsschutz der einzelnen Dateien berührt.

Gehen wir weiter zum Filenamen. Mit maximal 8 Stellen, ist er der Hauptname der Datei. Die Bedeutung ist in beiden Systemen völlig identisch.

Der Filetype (bzw. die Erweiterung beim PC-DOS, dort max. 3 Stellen) ist auch maximal 8 Stellen lang und sollte etwas über den Inhalt der Datei aussagen. Das geht soweit, daß für bestimmte Funktionen der Filetype ganz klar vorgeschrieben wird. Es gibt deshalb reservierte Namen für den Filetype. Genauso ist es auch beim PC. Ein ausführbares Programm wird dort mit seinem Namen aufgerufen. Bedingung ist, daß die Erweiterung EXE oder COM ist. Um im CMS eine Prozedur aufzurufen, wird auch nur der Filename eingegeben, Voraussetzung ist hier, daß der Filetype EXEC heißt. Sie sehen, auch hier stimmt die obige Zuordnung. Filetype im CMS und Erweiterung im MS-DOS werden in gleicher Art verwendet.

6.1.3 Reservierte Filetypen

Im Release 5 gibt es ca. neunzig reservierte Filetypen. Sie alle hier aufzuzählen, würde den Rahmen unseres Buches sprengen. In den Broschüren (5) und (8) befinden sich die entsprechenden Tabellen. Nachfolgend ein kurzer Auszug der wichtigsten Dateitypen:

AMSERV	Statements für Access Method Services (VSAM)
ASSEMBLE	Assembler Source Statements
COPY	Makro Definitionen
DIRECT	VM Directory
EXEC	CMS Prozedur (EXEC-, EXEC2- oder REXX-Statements)
GCS	GCS Prozedur
HELPxxxx	Hilfetexte für das CMS HELP SYSTEM
LISTING	Druckausgabe
MACRO	Makro Definitionen
MODULE	Direkt ausführbares Programm
SYNONYM	Synonym Tabelle
TEXT	Objectcode
XEDIT	Editor Prozedur

Die Dateitypen sind nicht bloß reserviert und kennzeichnen einen bestimmten Inhalt. Bestimmte Typen können nur als Ausgabedateien, andere nur als Eingabedateien vorkommen. Dateitypen können auch nur mit bestimmten Kommandos eine Rolle spielen. Dateitypen können sogar einen Filenamen vorschreiben, und Dateitypen können das Satzformat (s. **Kapitel 6.3.5**) festlegen.

6.1.4 Die Dateistruktur

Was bleibt von unserer PC-CMS-Gegenüberstellung? Auf der PC Seite der Pfad, auf der CMS Seite das zugeordnete Fragezeichen. Hier gibt es leider (noch) keine Übereinstimmung. Wenn Sie das MS-DOS des PC etwas kennen, wissen Sie, wie man dort eine Dateihierarchie auf der Festplatte oder auch auf einer Diskette anlegen kann. Es gibt die Möglichkeit, ausgehend von einem Basis-Directory, neue Dateiverzeichnisse, und in diesen weitere Verzeichnisse anzulegen. Die Dateien können fein strukturiert nach Arbeitsgebieten geordnet werden. Mit Befehlen wechseln Sie zwischen den Directories hin und her. Mittels der Pfadangabe bei der Dateispezifikation haben Sie Zugriff auch auf andere Verzeichnisse.

Im CMS ist eine derartige Dateienstruktur nicht möglich. Erst ab Release 6 wird es eine dem PC ähnliche Directory-Verwaltung im CMS geben. Im Release 4 und 5 haben wir noch alle Dateien einer Minidisk vor uns. Wir haben keine Möglichkeit, das Inhaltsverzeichnis einer Minidisk logisch aufzuteilen. (Außer der Unterscheidung mittels Filemode 1 und 5, was aber nicht mit der Unterteilung in eigene Verzeichnisse vergleichbar ist). Wenn Sie mal ein paar hundert Files auf Ihrer Minidisk haben, werden Sie sich ein Instrument zur Verzeichnisverwaltung sehnlichst wünschen. Aber trösten wir uns, und warten wir auf Release 6.

6.1.5 Files auflisten (LISTFILE und FILELIST)

Nachdem Sie eine Reihe von Dateien auf Ihrer Arbeitsdisk angelegt haben, möchten Sie natürlich die Information abrufen, welche Dateien existieren. Wenn Sie nach Dateien fragen, möchten Sie auch nicht immer alle Dateien angezeigt bekommen, Sie wollen Dateien mit einem bestimmten gleichen Anfangsbuchstaben sehen oder so ähnlich. Was Sie brauchen, ist ein Befehl, der Ihnen Ihre Dateien in einer übersichtlichen Form auf dem Bildschirm darstellt. Beim PC hat man dafür das DIR-Kommando; CMS hat dafür zwei Befehle parat: LISTFILE und FILELIST.

Bevor die beiden Befehle dargestellt werden, ist es an der Zeit, das CMS Befehlsformat einmal grundsätzlich zu klären. Jeder Befehl besteht aus maximal drei Teilen:

Befehlsname Operanden (Optionen)

Der Befehlsname identifiziert den CMS Befehl. Der Befehl kann einen oder mehrere Operanden oder auch keinen haben. Und der Befehl kann mit einem oder mehreren Zusätzen, den Optionen, versehen sein. Optionen sind immer in Klammern eingeschlossen, wobei die schließende Klammer fehlen darf. Es ist an sich die Regel, daß die schließende Klammer weggelassen wird.

Im Rahmen dieser Abhandlung werden die einzelnen wichtigen Befehle erörtert. Ihre komplette Syntax darzustellen, wäre zu umfangreich, zudem kann hier auf Spezialliteratur des Herstellers verwiesen werden. Der Command Reference Guide des Release 5 (6) umfaßt 940 Seiten, deren Inhalt ich gewiß nicht wiederholen möchte. Wer mit CMS arbeitet, braucht dieses Buch ohnehin. Exemplarisch jedoch wollen wir am Beispiel des LISTFILE Befehls die Syntax komplett angeben und beschreiben. Sie haben es dann vielleicht mit der Lektüre von (5) und (6) leichter. Also:

```
Listfile ⎡fn ⎡ft ⎡fm ⎤ ⎤ ⎤   ⎡(options...⎤ ) ⎡ ⎤
         ⎣*  ⎣*  ⎣*  ⎦ ⎦ ⎦   ⎣          ⎦     ⎣ ⎦

options:

⎡Header  ⎤  ⎡Exec  ⎡Trace⎤ ⎡ARGS⎤ ⎤  ⎡FName ⎤ ⎡Blocks⎤ ⎡%x⎤
⎣NOHeader⎦  ⎢      ⎣     ⎦ ⎣    ⎦ ⎥  ⎢FType ⎥ ⎣      ⎦ ⎣  ⎦
           ⎢                     ⎥  ⎢FMode ⎥
           ⎢Trace ⎡ARGS⎤         ⎥  ⎢──────⎥
           ⎢      ⎣    ⎦         ⎥  ⎢FOrmat⎥
           ⎢                     ⎥  ⎢ALloc ⎥
           ⎢APend ⎡ARGS⎤         ⎥  ⎢Date  ⎥
           ⎢      ⎣    ⎦         ⎥  ⎣LABEL ⎦
           ⎢                     ⎥
           ⎢STACK ⎡FIFO | LIFO⎤  ⎥
           ⎢      ⎣           ⎦  ⎥
           ⎢FIFO                 ⎥
           ⎢LIFO                 ⎥
           ⎣XEDIT                ⎦
```

Wer sich etwas mit Informatik beschäftigt hat, dem sind schon einmal Metasprachen begegnet; Sprachdefinitionen, um Programmiersprachen beschreiben zu können. Den Befehlsvorrat eines Systems kann man auch als Sprache, als Kommandosprache auffassen. Eine Metasprache enthält feste Symbole zur Definition der Sprachsyntax. In der VM-Literatur werden die folgenden metasprachlichen Symbole verwendet:

Groß-, Kleinschreibung: Bei Befehlsnamen, Operanten und Optionen werden immer
                                 ein oder mehrere Buchstaben in Großschrift angegeben.
                                 Die kleinen Buchstaben können bei der Befehlseingabe
                                 weggelassen werden.

Eckige Klammer: Alles was in eckigen Klammern steht kann weggelassen
                                 werden. (Optionalklammer).

Geschweifte Klammer: Mindestens ein Operant in der geschweiften Klammer muß
                                 angegeben werden.(Alternativklammer).

Senkrechter Strich: Die durch den senkrechten Strich verbundenen Werte
                                 können wahlweise angegeben werden. (Oder-Operator).

Unterstreichung: Unterstrichene Operanten sind wirksam, falls keine anderen
                                 zutreffenden Werte angegeben sind. (Default-Werte).

Drei Punkte (...):   Die syntaktische Variable vor den drei Punkten kann wie-
                                 derholt werden.

Interpretieren wir also die Syntax des oben aufgeführten LISTFILE Befehls.

Beim Befehlsnamen wird nur der erste Buchstabe groß geschrieben, alle
nachfolgenden Buchstaben sind klein. Um den Befehl aufzurufen, reicht also
ein "L". Die nachfolgenden Operanden stehen in eckigen Klammer und können folglich weggelassen werden. Welche Dateien bekommen wir angezeigt,
wenn wir alle Operanden weglassen? Aus der Syntax ist dies nicht ersichtlich,
weil die Default-Werte dafür nicht angegeben sind. Die IBM Litertur ist hier
nicht in allen Fällen konsequent. Man muß dafür die Beschreibung der einzelnen Operanden in (6) nachlesen. Korrekterweise müßte die eckige Klammer nach dem Befehlsnamen eine dritte Zeile enthalten, in der für den Filenamen und Filetype nochmals Sterne, allerdings unterstrichen, stehen, und
beim Filemode müßte ein "A", ebenfalls unterstrichen, vorkommen. Der
LISTFILE Befehl zeigt nämlich alle Dateien der A-Disk an, wenn man nur
den Befehlsnamen eingibt.

Optionen können unberücksichtigt bleiben, man muß nur wissen, daß doch
unter Umständen Optionen wirksam sind. Beim obigen Befehl ist es die Option "FMode". "FIFO" ist zwar auch unterstrichen, aber nur dann aktiv, wenn
die Option "STACK" geschrieben wird, und zu dieser Option nichts mehr
weiter angegeben wird.

Soviel zur Syntaxbeschreibung der Befehle. Zum vertiefenden Verständnis
sollten Sie sich (6) vornehmen und einige Befehle interpretieren, und vor allem auch die Beschreibung der Operanden lesen.

Kehren wir zur Funktion des LISTFILE Befehls zurück. Wie wir schon festgestellt haben, gibt er Ihnen die Information, welche Files auf einer bestimmten Minidisk vorhanden sind. In den meisten Fällen wollen wir aber nicht alle Files einer Minidisk angezeigt bekommen. Wir wollen nur bestimmte Dateien sehen. Eine gute Namensystematik ist hier sehr hilfreich. Statt der vollständigen Eingabe von Filnamen und Filetype sind zwei Sonderzeichen erlaubt, der Stern und das Prozentzeichen.

Der Stern repräsentiert eine beliebige Anzahl Zeichen im Filenamen. Beliebig viele Sterne können gesetzt werden. Natürlich darf die gesamte Angabe acht Zeichen nicht überschreiten, denn länger kann der Filename bzw. Filetype nicht sein.

Das Prozentzeichen ist Platzhalter für genau ein Zeichen im Filenamen bzw. Filetype.

Zwei Beispiele:

L *f* *brief*   -> Zeigt die Dateien, in deren Namen irgendwo ein "F" steht und im Filetype die Zeichenfolge "BRIEF" vorkommt. Nur die Dateien der A-Disk werden berücksichtigt.

L %% brief *   -> Zeigt die Dateien aller Minidisks, die in der Suchreihenfolge sind, deren Namen zwei Zeichen lang ist und den Filetype "BRIEF" haben.

Welche Informationen der LISTFILE Befehl über Ihre Dateien auf dem Bildschirm ausgibt, können Sie mittels der Optionen bestimmen. Ohne Optionen erhalten Sie lediglich Filename, Filetype und Filemode der Dateien, die entsprechend der gegebenen Operanden gefunden werden. Die interssanteste Option ist die STACK Option. Der LISTFILE Befehl wird am wenigsten dazu verwendet, eine Dateienliste auf dem Bildschirm auszugeben, sondern die Informationen über die Dateien auf einer Minidisk in Prozeduren verfügbar zu haben. Die STACK Option schreibt die LISTFILE-Ausgabe in den Program-Stack. In der Prozedur kann der Program-Stack ausgelesen und so die LISTFILE Information weiter verarbeitet werden. Mit den verschiedenen Optionen können nur bestimmte Daten abgerufen werden. So kann z.B. gewählt werden, ob im Ergebnis eine Überschriftenzeilen enhalten sein soll oder nicht (Option NOHeader).

Zur komfortablen Bearbeitung der Minidisk-Dateien steht ein anderer Befehl zur Verfügung, der FILELIST Befehl. Geben wir auch dazu noch einmal kurz die Syntax an:

```
FILELlst [fn [ft [fm] ] ] [(options...[ ) ] ]

options:

[ Append                    ]


[ Filelist | Nofilelist     ]


[ PROFile fn                ]
```

Wie Sie sehen, ist die Operandenangabe in der Syntax zum LISTFILE Befehl unterschiedlich, die Sterne fehlen. Die Dateiensuche ist aber identisch. Ohne Operanten werden wieder alle Dateien der A-Disk angezeigt. Eine Eingabe wie

```
FILELlst * * *
```

ist genauso erlaubt. Hier werden, wie beim LISTFILE Befehl, alle Dateien aller in der Suchreihenfolge befindlichen Minidisks berücksichtigt. Sie sollten sich also nicht stur an die Syntaxbeschreibung halten. Reagiert ein Befehl anders, als Sie es erwarten, konsultieren Sie bitte immer (6), und lesen Sie dort die Beschreibung nach. Wie gesagt, oft finden Sie erst im Text Hinweise, die Sie eher in der metasprachlichen Formulierung der Syntax erwartet hätten.

Der FILELIST Befehl bringt, nicht wie der LISTFILE Befehl, eine bloße Auflistung der Dateiinformationen, sondern auf dem Bildschirm erscheint eine Maske. Sie sieht in etwa folgendermaßen aus (Es ist keine 1:1 Kopie, ich habe die Überschrift etwas gekürzt, weil ich in diesem Buch keine 80 Spalten für den Text zur Verfügung habe), wenn z.B. FILELIST mit

```
=> FILEL DATEI% DATEN *
```

aufgerufen wird:

```
   Userid  FILELIST     A1 V 108 Trunc=108 Size=384 Line=1 Col=1
 Cmd Filename Filetype  Fm F Lrecl Records Blo Date      Time
     DATEI1   DATEN     A1 F    80    1823  50 12/24/87 10:23:00
     DATEI2   DATEN     B5 V   104      22   1  9/02/86 20:54:11
     DATEI3   DATEN     A1 V   104      32   1  6/12/86 21:34:01
     DATEI4   DATEN     A1 V    78      45   1  6/12/86 20:05:23




















 1=Help 2=Refresh 3=Quit 4=Sort(type) 5=Sort(date) 6=Sort(size)
 7=Back 8=Forward 9=FL /n              11=XEDIT      12=Cursor

 ====>
                                            X E D I T 1 File
```

Die Filelist-Maske hat vier Bereiche von oben nach unten:

- Überschrift
- Anzeigebereich
- Funktionstasten Information
- Kommandoeingabezeile

Die erste Überschriftenzeile verät Ihnen schon, in welcher Umgebung Sie
sich befinden, wenn Sie mit dem Filelist Kommando arbeiten: im XEDIT.
Der Filelist Befehl ist eine XEDIT-Anwendung, eine XEDIT-Prozedur, in
der die Listfile Informationen anwendungsfreundlich aufbereitet werden.
XEDIT Funktionen werden hier dazu benutzt, eine Bildschirmmaske aufzubauen und Befehle online entgegenzunehmen.

Befehlseingaben sind in zwei Bereichen der Maske möglich. Im Anzeigebereich ist die Spalte vor den Filenamen leer und in der Überschrift mit "Cmd"
benannt. In diese Spalte können Filekommandos für das rechts stehende File
eingegeben werden. Also Befehle, um das File zu löschen, zu kopieren, um-
zubenennen oder zu editieren. Für den Editoraufruf ist eine PF-Taste (Programm Funktionstaste) reserviert. Soll ein File editiert werden, bringt man
den Cursor in die "Cmd"-Spalte auf die Zeile mit dem gewünschten File und
drückt die PF11-Taste, XEDIT wird aufgerufen. Nach Abschluß des XEDIT
erscheint wieder die Filelist Maske, in der Zeile der soeben bearbeiteten Datei erscheint ein Stern. Er symbolisiert, diese Datei wurde während der laufenden Filelist Sitzung bearbeitet.

Der zweite Eingabebereich für Kommandos ist die XEDIT Kommandozeile
selbst. Sie ist durch "——>" zu erkennen. Hier können zunächst einmal

filelistspezifische Befehle, aber auch alle CMS- und CP-Kommandos eingegeben werden. Erinnern wir uns an **Kapitel 5**, dort haben wir die CMS Umgebungen beleuchtet. Die Wirkungsweise wird hier deutlich. Wir befinden
uns mit dem Filelist im XEDIT und setzen von dort aus Befehle an CMS und
CP ab.

Die Filelist Befehle dienen dazu, die Dateiinformationen nach bestimmten
Kriterien zu sortieren:

SNAME   Alphabetisch sortiert nach Filename, Filetype und Filemode

STYPE   Alphabetisch sortiert nach Filetype, Filename und Filemode

SMODE   Alphabetisch sortiert nach Filemode, Filename und Filetype

SRECF   Alphabetisch sortiert nach Satzformat, Filename, Filetype und
             Filemode

SLREC   Sortiert nach Satzlänge und Satzanzahl/Blockanzahl

SSIZE   Sortiert nach Blockanzahl und Satzanzahl

SDATE   Sortiert nach Datum und Uhrzeit (Default)

6.1.6 Fremde Minidisks in Zugriff nehmen

In diesem Kapitel versuchen wir, uns die Arbeitsmittel in einer virtuellen
Maschine zurechtzulegen. Unter dem Stichwort CMS-Filesystem muß ich
nochmal in Erinnerung rufen, was wir unter **Abschnitt 4.5** bereits kennengelernt haben:

Frage: Wer ist Eigentümer einer Minidisk?

Antwort: Die Userid, die das MDISK-Statement in seinem VM Direc-
                  tory Eintrag hat.

Frage: Können auch andere Userids auf eine Minidisk zugreifen?

Antwort: Ja, auf zwei Arten.
                  1. Permanente Verbindung mittels LINK-Statement im VM
                  Directory.
                  2. Temporäre Verbindung mittels CP LINK-Befehl.

Frage:　　　　　Kann jeder auf eine fremde Minidisk schreiben?

Antwort:　　　　Im Prinzip ja, aber... (mehr über Link-Arten, Datenschutz und -integrität siehe **Abschnitt 4.5**).

Wir wissen bereits, daß der LINK, ob temporär oder permanent, die Daten der Minidisk für die CMS Filekommandos noch nicht verfügbar macht. Für die Userid wurde lediglich eine virtuelle DASD definiert. Zur CMS Fileverarbeitung kann die DASD dann in die Suchreihenfolge "gehängt" und damit mit einem Filemode versehen werden. Die virtuelle DASD kann aber genauso gut eine DOS Minidisk sein, auf der ein VSAM-Catalog (und/oder VSAM-Space) angelegt ist. Dann können wir mit der CMS Fileverarbeitung, so wie wir sie bisher kennen, wenig anfangen. Neugierige schauen in **Kapitel 10** nach.

6.2 Sicherungsverfahren für CMS Files

Machen wir wieder einen kleinen Ausflug in die faszinierende PC Welt. Die PC Hersteller wetteifern mit voluminösen Kennzahlen. Da schwirrt es nur von Megahertz(en), Megabits und Megabytes, und nirgends darf der Hinweis fehlen, daß man jetzt bald an die Grenzen des "Mainframes" stößt. Eine dieser Kennzahlen ist das Fassungsvermögen der Festplatten. 30 Megabyte sind heute Standard, 180 MB und mehr sind möglich. Denkt man dagegen an eine IBM 3380 Einheit mit ca. 2,5 Gigabyte (in der kleinsten Ausführung), so liegen hier schon noch Welten dazwischen. Von den Zugriffszeiten und den Übertragungsraten der Kanäle sei einmal ganz abgesehen. Tatsache sind bei PCs doch die sehr hohen Speicherkapazitäten der verwendeten Platten. Bei der Planung des PC Einsatzes wird eine vernünftige Sicherung der Daten meist nicht berücksichtigt, weil die entsprechenden Magnetbandgeräte (Streamer genannt) relativ teuer sind. Jeder PC mit Festplatte (und welcher PC hat keine?) benötigt ja ein eigenes Gerät. Selbst mit Streamer muß die Datensicherheit dem Anwender überlassen werden. Kennt er vernünftige Verfahren der Sicherung, selbst wenn er in PC-Schulungen davon Kenntnis erhalten hat?

Für den CMS Anwender ist Datensicherheit kein Thema. Er kann davon ausgehen, daß die guten Geister im Rechenzentrum seine Daten an einem sicheren Ort mit dem aktuellsten Stand aufbewahren. Selbstverständlich wird das neueste Sicherungsband im nächsten Sicherungszyklus nicht sofort wieder überschrieben. Es wird meist in Generationen unterschiedlicher Lebensdauer gesichert. Ein Wort zur Physik. Magnetbänder sind nicht virtualisierbar wie beispielsweise der Kartenleser. Deswegen ist aber nicht jedes CMS Terminal mit einem Streamer versehen. Die Magnetbandgeräte stehen im Rechenzentrum, dort wird zentral für alle CMS Userids gesichert.

Doch nun zu den Verfahren, wie CMS Dateien gesichert werden können.

6.2.1 Sicherung mit DDR

DDR bedeutet DASD DUMP RESTORE PROGRAM. DDR läuft in zwei Umgebungen (Umgebung ist hier nicht als CMS Environment zu verstehen), entweder unter CMS mit dem Befehl "DDR fn ft fm" oder als Stand-alone Programm.

Im VM gibt es eine ganze Reihe Programme, die das Attribut "stand-alone" haben. Das frei übersetzte "alleine stehen" soll bedeuten, nur die Hardware (und die Firmware) des Rechners und das Programm stehen sich gegenüber. Das sonst übliche Betriebssystem ist nicht aktiv. Ein Stand-alone Programm beinhaltet eine Art Mini-Betriebssystem. Wozu braucht man denn so etwas, werden Sie fragen. Stellen Sie sich den Tag Null in Ihrem Rechenzentrum vor. Die CPU, Steuereinheiten, Platten, etc. sind vom Techniker montiert. Um den Rechner in Betrieb zu setzen, wollen wir einen IPL durchführen; wir erinnern uns in diesem Zusammenhang an frühere Kapitel. Die Platten sind natürlich leer, der IPL wird nicht funktionieren. Erste Arbeit wird ein For- matieren der Platten sein. Da wir noch kein Betriebssystem installiert haben, brauchen wir ein alleine laufendes Formatierungsprogramm. Im zweiten Schritt benötigen wir dann ein ebenfalls alleine laufendes Programm, das eine Kopie des Betriebssystems auf die dafür vorgesehene Systemplatte bringt. In der Regel wird dies die Stand-alone Version des DDR sein. Von dieser Platte kann dann IPL gestartet werden.

Ein Wort noch zum Umgang mit Stand-alone Programmen. Wo läuft denn ein derartiges Programm? Natürlich im Speicher des Rechners. Und wie kommt es dorthin, wenn wir noch kein Betriebssystem haben? Weiter oben wurde schon erwähnt, daß ein solches Programm ein Minibetriebssystem ist, und Betriebssysteme startet man bekannterweise durch IPL. Beim IPL wird immer ein Gerät angegeben, auf dem der IPL-Satz zu finden ist. Beim nor- malen Betriebssystem ist es eben die Adresse der Systemplatte. Bei einem Stand-alone Programm ist es meistens die Adresse einer Bandstation, auf der ein Magnetband mit dem Programm montiert ist.

Im CMS stehen auf der Minidisk 190 alle notwendigen Stand-alone Pro- gramme. Sie lassen sich auch in der virtuellen Maschine ausführen. Das Pro- gramm wird von der Systemplatte auf den virtuellen Reader gestanzt (z.B. "PUNCH IPL DDRS (NOH") und anschließend mit "IPL 00C" gestartet. Stellen Sie sicher, daß das gestanzte Programm entweder das einzige File auf dem Reader ist, oder daß es in der Reihenfolge an erster Stelle steht. Durch den IPL läuft Ihr CMS natürlich nicht mehr. Nach getaner Arbeit mit dem

Stand-alone Programm muß das CMS (z.B. mit "IPL CMS") erneut gestartet werden.

Als "normaler" CMS Anwender werden Sie kaum in die Verlegenheit kommen, mit Stand-alone Programmen handieren zu müssen. Aber selbst Systemprogrammierern ist der Ablauf bei Stand-alone Programmen nicht immer geläufig.

Doch kehren wir zum DDR Programm zurück. Es hat die Möglichkeit, die besondere Art der alleine laufenden Programme zu erklären. Jetzt wollen wir DDR als Sicherungsinstrument für CMS Minidisks beschreiben. Zuerst betrachten wir aber die fünf DDR Funktionen:

1.　Einen DASD-Inhalt ganz oder teilweise auf Band schreiben.

2.　Ein mit der 1. Funktion erstelltes Band wieder auf eine DASD (gleichen Typs) zurückschreiben.

3.　Daten einer DASD auf eine andere (gleichen Typs) kopieren.

4.　Drucken eines DASD-Inhalts auf einen virtuellen Drucker.

5.　Anzeigen eines DASD-Inhalts auf dem Bildschirm.

Für unsere Aufgabe werden wir Funktion 1 beanspruchen, und für den Tag X, an dem die Sicherung wirklich benötigt wird, Funktion 2. Funktion 1 ist die DUMP-Funktion, Funktion 2 die RESTORE-Funktion. Bei DUMP und RESTORE kann angegeben werden, von welchem Zylinder bis zu welchem Zylinder die Daten auf Band geschrieben, respektive vom Band gelesen werden sollen. Minidisks sind immer ganze Zylinder groß, also immer auf Zylindergrenzen ausgerichtet. Dieser Umstand erlaubt es, selektiv die einzelnen Minidisks zu sichern. Auf welchen Zylindern sich die einzelnen Minidisks befinden, ist dem VM Directory zu entnehmen. Eine REXX Prozedur liest das Directory und bereitet die Anweisungen für das DDR Programm auf. Es wäre sicherlich nicht praktikabel, alle Statements jeden Tag von Hand auszurechnen und zu tippen. Das REXX Programm liefert auch eine Referenzliste, in der verzeichnet ist, welcher Minidiskbereich zu welcher Userid gehört. Diese Referenzliste wird als erstes File auf das Magnetband geschrieben, allerdings nicht mit DDR, sondern mit dem TAPE Befehl.

Beim RESTORE wird der Userid eine Bandstation mit dem entsprechenden Sicherungsband zugewiesen (ATTACH cuu userid 181). Der Anwender selbst hat jetzt die Möglichkeit, seine Minidisk(s) vom Band zu holen. Er ruft dazu wieder ein REXX Programm auf, das erst einmal die Refernzliste liest und feststellt, wo die Minidisk der Userid steht. Normalerweise will man immer einzelne Files vom Sicherungsband holen. DDR kann aber nur ganze Zylinder lesen. Also führt man den RESTORE auf eine temporäre Minidisk aus. Diese beinhaltet den Stand zum Sicherungszeitpunkt. Das gewünschte File kopiert man dann auf die Orginalminidisk z.B. mit

```
COPYFILE fn ft T = = A (OLDD
```

wobei der Filemode T die temporäre Disk und Filemode A die Orginaldisk ist. Die genannten REXX Programme sind natürlich nicht Bestandteil im CMS, sondern müssen von der Systemprogrammierung selbst erstellt werden.

6.2.2 Sicherung mit TAPE- oder VMFPLC2-Befehl

Eine Userid des Operatings führt nacheinander auf alle Minidisks aller Userids einen LINK aus und sichert mittels

```
TAPE DUMP * * fm oder VMFPLC2 DUMP * * fm
```

alle Files der Minidisk auf Band. Größter Nachteil ist dabei, daß persönliche Files mit Filemodeziffer 0 nicht mitgesichert werden. Auch das Wiederauffinden der Files auf dem Band gestaltet sich schwierig. Damit man die Dateien im Sicherungsbestand wieder findet, mit während der Sicherung ein Protokoll mitgeführt und mit dem Sicherungsband verwahrt werden. Im optimalsten Fall steht dieses Verzeichnis online zur Verfügung. Aber wie gesagt, dafür muß der verantwortliche Systemprogrammierer selbst sorgen. VM-Dienste kann er dazu nicht in Anspruch nehmen.

6.2.3 Sicherung mit Kaufsoftware

Da von der Betriebssystemseite kein optimales Sicherungsverfahren angeboten wird, sondern lediglich die Arbeitsmittel offeriert werden, und nicht in allen Installationen die Verantwortlichen optimale Verfahren für den Anwender bereitstellen, sehen die Softwarehäuser hier natürlich einen Markt. Sie verwenden dann weder DDR noch TAPE, weil (nach deren Aussagen) DDR zu unsicher (keine VERIFY-Möglichkeit), zu langsam ist, zuviel Band verbraucht usw. Meine Erfahrung mit DDR ist gut; der Fall, daß ein Sicherungsbestand unbrauchbar war, kam bisher noch nicht vor. Man muß natürlich berücksichtigen, daß der RESTORE-Fall relativ selten ist.

6.3 Die File Kommandos

Das FILELIST Kommando haben wir als das zentrale Werkzeug kennengelernt, wenn es darum geht, die Dateien auf der Minidisk zu manipulieren.
Wir wollen jetzt kurz darauf eingehen, welche Kommandos es dafür gibt.

6.3.1 Files vergleichen (COMPARE)

Fangen wir beim nicht unbedingt unwichtigsten, aber doch wohl am wenigsten gebrauchten Befehl an, dem COMPARE. Mit ihm lassen sich zwei Files
auf Gleichheit prüfen. Endet der Befehl ohne Meldung (Returncode = 0),
sind die beiden angegebenen Dateien bis aufs Bit identisch. Wird ein Unterschied gefunden, gibt das Compare-Programm die unterschiedlichen Zeilen
auf dem Bildschirm aus. Mittels einer Option kann die vergleichende Prüfung auf bestimmte Spalten begrenzt werden.

6.3.2 Files umbenennen (RENAME)

Einmal vergebene Dateinamen, z.B. beim erstmaligen Editoraufruf, müssen
natürlich veränderbar sein. In jedem Filesystem der unterschiedlichsten Betriebssysteme gibt es den RENAME Befehl. Mit ihm kann also ein neuer Filename und Filetype vergeben werden. Der Filemode (außer der Ziffer)
kann selbstverständlich nicht verändert werden. Das würde ein Kopieren der
Datei auf eine andere Minidisk erfordern. Das Umbennen einer Datei verändert den Dateiinhalt nicht, demnach bleiben beim RENAME Datum und
Uhrzeit der letzten Fileänderung unverändert.

6.3.3 Files löschen (ERASE)

Es werden natürlich nicht nur Dateien erzeugt, die Datenflut ist ohnehin
groß genug. Irgendwann müssen Dateien auch gelöscht werden. Doch Vorsicht, der Befehl ERASE löscht tatsächlich und ohne Nachfrage, ob der
Löschvorgang wirklich ausgelöst werden soll. Ein paar kleine Sicherheits-
maßnahmen sind aber doch eingebaut. So wird der Befehl "ERASE * * *"
abgewiesen. Er würde alle Dateien aller im Schreibzugriff befindlichen Minidisks löschen. Wird für Filename und Filetype ein Stern angegeben, muß
der Filemode mit Buchstabe und Ziffer spezifiziert sein. Für den Filemode
kann schon ein Stern verwendet werden, dann muß aber der Filename oder
der Filetype oder beides benannt sein. Wenn eine ganze Minidisk gelöscht
werden soll, formatiert man besser neu oder verwendet den ACCESS Befehl
mit der ERASE-Option.

6.3.4 Files kopieren (COPYFILE)

Der an Operanden und Optionen reichste Befehl der Filekommandos ist der
COPYFILE Befehl, der fast immer mit COPY abgekürzt verwendet wird.
Die grundsätzliche Funktion dürfte klar sein: Kopiere ein File von einem
Ort, sprich Minidisk, an einen anderen, eventuell unter einem anderen Na-
men. (Auf der gleichen Minidisk muß der Name verständlicherweise
unterschiedlich sein). Existiert das Zielfile bereits, bricht die Kopierfunktion
ab und meldet, daß das File bereits vorhanden ist. Soll in diesem Fall aber
trotzdem kopiert werden, wobei das bestehende File zerstört würde, kann die
Option REPLACE angegeben werden. Mit der Option OLDDATE kann das
File mit dem Orginaldatum abgespeichert werden. Voreingestellt ist
NEWDATE, das kopierte File erhält das aktualisierte Datum. Das ist auf
den ersten Blick unverständlich, denn mit der Kopie verändere ich das File ja
nicht. Doch mit den "copy extent options", "data modification options" und
"character translation options" kann das Zielfile sehr wohl verändert werden.
So z.B. von einer bestimmten Satzzahl an nur n Sätze. Das Satzformat und
die Satzlänge des Zielfiles kann modifiziert werden. Das Zielfile kann
gepackt und entpackt werden. Die Zeichen des Zielfiles können von Klein-
auf Großbuchstaben und umgekehrt verändert werden, um nur ein paar
Beispiele der umfangreichen Optionen zu nennen. Noch ein Wort zu NEW-
und OLDDATE. Die genannten Modifikationen des Zielfiles wird man sehr
selten verwenden. Üblich ist es, ein File in seinem Orginalzustand zu
kopieren. Die Voreinstellung OLDDATE wäre deshalb sinnvoll. Wird eine
der Optionen zur Modifikation benutzt, bzw. werden mehrere
Eingabedateien zu einer neuen Datei zusammenkopiert, sollte die Option
NEWDATE zwingend sein.

6.3.5 Satzformat eines Files

CMS Files enthalten normalerweise Sätze in fester oder variabler Länge. Das
Kürzel für das Satzformat lautet RECFM (record format). Das Satzformat
wird beispielsweise beim FILELIST und LISTFILE (mit der entsprechenden
Option) angezeigt. Festgelegt wird das Satzformat mit dem Editor oder dem
COPYFILE Befehl. RECFM kann die Werte "F" (fix) für feste (konstante)
Satzlänge oder "V" (variable) für unterschiedliche Satzlänge annehmen. Der
COPYFILE Befehl bietet eine Ausnahme. Mit der Option PACK wird ein
File komprimiert und erhält das Satzformat "FP" (fixed packed) oder "VP"
(variable packed). Der Editor hat übrigens die Fähigkeit, ein gepacktes File
zu entpacken und beim XEDIT FILE Befehl wieder zu packen. Es muß also
nicht erst mit dem COPYFILE Befehl entpackt und nach dem Editieren wieder gepackt werden.

Zum Satzformat gehört natürlich auch eine Angabe über die logische Satzlänge. Das Kürzel hierfür ist LRECL (logical record length). Logisch deshalb, weil interne Informationen des Fileverwaltungssystems dazukommen. Die logische Satzlänge und die internen Daten ergeben die physische Satzlänge. Aus unserer Benutzersicht gibt es aber nur die logische Satzlänge. Sie gibt an, wie lang jeder Satz ist. Bei RECFM=F und LRECL=80 werden 80 Byte lange Sätze abgespeichert, ungeachtet dessen, ob die 80 Stellen auch ausgefüllt sind. Wäre RECFM=V zutreffend, würde zwar intern der logische Satz um eine Längeninformation erweitert, aber die Daten würden auch nur in ihrer wirklich benötigten Menge gespeichert. Stellen Sie sich den Extremfall vor: RECFM=F, LRECL=80, 1000 Sätze, jeder Satz enthält nur ein Zeichen in der ersten Spalte. Platzbedarf 80x1000=80000 Byte. Nehmen wir bei RECFM=V an, es werden 2 Byte Längeninformation benötigt, ergibt die Rechnung 1 Byte Nettoinformation, 2 Byte interne Daten, also 3x1000=3000 Byte Platzbedarf auf der Minidisk. Die gepackten Files erhalten als LRECL die Länge eines Minidiskblocks. Diese Blocklänge wird beim Formatieren der Minidisk beim FORMAT Befehl in der Option BLKSIZE angegeben.

Wie Sie sehen, kann der CMS Anwender ganz entscheidenden Einfluß auf die Nutzung seiner Minidisk nehmen. Selbstverständlich kann er nicht immer nach Gutdünken das Satzformat bestimmen. Meistens muß er seine Daten Programmen zur Eingabe anbieten, und die Programme erwarten fast immer ein bestimmtes Format. Der Assembler wird z.B. Ihr Quellenprogramm nur dann akzeptieren, wenn es 80-stellig mit fester Länge gespeichert ist. Programme erzeugen ihre Ausgaben ebenfalls in einem Format, auf das Sie als Anwender zunächst einmal keinen Einfluß haben.

6.3.6 Files erzeugen und ändern (XEDIT)

Der XEDIT Befehl ist eigentlich kein Befehl zur Dateibearbeitung, ähnlich denen, die wir bis jetzt beschrieben haben. Wie wir schon aus dem **Kapitel 5** wissen, ist der CMS-Editor ein ENVIRONMENT, eine eigene Umgebung. Und - der Editor selbst hat seinerseits eine CMS Umgebung. Mit dem XEDIT Befehl CMS betritt man diese XEDIT-CMS Umgebung, und mit RETURN kehrt man zum Editor zurück. (Siehe auch **Bild 4**.)

Wozu dient ein Editor? Mit dem XEDIT werden im CMS Files erzeugt und verändert. Die XEDIT Funktionen sind nicht nur auf reine Textfiles beschränkt, sondern auch Binärfiles sind bearbeitbar. Die einzelnen XEDIT Befehle zu beschreiben, ist nicht sehr sinnvoll. Einen Editor erlernt man dadurch, daß man mit ihm arbeitet. Das theoretische Wissen ist aus zwei IBM Bröschüren zu entnehmen: "System Product Editor User's Guide (SC24-5220)" und "System Product Editor Command and Macro Reference (SC24-5221)". Auch (5) enthält eine Liste aller XEDIT Befehle.

Was in diesem Rahmen erwähnt werden muß, ist die Verbindung von XEDIT zu den Prozedurensprachen des CMS. Es lassen sich XEDIT Makros (die Files haben den Filetype XEDIT) in EXEC, EXEC2 oder REXX schreiben. D.h. XEDIT Befehle sind in einem CMS File hinterlegbar und durch Namensaufruf (ggf. mit Hilfe des XEDIT Befehls MACRO) im XEDIT ausführbar. Ein Makro kann im einfachsten Fall eine XEDIT Befehlssequenz sein, die man für eine bestimmte Editortätigkeit immer wieder braucht. Man erspart sich Tipparbeit dadurch, daß eben nur der Makroname aufgerufen werden muß. Im komplizierteren Fall können XEDIT Befehle in eine mehr oder weniger umfangreiche Programmlogik eingebettet sein. So können ganze Prozedurenfamilien, gemischt aus EXEC- und XEDIT-Prozeduren, laufen, Eingabedaten aus CMS Files lesen und der Logik entsprechend Ausgabedaten wieder in Form von CMS Files erzeugen. Aus diesem Blickwinkel ist der CMS Editor eigentlich kein Werkzeug für den Anwender mehr, sondern eher als eine Zugriffsmethode für CMS Files zu sehen.

Das **Kapitel 8** wird den Editor noch etwas näher beleuchten und einige Beispiele für Makros zeigen.

6.3.7 Bandverarbeitung im CMS

Im CMS ist die Bandverarbeitung auf vielfältige Art und Weise möglich. So gibt es vier Kommandos, die ausschließlich Bänder bedienen:

TAPE	erzeugt Banddateien von CMS Files und umgekehrt;
VMFPLC2	gleiche Syntax, nur optimierteres Format der Bandfiles;
TAPPDS	erzeugt CMS Files aus OS- oder DOS-Bandfiles;
TAPEMAC	erzeugt CMS MACLIB Files aus OS Makro Bibliotheken (das Band muß mit dem IEHMOVE Programm geschrieben worden sein).

Das MOVEFILE Kommando im CMS bildet ein Hilfsmittel, Daten von den verschiedensten Gerätetypen zu anderen oder gleichen Geräten zu transportieren. Also vom virtuellen Reader in ein CMS File, von einem CMS file zum virtuellen Stanzer, o.ä. Ein Gerät kann auch ein Bandgerät sein, so daß Daten eben zwischen Banddateien und CMS Dateien bewegt werden können, oder auch zwischen Reader Files und Banddateien.

Anwenderprogramme können Banddateien lesen und schreiben. Hierfür gibt es in den verschiedenen Makrobibliotheken des CMS OS-, DOS- und CMS-Makros.

Das DDR Programm haben wir bereits kennengelernt. Wir wissen, daß sich damit Minidisks oder auch ganze Platten auf Band sichern und vom Band auch wieder Minidisks oder Platten erstellen lassen.

Der Vollständigkeit halber sei erwähnt, daß auch die "Access Method Services (AMS)" Bandfiles erzeugen und lesen können. Mit der EXPORT Funktion lassen sich CMS VSAM Files auf Band kopieren, und mit IMPORT können die Daten vom Band wieder in den VSAM Cluster übertragen werden. Die REPRO Funktion kann ebenfalls zum Kopieren verwendet werden.

Wir haben schon einmal erwähnt, daß sich Bandgeräte nicht virtualisieren lassen, wie sollte das auch funktionieren?. Schließlich wollen wir ja tatsächlich ein Magnetband beschreiben oder lesen. Lochkarten wird heute niemand mehr wirklich verarbeiten wollen. Bandgeräte müssen deshalb immer vom Operating des Rechenzentrums der entsprechenden Userid zugeordnet (CP Befehl ATTACH) und nach der Bandverarbeitung wieder entfernt werden (DETACH).

Ich glaube nicht, daß Sie die Bandverarbeitung praktizieren werden. Bänder sind heute ein Sicherungsmedium und ein Datenträger für den Austausch von Daten zwischen fremden Firmen. Die Arbeitsvorbereitung des Rechenzentrums und die Systemprogrammierung wird hauptsächlich Bänder bearbeiten.

6.4 Suchreihenfolge von Kommandos

Im **Kapitel 5** haben wir gesehen, wie wir zwischen den verschiedenen Umgebungen des CMS hin- und herwechseln können. Wir wissen auch, daß es im CMS Programme gibt (Filetype = MODULE), die durch Eingabe ihres Names gestartet werden. Wir haben auch schon von CMS Prozeduren gesprochen (Filetype = EXEC).

Nehmen wir an, es gibt ein MODULE und eine REXX Prozedur mit dem gleichen Namen. Aktiviert werden bekanntlich beide dadurch, daß wir den Namen in der Kommandozeile eingeben. Was läuft jetzt an, das Programm oder die Prozedur? CMS muß hier klare Regeln vorgeben. Doch untersuchen wir erst einmal den Fall, wenn ein unbekannter Befehl eingegeben wird.

Der Anwender Meier gibt in der CMS Kommandozeile seinen Namen ein. Was passiert?

CMS nimmt an, es gibt eine Prozedur MEIER EXEC. CMS durchsucht zuerst den Speicher (mit EXECLOAD geladene Prozeduren) und dann alle Minidisks in der Suchreihenfolge nach dem genannten File. CMS findet das File nicht.

CMS geht in die Synonymtabelle und sucht dort nach einem Synonym MEIER. Wird es gefunden, geht CMS wieder in den Speicher und durch alle Minidisks, um die Prozedur zu finden, die durch das Synonym benannt wurde. Es könnte ja eine Prozedur mit dem Namen SCHULZE sein.

Jetzt sucht CMS in den eigenen Tabellen nach einem CMS Befehl, der MEIER heißen könnte, findet ihn jedoch nicht.

Es könnte ja ein Programm existieren, das MEIER MODULE heißt. Also durchsucht CMS erneut alle Minidisks in der Suchreihenfolge nach einem derartigen Programm. Auch dieses findet CMS nicht.

Wie nach dem erfolglosen ersten Schritt, wird jetzt noch einmal die Synonymtabelle referenziert, und wieder werden alle Minidisks nach einem Programm durchsucht, das mit dem Synonymnamen benannt ist.

CMS weiß nicht mehr weiter und übergibt die Zeichenfolge "MEIER" seinem Chef, dem Control Program (CP). CP sucht seinerseits nach einem CP Befehl namens MEIER und findet ihn auch nicht.

Nach dieser Beschäftigungstherapie für die CPU erhält der Anwender Meier die Meldung UNKNOWN CP/CMS COMMAND auf seinem Bildschirm. Ab dem Release 5 wird der Aufwand noch größer, denn dort sind EXECs auch in Shared Segments ladbar, und die Sprachunterstützung ist implementiert. Es muß also das Shared Segment zusätzlich durchsucht werden und drei weitere Synonymtabellen sowie zwei weitere Tabellen zur Sprachübersetzung.

Halten wir die folgende Sequenz als Kommandosuchreihenfolge fest:

     1. EXEC Prozeduren

     2. CMS Kommandos

     3. Programme (MODULE)

     4. CP Kommandos

Die Sequenz kann um zwei Schritte gekürzt werden. Der CMS Befehl SET hat zwei Parameter IMPEX (implied EXEC function) und IMPCP (implied CP function). Beide Funktionen können mit dem SET Befehl ein- oder ausgeschaltet werden:

```
SET IMPEX OFF      SET IMPEX ON
SET IMPCP OFF      SET IMPCP ON
```

Ist IMPCP ausgeschaltet, wird in der obigen Sequenz der letzte Schritt nicht durchgeführt. Der erste Schritt wird mit ausgeschaltetem IMPEX unterdrückt. Es gibt allerdings ein CMS Kommando, "EXEC fn", mit dem bei ausgeschaltetem IMPEX trotzdem Prozeduren aufgerufen werden können.

Der Zustand von IMPEX und IMPCP kann mit dem QUERY Befehl erfragt werden.

6.4.1 Synonyme

Ein Synonym ist ein sinnverwandtes Wort. Synonyme können im CMS zur Namensänderung oder Abkürzung von CMS Befehlen benutzt werden; beispielsweise wollen Sie im CMS statt LISTFILE den Befehl DIR verwenden.

Das FILELIST Kommando werden Sie wahrscheinlich am häufigsten gebrauchen. FILELIST läßt sich aber nur mit FILEL, also relativ lang, abkürzen. Sie wählen FL als Ihr Synonym für FILELIST.

Oder wir stellen uns vor, daß Ihr Kollege ein Lottozahlenprogramm geschrieben und auf der öffentlichen Minidisk allen CMS Anwendern zur Verfügung gestellt hat. Er hat sein Programm L23QISYX genannt. Er selbst wird wissen warum, aber sehr aussagekräftig ist der Name nicht. Sie wollen es lieber mit LOTTO aufrufen.

Mit dem XEDIT erzeugen Sie sich ein File mit dem Namen "MS SYNONYM A1" mit folgendem Inhalt:

```
LISTFILE DIR
FILELIST FL
L23QISYX LOTTO 3
```

Dieses File ist Ihre Synonymtabelle. Die Tabelle wird mit dem CMS Befehl

```
SYNONYM MS
```

aktiviert. Sie können nun DIR, FL und LOTTO verwenden. Der dritte Eintrag der Tabelle enthält noch eine Ziffer. Sie besagt, daß Sie LOTTO auch noch abkürzen können, aber drei Zeichen mindestens schreiben müssen. LOT, LOTT und LOTTO sind also gültige Eingaben. Abkürzungen sind allerdings nur zulässig, wenn der ABBREV Parameter des SET Befehls auf ON steht; also

```
SET ABBREV ON
```

Steht ABBREV auf OFF, können Synonyme nur in ihrer vollen Schreibweise eingegeben werden. Mit dem QUERY Befehl kann ABBREV abgefragt werden.

6.5 Spooling

Der Begriff SPOOL gehört in der EDV zur Umgangssprache. Es ist eigentlich eine Abkürzung und heißt "simultaneous peripheral operations on line". In den Anfängen der EDV war es ein riesiger Fortschritt, als man es schaffte, den nächsten Job schon zu laden, während ein Programm noch lief, oder eine Liste zu drucken, wenn das Programm, das die Liste erzeugt, längst zu Ende ist. Unter SPOOL versteht man also ein Programmsystem, das die Ein-/Ausgabe entkoppelt von den gerade laufenden Programmen. Das System POWER ist beispielsweise das Spoolingsystem des VSE Betriebssystems. Im VM gibt es kein Spoolingsystem mit eigenem Namen oder als herausgelöstes System.

6.5.1 Die UR Einheiten

Beim Spooling im VM geht es immer um die Handhabung der UR Einheiten Reader, Printer, Puncher (RDR, PRT, PUN), virtuell wie real. Fragen wir doch die UR Einheiten unserer Userid einmal ab:

```
QUERY VIRTUAL UR

RDR   00C CL A   NOCONT NOHOLD     EOF        READY
PUN   00D CL A   NOCONT NOHOLD COPY 001       READY FORM STANDARD
      00D FOR RCMSSYS1 DIST DRIEGER
PRT   00E CL A   NOCONT NOHOLD COPY 001       READY FORM STANDARD
      00E FOR RCMSSYS1 DIST DRIEGER    FLASHC 000
      00E FLASH          CHAR        MDFY        0 FCB
R; T=0.01/0.01 08:18:44
```

Betrachten wir die Anzeige etwas näher. Zur Analyse stelle ich die variablen Werte, die uns interessieren, in Kleinbuchstaben dar.

Virtueller Reader mit der Adresse X'00C':

```
RDR  00C CL a  nocont nohold   eof          ready
```

Virtueller Stanzer mit der Adresse X'00D':

```
PUN  00D CL a  nocont nohold COPY 001     ready FORM standard
     00D for rcmssys1 DIST drieger
```

Virtueller Drucker mit der Adresse X'00E':

```
PRT  00E CL a  nocont nohold COPY 001     ready FORM standard
     00E for rcmssys1 DIST drieger    FLASHC 000
     00E FLASH      CHAR        MDFY       0 FCB
```

6.5.2 Die Klassen der UR Einheiten und Spoolfiles

Alle drei Geräte haben eine Klasse "CL a". Als Klassenzeichen (für "a") können alle Buchstaben, Ziffern und der Stern verwendet werden. Also A..Z, 0..9 und *. Die Klasse erlaubt eine Gruppierung, Zusammenfassung oder logische Trennung von Spoolfiles. Auch den Spoolfiles werden bei ihrer Entstehung oder durch nachträgliche Änderung Klassen zugeordnet. Spoolfiles werden auf den UR Einheiten nur dann verarbeitet, wenn die Klassen übereinstimmen. Der Drucker wird also nur dann ein File ausgeben, wenn die Klasse des Druckfiles und des virtuellen Druckers übereinstimmen. Der Stern als Klasse bedeutet, daß alle Spoolfileklassen auf dem Gerät verarbeitet werden. Bezüglich der Klassen gibt es oft fragende Gesichter: "Das File ist doch auf dem Printer, warum kommt der Ausdruck denn nicht?". Eine kurze Kontrolle der Klassen ist in den meisten Fällen hilfreich. Die Klassen der UR Einheiten werden beim IPL auf die Werte gesetzt, die im VM Directory definiert sind. Alle variablen Werte der obigen Anzeige lassen sich aber ändern. Das Kommando zur Einstellung der Charakteristik der UR Einheiten ist der CP Befehl SPOOL. Wollen wir dem Drucker eine andere Klasse geben, sagen wir

```
CP SPOOL PRINTER CLASS Z oder
SP P CL Z
```

Die zweite Zeile ist die Kurzform der ersten Zeile. Der Drucker hat nach dem SPOOL Befehl die Klasse Z.

6.5.3 Der HOLD/NOHOLD Status

Wollen wir an die Userid MEIER drei CMS Files stanzen, aber so, daß die drei Files zu einem Kartenstrom zusammengefaßt werden, verfahren wir wie folgt. Wir nutzen die Möglichkeit, UR Einheiten CONT (continous) oder NOCONT (no continous) zu betreiben.

```
SPOOL PUNCH CONT TO MEIER
PUNCH FILE EINS A
PUNCH FILE ZWEI A
PUNCH FILE DREI A
SPOOL PUNCH NOCONT
CLOSE PUNCH
```

Mit dem ersten SPOOL Befehl stellen wir für den Stanzer die CONT Betriebsart ein und sagen, daß das Spoolfile zur Userid MEIER transportiert werden soll. Die drei Stanzbefehle PUNCH erzeugen das Spoolfile. Der zweite SPOOL Befehl stellt den Stanzer wieder auf NOCONT zurück. Der letzte Befehl schließt das Spoolfile ab und veranlaßt den Transport des Files.

6.5.4 Die Zielrichtung FOR/TO

In der obigen Query Anzeige steht "for rcmssys1". Im ersten SPOOL Befehl der zuletzt besprochenen Befehlssequenz stellen wir die Zielrichtung mit "to meier". "FOR" und "TO" legen also fest, für welche Userid ein Spoolfile erzeugt werden soll oder zu ("TO") welcher Userid ein Spoolfile transportiert werden soll.

6.5.5 Mehrere Kopien mit COPY

Wünschen Sie von einer Liste 20 Kopien, setzen Sie den COPY Wert des Druckers auf 20. Sie verwenden wieder den SPOOL Befehl

```
SPOOL PRT COPY 20
```

Aber Vorsicht, die 20 Kopien erhalten Sie solange, bis Sie den Wert wieder umstellen. Bei einem neuen LOGON erhalten Sie natürlich wieder den Standardwert.

Setzen Sie eine Einheit in den HOLD Status, erhalten die Files ebenfalls den Status HOLD.

6.5.6 Manipulation der Spoolfiles

Der CP Befehl SPOOL legt die Attribute der UR Einheiten fest. Die Spoolfiles selbst können auch manipuliert werden. Dafür gibt es vier CP Befehle

```
CHANGE
PURGE
TRANSFER
ORDER
```

Jedes Spoolfile ist im VM mit einer eindeutigen vierstelligen Nummer (1..9900) versehen; man nennt die Nummer die SPOOLID eines Spoolfiles. Eine Abfrage mit

```
QUERY PRINTER ALL
```

zeigt u.a. die Spoolids aller Files auf dem virtuellen Drucker an:

```
ORIGINID FILE CLASS RECORDS CPY HOLD DATE  TIME
CMS1     0859 A PRT 000345  001 USER 07/20 11:34:23
CMS1     2345 2 PRT 045893  001 NONE 07/18 09:12:45

NAME     TYPE    DIST
KOSTEN   FILE1   MEIER
KOSTEN   FILE2   HUBER
```

(Der untere Block steht in der Anzeige natürlich rechts neben dem oberen. Die Ausgabe der Query Anzeigen umfaßt immer bis zu 80 Stellen).

Was entnehmen wir aus der Anzeige? Zunächst die Userid (ORIGINID), die das Druckfile erzeugt hat; dann die Spoolid, dann die Klasse und den Hinweis, daß es ein Druckfile ist. Die Anzahl der Sätze, die Anzahl der Kopien, ob der Anwender das File in den HOLD Status gesetzt hat, Datum und Uhrzeit der Erzeugung. Jedes Spoolfile kann auch einen Namen und Typen haben (äquivalent zu Filename und Filetype). Der Verteiler (DIST) wird bei einem Druckfile auf das Deckblatt gedruckt. In der Listennachbearbeitung des Rechenzentrums kann so der Eigentümer leichter identifiziert werden. Der Verteilerkode wird im VM Directory Eintrag der Userid im ACCOUNT Statement festgelegt.

Klasse, COPY Wert, HOLD Status, Name, Typ und Verteiler können mit dem CHANGE Befehl verändert werden. Wollen wir das erste File in den NOHOLD Status versetzen, geben wir

```
CHANGE PRT 859 NOHOLD
```

Spoolfiles können auch gelöscht werden. Geben wir

```
PURGE PRINTER 2345
```

ein, wird das Spoolfile mit der Nummer 2345 gelöscht.

Die Reihenfolge von Spoolfiles auf den UR Einheiten kann verändert werden. In der obigen Anzeige würde das File 859 vor dem File 2345 ausgedruckt. Der HOLD Status soll uns jetzt nicht interessieren, sonst bliebe das

File 859 auf dem Printer und die Nummer 2345 würde gedruckt. Wollen wir also unabhängig von HOLD Status die Reihenfolge umdrehen, geben wir

```
ORDER PRINTER 2345 859
```

ein. Eine erneute Abfrage zeigt die Files in der umgekehrten Reihenfolge an.

Wollen wir unser File 859 zur Userid HUBER bringen und dort in deren Printer stellen, verwenden wir den TRANSFER Befehl.

```
TRANSFER PRINTER 859 TO HUBER PRINTER
```

Fragen wir unseren Printer ab, ist das File verschwunden. Die Abfrage in der Userid HUBER zeigt das File mit der gleichen Spoolid an. Mit Release 5 erhält die Spooldatei eine neue Spoolnummer.

6.5.7 Speicherung der Spoolfiles

Alle Spoolfiles im VM System werden auf einem zentralen Plattenbereich abgespeichert (für Insider: in Form von CCW Ketten). Es hat also nicht jede Userid irgendwo auf einer Minidisk einen bestimmten Platz für Spoolfiles reserviert. Bei der Systemgenerierung wird für das interne Spoolingsystem des VM auf einer Systemplatte Platz reserviert, meist einige hundert Zylinder (3380). VM verwaltet für die einzelnen Userids die Spoolfiles und läßt einer bestimmten Userid nur die Sicht auf seine Files. Hat allerdings eine Userid die Berechtigung des Spoolingoperators (CP Klasse D), können die Spoolfiles aller Userids im System bearbeitet und z.B. auch gelöscht werden. Zum Schluß noch eine Anmerkung zum TRANSFER. Der TRANSFER Befehl transportiert die Spoolfiledaten nicht im eigentlichen Sinne, die Daten werden also nicht umkopiert, es werden lediglich Attribute des Spoolfiles verändert.

6.5.8 Files auf dem virtuellen Reader

Drucker und Stanzer sind Geräte zur Ausgabe von Daten. Der Leser ist das Eingabegerät zur CPU. Genauer, die CPU arbeitet ein Programm ab, das Eingabedaten vom Leser erwartet. Das Programm kann das Jobsteuerprogramm eines Betriebssystems sein oder auch ein Anwenderprogramm. Mit den Geräten sind bestimmte Satzformate verbunden, so sind Leser und Stanzer auf 80 Stellen begrenzt, der Drucker kann Zeilen mit maximal 132 Zeichen ausgeben.

Der virtuelle Reader einer VM Userid ist das Eingabemedium für den virtuellen Rechner. Alle Informationen von der Außenwelt (die Eingaben über die Konsole ausgenommen), können nur über den virtuellen Reader in die Userid gelangen. Konstruieren wir den Fall der Jobübergabe an ein VSE System. Sie editieren Ihren Job in Ihrer Userid mit dem CMS Editor. Der Job soll auf dem VSE System laufen. Aus CP Sicht ist die VSE Userid wie eine CMS Userid zu sehen. Wie bringen wir jetzt unser CMS File (das ja den VSE Job enthält) in den Reader des VSE Power Systems? Zunächst legen wir mittels SPOOL Befehl die Zielrichtung für unseren virtuellen Stanzer fest:

```
SPOOL PUNCH TO vse
```

wobei vse der Name der virtuellen VSE Userid ist. Dann stanzen wir das CMS File mit

```
PUNCH fn ft fm (NOHEADER
```

Das Stanzfile landet auf dem virtuellen Reader der VSE Userid. Die Reader von VSE Maschinen sind in der Regel "continous" und ohne Klassenzuordnung (CL *) gestartet. Der Job wird über den virtuellen Reader vom Powersystem in die Reader Warteschlange eingelesen. Wenn die VSE Power Attribute wie Systemid, Klasse, Disposition, etc. stimmen und die dafür vorgesehene Partition frei ist, läuft der Job an. Der Job erzeugt eine Liste, die in unsere CMS Userid zurückkommen soll. Bei der Jobübergabe haben wir dem Powersystem bereits gesagt, von welcher Userid der Job gekommen ist. An diese Userid bringt Power die Ausgabe zurück. Das VSE Power System wird dazu intern den Befehl

```
SPOOL PRT TO userid
```

verwenden. Wo erscheint nach Jobende die Liste? Auf unserem virtuellen Reader natürlich. Jetzt sollten Sie stutzen. Wir haben doch vorher gesagt, Stanzer und Leser können nur 80-stellige Datensätze verarbeiten. Beim Stanzer stimmt das, beim Leser ist das im VM nicht ganz richtig, er kann sehr wohl 132-stellige Listen enthalten. Die Liste unseres VSE Jobs wollen wir uns ansehen. Dazu haben wir zwei Möglichkeiten. Wir können die Liste vom Reader in ein CMS File einlesen und dann mittels XEDIT, TYPE o.ä. anschauen. Die Befehle zum Lesen von Reader Spoolfiles in CMS Files sind

```
READCARD und RECEIVE
```

Beim READCARD Befehl sagt der Name schon aus, welche Art von Datensätzen vom Reader gelesen werden können. Die Sätze waren ursprünglich im Lochkartenformat, also Sätze mit 80 Stellen. Die Stellenanzahl wurde auf 204 erhöht. Variabel lange Sätze sind aber nicht lesbar. Beim virtuellen Rea-

der ist die Reihenfolge der Files zu beachten. READCARD liest das erste
Readerfile in der Reihenfolge ein. Mit ORDER ist die Reihenfolge, wie wir
bereits wissen, änderbar.

Der RECEIVE Befehl ist der "modernere" Befehl. Er ist in der Lage, alle
Satzformate, die auf dem virtuellen Reader erscheinen können, zu lesen. Ein
Readerfile ist mit der Spoolid identifizierbar, die Reihenfolge ist nicht wich-
tig. RECEIVE gehört zu den Kommunikationsbefehlen des CMS wie
SENDFILE und NOTE. Wir kommen darauf im **Kapitel 6.6.3** zurück.

Eine weitere Möglichkeit, ein Readerfile einzusehen, besteht darin, das
Spoolfile auf dem Reader zu belassen und auf dem Bildschirm auszugeben.
Der Befehl dafür heißt

    PEEK

Das ist meist effizienter (solange es sich nur um Listen handelt), denn es wird
kein Minidiskplatz beansprucht und die Daten müssen nicht mehr transportiert werden. Eine Einschränkung ist meist der virtuelle Speicher, wenn man
die ganze Liste sehen will und die Liste sehr groß ist. PEEK hat aber Optionen, um ein Readerfile nur teilweise zu lesen, d.h. erst ab einer bestimmten
Zeile aufzusetzen und nur eine definierte Anzahl Zeilen anzuzeigen.

6.5.9 Readerlist (RDRL,RL)

Das CMS liefert eine XEDIT-Anwendung RDRList (oder auch RList). Vergleichbar dem FILELIST Kommando, können die Readerfiles "online" bearbeitet werden. Man kann den Reader mit PF7/8 durchblättern und in der
Kommandospalte die Befehle PEEK, RECEIVE, DISCARD oder eigenge-
schriebene Prozeduren aufrufen.

```
RCMSSYS1 RDRLIST  AO  V 108  Trunc=108 Size=41 Line=17 Col=1 Alt=3
Cmd    Filename Filetype Class User   at Node    Hold  Records  Date      Time
       LIBR     53180    PRT A VSP3      MAN      NONE      40  02/16   15:41:22
       INSTCSP  53642    PRT A VSP3      MAN      NONE      37  02/17   11:00:07
       CSPEJCL  54777    PRT A VSP3      MAN      NONE      18  02/20   15:04:59
       CSPEVDEF 54829    PRT A VSP3      MAN      NONE      96  02/20   15:47:06
       CSPEVDEF 54830    PRT A VSP3      MAN      NONE     699  02/20   16:00:33
       FZESQLDS 54857    PRT A VSP3      MAN      NONE     627  02/20   16:36:00
       DIRSQL   55101    PRT A VSP3      MAN      NONE    1287  02/21   07:29:18
       DIRCSP   55115    PRT A VSP3      MAN      NONE     452  02/21   07:57:35
       FZESQLDS 55303    PRT A VSP3      MAN      NONE   13483  02/21   10:00:53
       CSPDJCL  55331    PRT A VSP3      MAN      NONE      10  02/21   10:15:05
       CSPDVDEF 55339    PRT A VSP3      MAN      NONE     976  02/21   10:51:59
       SCHEDULE 55638    PRT A VSP3      MAN      NONE      38  02/21   15:14:27
       SQLSTART 55582    PRT A VSP3      MAN      NONE     188  02/21   16:23:49
       LIBR     56058    PRT A VSP3      MAN      NONE      16  02/22   07:10:57
 *     (none)   (none)   ** Discarded or Received **
       (none)   (none)   CON T RCMSSYS1 MAN      NONE     540  02/22   07:34:22
       LIBR     56067    PUN A VSP3      MAN      NONE     413  02/22   08:20:42
 1= Help      2= Refresh  3= Quit    4= Sort(type) 5= Sort(date) 6= Sort(user)
 7= Backward  8= Forward  9= Receive 10=           11= Peek      12= Cursor

 ====>
                                                     X E D I T   1 File
```

6.5.10 Files drucken

CMS Files werden mit dem Befehl

```
PRINT fn ft fm (options...
```

gedruckt. Der Befehl transportiert die Daten nicht zum Drucker im Rechenzentrum, sondern zum virtuellen Drucker der CMS Userid. Welche Zielrichtung, Klasse, etc. für den virtuellen Drucker eingestellt ist, bestimmt für die Grundeinstellung der VM Directoryeintrag. Veränderungen (z.B. Anzahl der Kopien) können mit dem SPOOL Befehl vorgenommen werden.

Der PRINT Befehl hat Optionen, wobei zwei wichtige Voreinstellungen zu beachten sind. Eine Option heißt CC bzw. NOCC, wobei NOCC aktiv ist. CC bedeutet Carriage Control, also die Vorschubsteuerung des Druckers. Die Carriage Control Zeichen werden in der ersten Spalte der Datenzeilen erwartet. Standardmäßig werden die CC Zeichen also nicht beachtet, außer der Filetype ist LISTING. Enthält ein File mit Filetype ungleich LISTING Vorschubsteuerzeichen, muß die Option CC angegeben werden.

Die zweite wichtige Option LINECOUN legt per Voreinstellung die Anzahl Zeilen pro Druckseite auf 55 fest. Davon abweichend können Werte zwischen 0 und 144 festgelegt werden. Null bedeutet nicht, daß nichts gedruckt wird, sondern daß der Seitenvorschub unterdrückt wird.

Die Optionen LINECOUN und CC schließen sich gegenseitig aus. Wenn mit Vorschubsteuerung gedruckt wird, bleibt der LINECOUN Wert unberücksichtigt.

Druckfiles können Datenzeilen mit maximal 132 Stellen enthalten. Wenn mit der Option CC gedruckt wird, kann noch eine Spalte (die erste) mit den Vorschubsteuerzeichen hinzukommen.

6.5.11 Files stanzen

CMS Files können mit dem Befehl

```
PUNCH fn ft fm (options...
```

auf den virtuellen Stanzer ausgegeben werden. Das Satzformat ist auf 80 Stellen begrenzt. Auch hier ist eine Option mit Voreinstellung aktiv: HEADER/NOHEADER. HEADER ist aktiv. Wird mit HEADER gestanzt, erzeugt der PUNCH Befehl eine Kopfzeile im Stanzfile. Sie hat folgenden Aufbau:

```
READ fn ft fm volid date time
```

Die Karte enthält also den Namen des Files, den Minidisk Label und Datum und Uhrzeit. Wird also ein File an den Reader einer anderen Userid gestanzt, kann das File mit READCARD wieder auf die Minidisk geschrieben werden. Dazu kann man den Befehl

```
READCARD *
```

verwenden. Damit wird das nächste Readerfile gelesen. Der Filename wird dabei der HEADER Karte entnommen.

```
READCARD * * fm
```

entnimmt Filename und Filetype der HEADER Karte, der Filemode wird aus der Kommandozeile genommen.

Die Option NOHEADER unterdrückt die Kopfzeilenkarte. Dies ist wichtig, wenn das gestanzte File z.B. ein "Stand Alone" Programm ist. Das Programm kann ja gestartet werden, indem für den Stanzer als Zielrichtung der eigene Reader eingestellt und nach dem Stanzen ein IPL auf den Reader ausgeführt wird. Beim IPL wird der IPL Satz, und nicht die HEADER Karte erwartet.

6.6 Welche CMS Kommandos sind sonst noch wichtig?

Im **Kapitel 6** haben wir bisher die Basisbefehle des CMS kennengelernt. Es ist das Minimum an Befehlen, das man beherrschen sollte. Die Befehle wurden nicht vollständig behandelt, wir haben nur die Parameter erwähnt, die bisher von Bedeutung waren. Ein Buch (oder ein Handbuch) über VM/CMS zu schreiben und zu fordern, daß alle Befehle mit allen Parametern und Optionen enthalten sein müssen, wäre vor dem Hintergrund des erforderlichen Umfangs unrealistisch.

6.6.1 IDENTIFY

Ein unscheinbarer, aber oft sehr nützlicher Befehl heißt IDENTIFY oder kurz nur ID. Er gibt den Namen der Userid, den Knotennamen für die Datenfernübertragung, den Namen der RSCS Userid, sowie Datum, Zeit und Wochentag auf dem Bildschirm aus. Wenn Sie mit mehreren Userids arbeiten, werden Sie sich oft vergewissern wollen, wo Sie im Moment angemeldet sind. Der Befehl ist auch in Prozeduren gut zu verwenden. Über die Option STACK kann die Ausgabe in den "Program Stack" umgeleitet und von der Prozedur gelesen werden.

6.6.2 MOVEFILE

Mit dem MOVEFILE Befehl sind Daten zwischen allen vom VM unterstützten Geräten übertragbar. So z.B. von Band auf Platte, von Platte auf Band, vom Printer in den Reader, von einem OS PDS in ein CMS File, usw. Die Quelle und das Ziel der Daten wird mit dem FILEDEF Kommando festgelegt. Mit der Befehlssequenz

```
FILEDEF EINGABE TAP1
FILEDEF AUSGABE DISK BAND DATEN A1
MOVEFILE EINGABE AUSGABE
```

wird eine Banddatei vom Band auf der Station TAP1 (Adresse X'181') in ein CMS File mit Namen "BAND DATEN A1" übertragen.

MOVEFILE kann auch benutzt werden, um Makros aus einer CMS Makrobibliothek in einzelne CMS Files zu übertragen:

```
FILEDEF MLIB DISK MAKRO MACLIB A
FILEDEF AUSG DISK
MOVEFILE MLIB AUSG (PDS
```

Die Option PDS sorgt dafür, daß jedes Makro in ein eigenes CMS File übertragen wird. Der Filename ist der Name des Makros aus der Bibliothek. Der
Filetype ist konstant MACRO.

Mit MOVEFILE sind auch geblockte Daten übertragbar. Satz- und Blockgrößen werden über das FILEDEF Kommando festgelegt.

6.6.3 Der Console Stack

Bevor wir näher auf den EXECIO eingehen, wollen wir den Begriff "Program
Stack" klären. In der CMS Literatur gibt es vier Begriffe: Stack, Console
Stack, Program Stack und Terminal Stack (oder Terminal Input Buffer). Der
oder die Program Stack(s) und der Terminal Stack bilden den Console Stack.
Stack wird als alternativer Begriff zu Console Stack verwendet. Als Stack
wird ein Zwischenspeicher bezeichnet, der nach bestimmten Regeln gefüllt
und geleert wird. Bezeichnungen wie FIFO (first in, first out) und LIFO (last
in, first out) sind mit der Stacktechnik verbunden. Der Terminal Stack und
Program Stack sind ebenfalls Puffer im virtuellen Speicher der CMS Userid.
Im Terminal Stack werden die Terminaleingaben abgelegt. Der Program
Stack kann von Prozeduren verwendet werden, um Daten untereinander auszutauschen. Ein Program Stack ist immer vorhanden, zusätzliche können mit
dem Befehl

```
MAKEBUF
```

eingerichtet werden. Der Befehl

```
DROPBUF n
```

entfernt einen Puffer. n gibt die Nummer des Puffers an. Jeder MAKEBUF
richtet einen neuen Puffer ein, die Puffer werden einfach durchnumeriert.
Angenommen, wir haben acht Puffer definiert und geben den Befehl
DROPBUF 5, dann werden die Puffer 8,7,6 und 5 entfernt. DROPBUF ohne
Angabe eines bestimmten Puffers entfernt nur den zuletzt eingerichteten
Puffer, in unserem Beispiel den Puffer 8.

Wie wird der Stack (wenn künftig vom Stack die Rede ist, ist immer der Program Stack gemeint) im CMS verwendet? Es gibt eine Reihe von Befehlen,
die ihre Ausgabeinformationen statt auf dem Bildschirm anzuzeigen, in den
Stack ablegen können. Meist gibt es bei diesen Befehlen eine Option
STACK, LIFO oder FIFO. Die wichtigsten Kandidaten sind EXECIO,
QUERY (CMS-Query!), IDENTIFY,und LISTFILE. Befehle können aber
auch Informationen statt von der Tastatur (Terminal Input Buffer), vom

Stack entgegennehmen. EXECIO, FORMAT und SORT sind dafür eingerichtet.

Als Beispiele wollen wir uns zwei einfache REXX Prozeduren ansehen. Wir
kennen zwar REXX noch nicht, aber ich glaube, die Prozeduren sind so einfach, daß sie trotzdem verständlich sind.

IDENTIFY mit Option STACK

```
'IDENTIFY (STACK LIFO';

PULL USERID . KNOTEN . RSCS DATUM ZEIT ZONE TAG;

SAY 'Userid        =' USERID;
SAY 'Rechnerknoten =' KNOTEN;
SAY 'RSCS Userid   =' RSCS;
SAY 'Zeitzone      =' ZONE;
SAY 'Wochentag     =' TAG;
SAY 'Datum         =' DATUM;
SAY 'Uhrzeit       =' ZEIT;

EXIT;
```

Die Prozedur setzt als erstes den Befehl IDENTIFY an das CMS ab. CMS
antwortet und stellt die Information in den Stack. Die REXX Anweisung
PULL liest die IDENTIFY-Antwort aus dem Stack. PULL liest die Stackda-
ten und weist die durch Leerzeichen getrennten Teile einzelnen REXX Variablen zu. Der Punkt in der PULL Anweisung ist Platzhalter für eine Variable. Das heißt an der Stelle steht im Stack ein Wort, das aber für die Verarbeitung nicht interessant ist. Die Zuweisung erfolgt an eine Dummyva-
riable; in REXX braucht man sich dafür keinen Namen überlegen, man setzt
einfach den Punkt an die entsprechende Stelle. Die SAY Anweisungen geben
die Variableninhalte auf dem Bildschirm aus. Die EXIT Anweisung beendet
die Prozedur.

Das war ein Beispiel dafür, wann ein CMS Befehl Informationen in den
Stack abstellt. Jetzt wollen wir uns noch ein Beispiel ansehen, in dem ein
CMS Befehl Parameter aus dem Stack entnimmt.

Einrichten einer temporären Minidisk

Eingabe: TDISK zylinder adresse mode

                  wobei

          zylinder   =   Größe der Minidisk

          adresse   =   virtuelle Adresse

          mode   =   Filemode

Beispiel: TDISK 5 199 T

```
    ARG zylinder adresse mode .;

    'CP DEFINE T3380 AS' adresse mode;
    IF RC <> 0 THEN EXIT 98;

    QUEUE 'YES'
    QUEUE 'TMP199'
    'FORMAT' adresse mode;
    IF RC <> 0 THEN EXIT 99;

    EXIT 0;
```

Die erste Anweisung ARG weist die Werte aus der Eingabezeile den entsprechenden REXX Variablen zu. Hier gilt auch die Regel, die wir weiter oben für PULL bereits genannt haben. Bevor der DEFINE läuft, sollte man die Eingabewerte prüfen. Der Einfachheit halber haben wir das im Beispiel weggelassen. Uns kommt es auf den FORMAT Befehl an. Gibt man den Befehl in der CMS Kommandozeile, antwortet der FORMAT Befehl erst einmal mit einer Warnung und fordert die Eingabe 'YES', wenn man wirklich formatieren will. Hat man mit 'YES' geantwortet, erfragt der Befehl den Label (VOLID) der Minidisk. In der o.a. Prozedur erhält der FORMAT diese beiden Angaben aus dem Stack. Mit der QUEUE Anweisung füllt REXX den Stack mit der FIFO Regel. 'YES' erscheint zuerst im Stack, und 'YES' wird vom FORMAT Befehl auch als erstes entgegengenommen, also first in first out. Das Gegenstück LIFO wird in REXX mit der PUSH Anweisung abgebildet.

6.6.4 EXECIO

Der EXECIO Befehl tauscht Daten zwischen dem "Program Stack" und CMS Minidisks und den UR Einheiten aus. Ferner können Kommandos an das CP gesendet werden. Die Antwort der CP Kommandos werden in den Stack gestellt.

Der EXECIO hat dafür sieben Funktionsparameter:

DISKR fn ft fm	Lesen einer bestimmten Anzahl Zeilen aus einem CMS File in den Stack.
DISKW fn ft fm	Schreiben einer bestimmten Anzahl Zeilen vom Stack in das CMS File.
CARD	Lesen eines Readerfiles in den Stack.

PUNCH	Stanzen von Zeilen aus dem Stack.
PRINT	Drucken von Zeilen aus dem Stack.
CP	Befehle aus dem Stack an das CP senden. CP stellt die Antwort seinerseits in den Stack. Der CP QUERY Befehl hat im Gegensatz zum CMS QUERY Befehl keine STACK Option. Die Verarbeitung von CP Befehlen in Prozeduren ist nur über den EXECIO möglich.
EMSG	Anzeige von Fehlermeldungen im Format XXXMMMNNNS, wobei
XXXMMM	der Programmname,
NNN	die Fehlernummer und
S	der Typ der Fehlermeldung (E=Fehler, I=Information, W=Warnung) ist.

Die Lesefunktionen des EXECIO können mit Optionen versehen werden, die z.B. das Eingabefile nach einer bestimmten Zeichenfolge durchsuchen. Die Optionen VAR und STEM sind Verbindungen zur Prozedurensprache REXX; so können Variablenwerte direkt in eine Datei geschrieben werden. Oder umgekehrt können Daten aus einer Datei direkt in eine REXX Variable übertragen werden. Man braucht im REXX Programm also nicht über den Stack zu arbeiten, sondern kann die Daten direkt zwischen den Variablen und EXECIO austauschen.

6.6.5 Die CMS Userid einstellen (PROFILE EXEC)

Nach dem IPL des CMS Systems werden für den Anwender meist unbemerkt zwei Aktionen ausgeführt:

```
1. ACCESS 191 A
2. EXEC PROFILE
```

Der erste Befehl nimmt die Arbeitsplatte 191 als erste Minidisk in die Suchreihenfolge auf. Der zweite Befehl startet, wenn sie vorhanden ist, die Prozedur PROFILE EXEC von der A-Disk. Profiles im weiteren Sinne sind Initialisierungsroutinen, entweder für Prozeduren, Programme oder auch Userids. Viele CMS Befehle (z.B. FILELIST) haben Optionen mit Namen PROFILE und der Angabe eines Filenamens. Die Profile Optionen sind fast immer aktiv und initialisieren eine Prozedur mit einem festen vorgegebenen Namen. So heißt das Profile für das FILELIST Kommando PROFFLST XEDIT. Die

Prozedur muß hier eine XEDIT Prozedur sein, weil FILELIST eine XEDIT Anwendung ist.

Wir wollen hier aber das Profile für eine CMS Userid betrachten. Die Prozedur können wir in EXEC, EXEC2 oder REXX schreiben; wir verwenden vorzugsweise REXX. Was soll die Routine ausführen? Das wird von Installation zu Installation verschieden sein, je nachdem, wie die Gesamtheit aller Userids bedient werden müssen. So wird es immer eine allgemein zugängliche Minidisk (vorzugsweise X'192' mit Filemode D) geben, über die Programme, Prozeduren und Daten an alle Userids verteilt werden. Diese Minidisk in die Suchreihenfolge aufzunehmen, kann schon eine Funktion der Profile Prozedur sein.

Außerdem kann das Profile News aus dem RZ, also aktuelle Nachrichten aus dem Rechenzentrum verbreiten, z.B. über geänderte Betriebszeiten oder das Einstellen der Programmfunktionstasten (PF1..PF24). Besonders PF Tasten sollten allgemein vorgegeben werden, und jeder Anwender sollte die gleiche Belegung, wenigstens bei den Grundfunktionen, benutzen.

Was sind noch Aufgaben des Profiles? Die UR-Einheiten sind über den VM Directory Eintrag voreingestellt. Will man diese Einstellung aber grundsätzlich verändern, können die nötigen SPOOL Befehle in das Profile eingetragen werden.

Das Aktivieren der Synonym Tabelle wird ebenfalls vom Profile ausgehen.

Es können Prüfungen eingebaut werden, die eine Meldung erzeugen, wenn die A-Disk über einen bestimmten Prozentwert gefüllt ist.

Der virtuelle Reader kann nach NOTE Einträgen durchsucht werden. Eine NOTE ist im CMS eine Notiz, die von einer anderen Userid per NOTE Kommando erzeugt und verschickt wurde. Werden Notizen gefunden, kann man entsprechende Meldungen auf den Bildschirm schreiben, damit der Anwender seinen "Briefkasten" leert. (Siehe **6.6.6**).

Für Userids von Anwendern in den Fachabteilungen kann vom Profile aus der Start eines Anwendungsprogramms (ISPF, SQL, CSP, usw.) erfolgen.

Der Phantasie des Anwenders wie des Systemprogrammierers sind keine Grenzen gesetzt, nur, wie gesagt, zuviel des Guten ist meist hinderlich.

Den Start des Profiles kann man mit dem Befehl

```
ACCESS (NOPROF
```

unmittelbar nach dem LOGON unterdrücken. Das kann dann wichtig sein, wenn bestimmte Funktionen, die vom Profile ausgeführt werden, nicht laufen sollen.

6.6.6 Mit anderen Userids kommunizieren

CMS stellt Kommandos zur Verfügung, mit denen man komfortabel mit anderen Userids kommunizieren kann. Kommunizieren heißt, CMS Files, Meldungen und Notizen an andere CMS Anwender zu verschicken. Das Ziel kann nicht nur eine Userid auf dem eigenen Rechner sein, sondern auch eine Userid an einem anderen Rechenzentrum. Die Rechner müssen über SNA im RSCS-Verbund stehen. Die Befehle zur Kommunikation sind:

NAMES	Pflege des Names Files
NAMEFIND	Suche von Informationen im Names File
NOTE	Versenden einer Notiz
TELL	Versenden einer Meldung
SENDFILE	Versenden eines oder mehrerer CMS Files
RECEIVE	Empfangen von CMS Files und Notizen

Der NAMES Befehl ermöglicht die "online" Pflege des Names Files. Darin ist unter einem "Nickname" (engl.:*Spitzname*) alles über eine fremde Userid gespeichert. Man muß sich also die Userid XH3WUZ7A des Anwenders Meier nicht merken, wenn man unter dem Nickname MEIER die komplizierte Userid einträgt. Der Befehl

```
TELL MEIER Hallo wie geht es Dir?
```

wird dann auf dem Bildschirm der Userid XH3WUZ7A den String "Hallo wie geht es Dir?" anzeigen. Nicht nur eine 1:1 Beziehung von Nickname zu Userid ist möglich, sondern eine 1:n Beziehung. Sie können einen Nickname PROG kreieren und damit z.B. mehrere Userids der Programmierung verbinden. Der Bildschirm zur Pflege des Namesfiles sieht folgendermaßen aus:

```
====> RCMSSYS1 NAMES    <=========>  N A M E S   F I L E   E D I T I N G  <====
Fill in the fields and press a PFkey to display and/or change your NAMES file.
Nickname: MEIER     Userid: YH3WUZ7A Node: HAWAII    Notebook:
                      Name: Josef Meier
                     Phone: 08421/12345678
                   Address: Oberer Taubenweg 98
                         : 8072 Hinterdupfing
                         :
                         :
          List of Names: MEIER1 MEIER2
                         :
                         :
                         :

 You can enter optional information below.  Describe it by giving it a "tag".

 Tag:               Value:
 Tag:               Value:

 1= Help       2= Add      3= Quit      4= Clear     5= Find     6= Change
 7= Previous   8= Next     9=          10= Delete    11=         12= Cursor
 MEIER has been added to your RCMSSYS1 NAMES file.
 ====>
                                             Macroread 1 File
```

Wollen Sie eine Notiz an alle Programmierer versenden, geben Sie ein

```
NOTE PROG
```

Die Notiz wird danach an alle Userids versandt, die mit dem Nickname
PROG verbunden sind.

Wie gesagt, die Userids müssen nicht auf dem eigenen Rechner sein, über
die Angabe des RSCS Knotens (auch JES2 Knoten) können auch Userids auf
anderen Rechnern Informationen erhalten. Auch TSO Userids auf MVS
Rechnern lassen sich erreichen.

Mit

```
SENDFILE fn ft fm TO nickname1... oder
SENDFILE fn ft fm TO userid1 AT node ...
```

wird ein CMS File an eine Userid direkt oder über einen Nickname verschickt. Die Wiederholungspunkte deuten an, daß das File gleichzeitig mehrere Userids oder auch Nicknames erhalten können. Der SENDFILE Befehl
kann aus dem FILELIST heraus auf mehrere CMS Files angewendet werden.
SENDFILE ohne jeglichen Parameter aufgerufen, führt in eine "online" Anzeige. Nach der Spezifikation von Filename, Filetype, Filemode und empfan-
gender Nickname bzw. Userid wird in die Filelist Anzeige umgeschaltet. In
der Kommandospalte wird für die zu sendenden Files ein "S" geschrieben.
Mit PF5 werden die selektierten Files abgeschickt.

SENDFILE und RECEIVE haben eine Protokollfunktion, d.h. alle versendeten bzw. empfangenen Files erhalten einen Kontrolleintrag in einem Logfile. Notizen werden in NOTEBOOK Files gespeichert. Die absendende Userid erhält eine Kopie in ein Notizbuch File. Der RECEIVE auf der empfangenden Userid trägt die Notiz seinerseits in das Notizbuch der empfangenden Userid ein. Man kann sogar eine Rückmeldung an die sendende Userid vereinbaren, wenn das File oder die Notiz vom Reader auf die Minidisk kopiert werden.

```
NAMEFIND :tag value ...
```

kann man benutzen, um Informationen aus dem Names File anzuzeigen oder in den Stack zu schreiben. Ein tag ist ein Schlüsselwort im Names File (:NICK, :USERID, :NODE, :LIST, :PHONE, ...), und value ist der Wert, nach dem gesucht wird. NAMEFIND :NICK MEIER zeigt alle Informationen aus dem Names File an, die unter dem Nickname MEIER gespeichert sind:

```
namefind :nick meier
:nick MEIER
:userid YH3WUZ7A
:node HAWAII
:name Josef Meier
:phone 08421/12345678
:addr Oberer Taubenweg 98;8072 Hinterdupfing
:list MEIER1 MEIER2
R; T=0.02/0.04 15:26:59
```

Der obige Eintrag im Names Files ist intern sequentiell gespeichert. Der "tag" ist immer das Schlüsselwort, unter dem die Information abgelegt wird. Man kann sich ein Names File auch ohne die Online Hilfe (NAMES) nur mit dem Editor erzeugen. Der sequentielle Eintrag sieht für Meier folgendermaßen aus:

```
:nick.MEIER      :userid.YH3WUZ7A :node.HAWAII
                 :name.Josef Meier          :phone.08421/12345678
                 :addr.Oberer Taubenweg 98;8072 Hinterdupfing
                 :list.MEIER1 MEIER2
```

Das Names File hat immer den Filetype NAMES, der Filename ist der Name der Userid. Der Filemode ist normalerweise A0. Die Filemodeziffer 0 macht das Names File privat. Durch einen Read-LINK wird dieses File einer fremden Userid nicht bekannt.

Kapitel 7

REXX

Aus den letzten Kapiteln wissen wir bereits, daß REXX die dritte Prozedurensprache im CMS ist. Die Vorgänger sind EXEC und EXEC2; beides sind Sprachen, die keine Elemente zur Strukturierung bieten. Sogenannte "Spaghettiprogramme" waren die Folge, ähnlich den früheren BASIC-Dialekten.

7.1 Einführung in REXX

REXX (eine Abkürzung von Restructured Extended Executor) bietet alle wichtigen Sprachmittel zur Strukturierung eines Programms. Die DO-Gruppe, bekannt von PL/I, ist dabei der wesentliche Bestandteil.

REXX ist zwischen 1979 und 1982 in den IBM Labors in England und USA entstanden. REXX ist im VM/CMS implementiert und wird mit dem Betriebssystem geliefert. Wie bei den meisten PCs BASIC fast zum Betriebssystem gehört, so gehört REXX zum VM. REXX gibt es mittlerweile auch für MS-DOS PCs, das nächtes OS/2 Release wird ebenfalls REXX beinhalten. REXX ist auch als Prozedurensprache für das MVS Timesharing System TSO geplant. REXX hat Erweiterungen für das Datenbanksystem SQL in Form von RXQL (REXX Query Language). Bei RXQL handelt es sich um eine eigene Lizenz, die nicht im Standard von VM enthalten ist. Und schließlich das wichtigste: REXX wurde von der IBM in das SAA Konzept aufgenommen. In diesem Zusammenhang ist auch ein REXX-Compiler angekündigt. Sie sehen, REXX ist nicht nur ein Hilfsmittel, um CMS Kommandos im "Batch" abzuarbeiten, sondern die Sprache kann als Programmentwicklungssprache für kleinere Anwendungen gesehen werden.

REXX ist so einfach gehalten, daß man jedem Programmierer zumuten kann, zumindest kleinere Programme in REXX zu entwickeln. Er braucht keine komplizierten Jobs zur Umwandlung (Compile-Link-Go) zu handhaben, keine Submit Verfahren, z.B. zum VSE, zu kennen usw. Er schreibt sein REXX Programm mit dem Editor und führt es einfach aus. Fehler korrigiert er wieder mit dem Editor und startet das Programm erneut. Jedem CMS Anwender steht REXX zur Verfügung. REXX muß nicht extra aktiviert werden. REXX wartet im CMS Nucleus darauf, verwendet zu werden. In Verbindung mit ISPF (ggf. RXQL wenn man SQL als Datenbank einsetzt) kann man REXX zu einem Programmentwicklungssystem für die Anwendungsentwicklung ausbauen.

7.2 REXX im Vergleich zu anderen Programmiersprachen

REXX wird oft mit PL/I verglichen. Einige Elemente sehen auf den ersten Blick gleich aus (die DO Konstruktionen; PROCEDURE; RETURN), der Sprachumfang ist jedoch recht verschieden und auch die Elemente der beiden Sprachen sind, bis auf die genannten Ähnlichkeiten unterschiedlich.

Einen gravierenden Unterschied zu Sprachen im Großrechnerbereich wie PL/I und COBOL gibt es jedoch: REXX ist eine interpretativ verarbeitete Sprache (abgesehen von dem jetzt angekündigten Compiler). Für PL/I, CO-BOL, PASCAL, C usw. sind Compiler vorhanden, die den Quellenkode in Maschinensprache übersetzen. Ein Linker bindet Systemroutinen und externe Unterprogramme des Anwenders zu einem ausführbaren Programm zusammen. Diese Arbeiten sind bei einem Interpreter nicht erforderlich. Er liest den Quellenkode Zeile für Zeile und Wort für Wort und interpretiert das, was er da liest. Er erzeugt keinen einzigen Maschinenbefehl. Ein REXX Programm läuft also nicht selbst. Der Interpreter ist derjenige, der das tut, was er als Anweisungen für seine Vorgehensweise im REXX Programm vorfindet. Das heißt natürlich, ein interpretiertes Programm kann nie so schnell sein wie ein in Maschinensprache übersetztes PL/I Programm. Oder anders ausgedrückt, ein REXX- und ein PL/I-Programm mit gleichem Algorithmus werden die CPU unterschiedlich belasten. Das REXX-Programm wird einen höheren CPU Verbrauch verursachen, als das PL/I-Programm.

Erinnern wir uns an **Kapitel 5**. Wir haben dort von der CMS Umgebung, vom Environment, um den Fachausdruck noch einmal zu nennen, gesprochen. REXX ist mit der CMS Umgebung sozusagen "verheiratet". Es ist ganz wichtig, diesen Punkt zu verstehen. REXX hat ja, wie andere Programmiersprachen auch, seine definierten Schlüsselworte (Keywords) wie IF, THEN, DO, UNTIL usw. Diese Sprachelemente analysiert der Interpreter, prüft die Syntax und leitet die entsprechenden Aktionen daraus ab. Er prüft die Sprachelemente vor der Ausführung auch auf Vollständigkeit, ob ein DO beispielsweise auch mit einem END abgeschlossen ist, etc. Nehmen wir z.B. ein PASCAL Programm, in dem an der Stelle, an der eigentlich ein neues PASCAL Schlüsselwort stehen müßte, eine Betriebssystemanweisung des MS-DOS erscheint:

```
        PASCAL                          REXX

     1 BEGIN;                        DO;
     2   x := 0;                       x = 0;
     3   WHILE x < 5 DO BEGIN;         DO WHILE x < 5;
     4     x := x + 1;                   x = x + 1;
     5     'COPY A:*.TXT C:\TXT'x;       'COPY A:*.TXT C:\TXT'x;
     6   END;                          END;
     7 END;                          END;
```

Bis auf die Zeile 5 ist das Programm völlig korrekt und würde auch von jedem Pascalcompiler, respektive Interpreter ausgeführt werden. Um auch mit der Zeile 5 keine Probleme zu bekommen, müßte der Pascalcompiler REXX Fähigkeiten besitzen. Er müßte davon ausgehen, daß das Betriebssystem (in diesem Falle das MS-DOS) im Hintergrund darauf wartet, Befehle direkt aus dem laufenden Programm in Empfang zu nehmen, auszuführen und die Steuerung wieder an das Programm zurückzugeben. Das gleiche muß auch möglich sein, wenn es sich nicht um Betriebssystemkommandos handelt, sondern wiederum um ein selbst geschriebenes Pascalprogramm, das aufgerufen werden und womöglich noch mit Parametern versorgt werden soll. Sicher ist es möglich, solche Funktionen in Pascal zu programmieren, moderne Compiler bieten definierte Betriebssystemschnittstellen dafür an. Wir erkennen hier aber deutlich die enge Einbindung der Sprache REXX in das Betriebssystem. REXX gibt in der Zeile fünf die Steuerung an das ENVIRONMENT ab. Immer dann, wenn eine syntaktisch richtige Einheit, eine Klausel, zu Ende ist, und der REXX Interpreter diese semantisch nicht zuordnen kann, veranlaßt er seine Umgebung dazu, eben diese Stelle zu analysieren. Die Steuerung wird an die Umgebung abgegeben und nach Ausführung des Kommandos wiedererhalten.

Wie weiß der REXX Interpreter aber, wieviel er seiner nächsten Umgebung an für ihn unverständlichem Kauderwelsch vorwerfen kann oder muß? Der REXX Interpreter muß irgendwann wieder an eine richtige Syntax kommen. Dazu muß man wissen, daß REXX nur einen Datentyp kennt, nämlich die Zeichenkette. Pascalprogramme können Variable vom Typ INTEGER, REAL, CHAR etc. haben, damit werden den Variablen ganz klar definierte Wertebereiche zugeordnet. In einem REXX Programm ist jede Variable vom Typ STRING. Enthält eine Variable z.B. eine Zeichenfolge wie '3E4', und es soll im Verlauf des Programms eine Rechenoperation darauf angewendet werden, tut das REXX auch, weil es die Zeichenfolge als Zahl in der wissenschaftlichen Schreibweise erkennen kann. Enthält die Zeichenfolge 'HUGO', womit gerechnet werden soll, meldet REXX logischerweise einen Arithmetikfehler.

Der Interpreter leitet alle Strings und Variablen, die nicht seiner Sprachsyntax genügen, als zusammengesetzten String an seine aktive Umgebung weiter.

Kehren wir zu unserem kleinen Programmausschnitt zurück und spielen Interpreter. Die Zeile 4 ist ordnungsgemäß abgearbeitet. Die neue Klausel beginnt mit einem Apostroph, also der Einleitung einer Zeichenkette. Der Interpreter liest alle Zeichen bis zum abschließenden Apostroph. Die Zeichenkette steht in keinem syntaktischen Zusammenhang, z.B. einer Zuweisung o.ä., sie wird erst einmal zwischengespeichert. Der Interpreter analysiert weiter und erkennt die Variable x. Auch diese steht mutterseelenallein in der Gegend herum. Der Interpreter verbindet den Variableninhalt (beim ersten Durchlauf also eine 1, wohlgemerkt das Zeichen '1', nicht den Wert 1) mit dem bereits zwischengespeicherten String: 'COPY A:*.TXT C:\TXT1'. Der Interpreter analysiert weiter und findet mit dem Semikolon das Ende einer Klausel. Das Semikolon muß nicht unbedingt geschrieben werden, sonst würde der Interpreter das END als Schlüsselwort erkennen und damit die vorhergehende Klausel beenden.

Der aufbereitete gespeicherte String wird jetzt an die Umgebung weitergeleitet. Ist die Umgebung das MS-DOS, wird es den Befehl erkennen und ausführen. Auf diese Art und Weise können CMS Prozeduren geschrieben werden, die es ermöglichen, CMS Befehle in einen mehr oder weniger komplizierten Algorithmus einzubinden.

Wie sieht es mit der CP Umgebung aus? Standardmäßig ist die CMS Umgebung aktiv, und diese gibt ja Anweisungen, die sie nicht kennt, an ihren nächsthöheren Chef weiter. So erhält auch das CP Befehle aus einem REXX Programm.

REXX hat zudem die Anweisung ADDRESS, mit der man die Zielumgebung bekannt machen kann. So kann man in einem XEDIT Makro, das in REXX geschrieben ist, zwischen der CMS Umgebung und der XEDIT Umgebung mit

```
ADDRESS CMS bzw.
ADDRESS XEDIT
```

hin und herschalten. Mit der REXX Funktion ADDRESS() kann die gerade aktive Umgebung ermittelt werden.

Kommen wir noch einmal zu unserem kleinen Programm zurück. Es soll noch mehr verdeutlichen, wie REXX Variablen behandelt. In anderen Sprachen existieren immer Elemente zur Deklaration der Variablen. Dem Compiler muß immer bekannt gemacht werden, von welchem Typ eine bestimmte Variable ist. Da es in REXX nur einen Typ, die Zeichenkette gibt, ist so eine Anweisung nicht nötig. Eine Variable ist immer dann definiert, wenn sie das erste Mal angesprochen wird. Erhält eine Variable nicht gleich einen bestimmten Wert durch eine Zuweisung, wird sie vom REXX Interpreter mit dem eigenen Namen initialisiert. Das kann für einen unerfahrenen REXX Programmierer eine versteckte Fehlerquelle sein, nach der er lange suchen kann.

Wie Sie weiter unten sehen können, haben wir die Zeile 5 etwas abgewandelt. Wir wollen den String, der in der neuen Zeile 6 an die Umgebung weitergeleitet wird, zuvor sauber aufbauen und einer Variablen zuweisen. Wir wissen, daß COPY ein Befehl an die Umgebung ist, und deshalb eigentlich kein String, sondern ein Befehl. Wir schreiben ihn nicht in Hochkommata. Wird das Programm laufen? Sicher, solange die Variable COPY, und als solche wird sie vom Interpreter behandelt, noch keine Wertzuweisung eventuell weiter vorne im Programm erfahren hat. Solange das noch nicht geschehen ist, enthält die Variable COPY die Zeichenkette 'COPY' also so, als wenn irgendwo am Programmanfang die Zuweisung COPY = 'COPY' stehen würde. Solche Schreibweisen können folglich zu versteckten Fehlern führen. REXX kennt keine Befehle anderer Umgebungen. Aus Sicht des Interpreters sind Anweisungen an eine Umgebung ganz einfach Zeichenketten, und diese sind mit einfachen oder doppelten Hochkommata zu kennzeichnen.

Die doppelten Ausrufezeichen sind in REXX der Operator für die Stringconcatenation. In der Zeile 4 wird mit der Variablen x gerechnet, und in der Zeile 5 wird darauf eine Zeichenkettenoperation ausgeführt. Typgebundene Sprachen würden einen Fehler melden, weil sie nicht in der Lage wären, die Variableninhalte zu konvertieren. Aber wir wissen, x enthält keinen Wert in der Größe null oder eins oder zwei usw., sondern die Zeichen '0', '1', etc. Nur deshalb, weil der String ausschließlich aus numerischen Zeichen besteht, kann REXX damit rechnen.

```
1 DO;
2   x = 0;
3   DO WHILE x < 5;
4     x = x + 1;
5     u = COPY !! 'A:*.TXT C:\TXT' !! x;
6     u;
7   END;
8 END;
```

Noch eine Bemerkung zu Zeile 6. Hier steht die Variable u mit der richtigen Zeichenkette gefüllt (in Zeile 5) allein auf weiter Flur. Nun, der Interpreter wendet die gleiche Logik, die oben beschrieben wurde, genauso wieder an. u steht in keinem syntaktischen Zusammenhang, der Variableninhalt wird der Umgebung zugeführt.

Diese doch recht eigenwilligen Fähigkeiten von REXX muß man kennen, um fehlerfrei in einer CMS Umgebung mit REXX zu programmieren. Die Sprache an sich kann ich hier nicht darstellen, der Stoffumfang würde ein eigenes Buch füllen. Zur Einstimmung finden Sie im Anhang E ein Beispielprogramm mit einer Fülle von CMS Anweisungen. Nachfolgend sehen Sie ein kleines Programm ohne Bezug zu einer Umgebung.

7.3 Ein REXX Beispielprogramm

Ich glaube, man findet am leichtesten den Einstieg in eine neue Programmiersprache, wenn man genügend Beispiele vor Augen hat. Wenn man nachvollziehen kann, wie andere ein Problem mit der neuen Sprache gelöst haben. Ich will deshalb ein Programm angeben, das den grundsätzlichen Aufbau zeigt. Es soll verdeutlichen, wie der Hauptprogrammteil angeordnet ist und wie Unterprogramm- und Funktionsunterprogrammaufrufe aussehen.

```
/*******************************************************************
* Zahlen in Worte umsetzen                                        *
*                                                                 *
*******************************************************************/

ARG Zahl .;

IF (Zahl > 0) & (ZAHL < 1000000.0) THEN
    SAY 'Ergebnis: 'FORMAT(Zahl,6)' -> 'ScheckText(Zahl);

EXIT; /* Programmende */

/*******************************************************************
* Die Routine "ScheckText" setzt eine ganze Zahl                  *
* 1..999999                                                       *
* in Worte um. ("ScheckText" ist eine Funktion)                   *
*******************************************************************/

ScheckText: PROCEDURE;                   /* Funktion ScheckText */

  ARG Zahl;

  K1er.1  = 'ein';
  K1er.2  = 'zwei'
  K1er.3  = 'drei';
  K1er.4  = 'vier';
  K1er.5  = 'fünf';
  K1er.6  = 'sechs';
  K1er.7  = 'sieben';
  K1er.8  = 'acht';
  K1er.9  = 'neun';
  K1er.10 = 'zehn';
  K1er.11 = 'elf';
  K1er.12 = 'zwölf';

  K10er.1 = '';
  K10er.2 = 'zwanzig';
  K10er.3 = 'dreiaig';
  K10er.4 = 'vierzig';
  K10er.5 = 'fünfzig';
  K10er.6 = 'sechzig';
  K10er.7 = 'siebzig';
  K10er.8 = 'achtzig';
  K10er.9 = 'neunzig';
  K1000   = 'tausend';
  K100    = 'hundert';
  Und     = 'und';
```

```
        Text = '';
        ZZ   = Zahl;
        D = 1000000.0;
        DO WHILE D > 1.0;
          D = D / 10.0;
          ID = TRUNC(Zahl / D);
          Zahl = Zahl - id * d;
            IF D > 99999.0 THEN Sw.6 = ID
            ELSE
            IF (D > 9999.0) & (D < 100000.0) THEN Sw.5 = ID
            ELSE
            IF (D > 999.0) & (D < 10000.0) THEN Sw.4 = ID
            ELSE
            IF (D > 99.0) & (D < 1000.0) THEN Sw.3 = ID
            ELSE
            IF (D > 9.0) & (D < 100.0) THEN Sw.2 = ID
            ELSE
            IF (D > 0.0) & (D < 10.0) THEN Sw.1 = ID;
        END; /* While */

        Zahl = ZZ;
        DO I=6 TO 1 BY -1;
          SELECT;
            WHEN I=6 THEN CALL HTsd;
            WHEN I=5 THEN CALL ZTsd;
            WHEN I=4 THEN CALL Tsd;
            WHEN I=3 THEN CALL Hd;
            WHEN I=2 THEN CALL Zehn;
            WHEN I=1 THEN CALL Eins;
          OTHERWISE;
          END; /* Select */
        END; /* DO */

RETURN Text;

Eins:                          /* Routine Eins */
  zw1 = i+1;
  zw = Sw.I;
  IF Sw.I > 0 THEN DO;
    Text = Text !! K1er.zw;
    IF (Sw.I = 1) & (Sw.zw1 = 0) THEN DO;
      Text = Text !! 's';
    END;
  END;
RETURN;

Zehn:                          /* Routine Zehn */
  zw = I-1;
  IF Sw.I > 0 THEN DO;
    IF Sw.I = 1 THEN DO;
      IF Sw.zw = 0 THEN Text = Text !! K1er.10;
      IF Sw.zw = 1 THEN Text = Text !! K1er.11;
      IF Sw.zw = 2 THEN Text = Text !! K1er.12;
    END;
    zw1 = Sw.I;
    zw2 = Sw.zw;
    IF (Sw.zw > 2) & (Sw.I < 2) THEN
      Text = Text !! K1er.zw2 !! K1er.10;
    IF (Sw.I > 1) & (Sw.zw > 0) THEN
      Text = Text !! K1er.zw2 !! Und !! K10er.zw1;
    IF (Sw.I > 1) & (Sw.zw = 0) THEN
      Text = Text !! K10er.zw1;
    Sw.zw = 0;
  END;
RETURN;
```

```
Hd:                              /* Routine Hundert */
  zw = Sw.I;
  zw1 = I+1;
  IF Sw.I > 0 THEN DO;
    Text = Text !! K1er.zw !! K100;
    I = I - 1;
    CALL Zehn;
    I = I - 1;
    CALL Eins;
    Sw.I = 0;
    Sw.zw1 = 0;
  END;
RETURN;

Tsd:                             /* Routine Tausend */
  zw = Sw.I;
  IF Sw.I > 0 THEN DO;
    Text = Text !! K1er.zw !! K1000;
    I = I - 1;
    CALL Hd;
  END;
RETURN;

ZTsd:                            /* Routine Zehntausend */
  IF Sw.I > 0 THEN DO;
    CALL Zehn;
    Text = Text !! K1000;
    I = I - 2;
    CALL Hd;
  END;
RETURN;

HTsd:                            /* Routine Hunderttausend */
  zw = Sw.I;
  IF Sw.I > 0 THEN DO;
    Text = Text !! K1er.zw !! K100;
    I = I - 1;
    IF Sw.I = 0 THEN
      Text = Text !! K1000
    ELSE
      CALL ZTsd;
  END;
RETURN;

/*********************** Ende der Source ********************/
```

Soviel zu REXX, viel Spaß damit!. Weitere REXX Beispiele finden Sie im **Anhang F**.

Kapitel 8

XEDIT

Der Standard Editor im CMS ist der XEDIT, - durch das vorangestellte 'X' vielleicht ein etwas eigentümlicher Name. Aber als Insider wissen Sie, für was das 'X' in IBM Abkürzungen steht: Es ist fast immer das Synonym für "extented", also für ein erweitertes System oder Produkt. In der Literatur wird der XEDIT auch als SYSTEM PRODUCT EDITOR bezeichnet. Dieser Langname wird aber im Fachjargon nie verwendet.

Das 'X' mit der eben genannten Bedeutung hat auch beim CMS-Editor seine Berechtigung. Früher hieß der CMS Editor einfach EDIT (ein zeilenorientiertes System), dann wurde er zum "Fullscreen"-Editor erweitert und XEDIT, also erweiterter Editor, genannt.

Was ein Editor ist, dürfte wahrscheinlich jedem Leser klar sein. Es ist ein Programm, mit dem man Texte auf einem Rechner erfassen kann, um diese in irgendeiner Form zu verarbeiten. So ein Schreibsystem muß den Text in einer Form ablegen, daß ihn andere Programme auf demselben Rechner wieder lesen können. Die Texte werden im Dateisystem des jeweiligen Betriebssystems abgelegt. So ist im Lieferumfang eines jeden Betriebssystems ein Editor enthalten, um erste Arbeiten, z.B. das Erstellen bestimmter Systemfiles, durchführen zu können. Das MS-DOS System für einen PC enthält beispielsweise den sehr primitiven zeilenorientierten Editor EDLIN. Er ist für kleine Korrekturen ganz nützlich, für eine Erfassung größerer Texte aber nicht brauchbar. Man ist also gezwungen, sich im PC-Bereich einen zusätzlichen Editor anzuschaffen. In vielen Programmentwicklungssystemen sind eigene Editoren enthalten (z.B. TURBO-Pascal). Sie sind in ihrer Bedienungsweise oft an den Klassiker WordStar angelehnt.

Im CMS gibt es das Erfordnernis für einen komfortableren Editor nicht, denn der XEDIT erfüllt alle Wünsche. Für den PC gibt es eine Nachbildung des XEDIT namens KEDIT. Dieser Editor enthält nahezu alle Funktionen des XEDIT und ist optimal an die PC Umgebung angepaßt. Wenn jemand viel zwischen dem CMS- und einem PC-System hin und her wechseln muß, ist der KEDIT für den PC eine gute Empfehlung.

Wozu brauchen wir denn einen Editor? Wie gesagt, wir wollen Texte erfassen. Schreibe ich nun den Text dieses Buches mit dem CMS Editor? Nein - ich sitze vor einem PC, und auch da verwende ich nicht den KEDIT, sondern ein professionelles Textsystem. Habe ich den XEDIT zu hoch gelobt? Wenn man von guten oder schlechten Programmen zur Textverarbeitung spricht, sollte man immer erst einmal eine Zweckbestimmung durchführen. Für umfangreiche Texte, wie für ein Buch, die gut aufbereitet sein müssen, mit automatischem Stichwortverzeichnis, Gliederungshilfen, Rechtschreibkontrolle, Silbentrennung, usw. ist eben ein Programm nötig, das die Arbeit eines Setzers erledigt. Dazu ist der XEDIT nicht geeignet und auch nicht vorgesehen.

Was tun wir dann mit dem XEDIT? Der CMS Editor ist in erster Linie ein Programmierwerkzeug. Wollen wir einen Programmtext erfassen, reichen viel primitivere Mittel aus, als wenn wir einen Buchtext erfassen und editieren wollen. Der Programmierer will kein drucktechnisch hochwertiges Dokument erzeugen, sondern er will ein Programm schreiben. Er stellt ganz andere Anforderungen an einen Text als der Autor eines Buches. Für den Programmierer ist der Editor nur Ballast. Er will sich nicht mit der Bedienung aufhalten, er will sein Programm schnell erfassen und einfach korrigieren können.

Viele Programmierer verwenden deshalb nur einen bescheidenen Teil der Funktionen, die der XEDIT bietet. Kaum jemand ist in der Lage, alle der knapp neunzig XEDIT-Befehle vollauf in den jeweiligen Variationen zu beherrschen. Der SET-Befehl alleine hat circa siebzig Parameter zum Setzen der XEDIT Variablen.

In der Kategorie der Programmeditoren liegt der XEDIT an der Spitze im Vergleich zu anderen Systemen. Der Editor ist kein separates Programm, sondern er ist in das CMS als Environment, also als Umgebung integriert. Die Umgebungen im CMS haben wir im **Kapitel 5** besprochen, vielleicht blättern Sie einmal zurück, um sich wieder zu erinnern, was darunter zu verstehen ist. Der XEDIT steht damit jedem CMS Benutzer ohne Einschränkung zur Verfügung. Er dient dem Programmierer zum Erfassen und Korrigieren seines Quellprogramms, dem Systemprogrammierer zur Pflege der Parameterdateien, dem Arbeitsvorbereiter zum Erfassen und zur Korrektur der Jobcontrol. Alle Gruppen, das Sekretariat eingeschlossen, können den XEDIT zur Bearbeitung von kurzen Texten, wie Notizen, Mitteilungen oder ähnlichem benutzen. Die Bürokommunikationssysteme unter VM (PROFS) verwenden den XEDIT als Basissystem.

Soweit zur Einstimmung, jetzt wollen wir den Editor etwas genauer unter die Lupe nehmen. Wie bei vielen anderen Beschreibungen von Programmsystemen kommt an dieser Stelle immer eine Bildschirmkopie des Einschaltlogos.

Beim XEDIT ist das nicht ganz problemlos, denn in jeder Installation, bei jedem XEDIT-Anwender kann das Bildschirmlayout völlig unterschiedlich aussehen, und doch ist es der gleiche XEDIT, der sich dahinter verbirgt. Der XEDIT ist für jede Aufgabe oder nach den Gewohnheiten des jeweiligen Anwenders frei konfigurierbar. Wie das möglich ist, wollen wir jetzt ergründen.

8.1 Das XEDIT Profile

Ähnlich wie beim Start des CMS (IPL-Vorgang), läuft beim Aufruf des XEDIT ein PROFILE ab. Dieses Profile mit dem Standardnamen PROFILE XEDIT enthält XEDIT-Kommandos. Dies sind üblicherweise Kommandos zur Festlegung des Bildschirmlayouts und zur Belegung der Funktionstasten. Nomalerweise wird allen CMS Benutzern ein gemeinsames Profile auf der allgemeinen öffentlichen Minidisk zur Verfügung gestellt. Jeder Anwender kann sich aber sein eigenes Profile auf der A-Disk seiner Userid zurechtschneidern. Empfehlenswert ist dies allerdings nicht, denn es ist kaum mehr möglich, daß der Programmierer A mit dem Profile des Programmierers B arbeitet.

In welcher Schreibweise muß nun die Profiledatei verfaßt werden? Als Editor verwenden wir natürlich unseren XEDIT, und bis zur Ersterstellung des Profiles müssen wir mit der etwas eigentümlichen Darstellung des profilelosen XEDIT zurechtkommen.

8.1.2 Die Profile-Syntax

Das XEDIT Profile ist in seiner einfachsten Form eine Folge von XEDIT Kommandos. Das Profile kann aber auch eine komplexe Logik enthalten, die entweder in EXEC, EXEC2 oder REXX formuliert wird. Wir wollen dafür natürlich REXX verwenden. Die Profile Syntax ist also die REXX Syntax. Der XEDIT hat aber keinen eigenen REXX Interpreter, sondern er verwendet den im CMS vorhandenen Interpreter.

Sehen wir uns jetzt ein mögliches Profile an. Wie gesagt, in Ihrer Installation kann das Standard Profile ganz andere Fumktionen enthalten.

8.1.2.1 PROF XEDIT

```
/**********************************************************************
*                        +------+                                    *
*                        ! PROF !                                    *
*                        +------+                                    *
*                                                                    *
* Profile für den CMS Editor XEDIT. Das Makro kann durch den Aufruf  *
*                                                                    *
* Xedit fn ft fm (PROF PROF                                          *
*                                                                    *
* aktiviert werden. Es kann aber auch zunächst das Standard Profile  *
* verwendet werden. Die XEDIT Einstellung mit diesem Profile kann    *
* dann per normalem Makroaufruf vorgenommen werden.                  *
**********************************************************************/

'SET PREFIX SYNONYM G PREFGIVE';   /* PREFGIVE Makro als Prefix       */
'SET PREFIX SYNONYM GG PREFGIVE';  /* Kommando                        */
'SET PREFIX SYNONYM T PREFTAKE';   /* dto. für PREFTAKE               */

'SET REMOTE ON';           /* Sinnvoll bei VTAM Betrieb               */
'SET AUTOSAVE 20';         /* autom. Sicherung nach 20 Änderungen     */
'SET CMDLINE BOT';         /* XEDIT Kommandozeile                     */
'SET CURLINE ON 4';        /* Erste Editierzeile                      */
'SET LINEND ON ^';         /* Trennzeichen für XEDIT Kommandos        */
'SET LRECL *';             /* Logische Satzlänge maximal nach dem FT  */
'SET SCALE ON 3';          /* Zeilenlineal in Zeile 3                 */
'SET SERIAL OFF';          /* Keine Zeilennummern in den Spalten 73-80 */
'SET NULLS ON';            /* Zeichen einfügen ermöglichen            */
'SET PREFIX ON RIGHT';     /* Prefix Bereich am rechten Bildschirmrand */
'SET NUM ON';              /* Prefixbereich mit Zeilennummern         */

'MACRO MIXUPP';            /* CASE Modus Mixed einstellen             */
'MACRO KEYSET';            /* Funktionstasten setzen                  */
'MACRO KEYONOFF';          /* Belegung der Tasten anzeigen            */

/******************** Ende PROF ********************************/
```

Jeder im Profile verwendete XEDIT Befehl ist, wie ich glaube, ausreichend beschrieben. Am Ende des Profiles stehen aber zwei Makroaufrufe, die wir uns noch etwas genauer ansehen wollen.

8.1.2.2 Das Makro KEYSET

Der erste Makroaufruf im Profile PROF stellt die Funktionstasten für den Editor ein. Die Tasten 1 bis 12 entsprechen weitgehend der SAA-Empfehlung. Die Funktionstasten 13 bis 24 sind teilweise mit eigenen Makros belegt. Insbesondere die Blockmakros und das Makro zur Anzeige der Tastenbelegung sind hier interessant.

```
/*****************************************************************
*                       +--------+                              *
*                       ! KEYSET !                              *
*                       +--------+                              *
*                                                               *
*       Belegung der Funktionstasten für den CMS Editor XEDIT.  *
*                                                               *
***************************************************************/
'SET ENTER CURSOR HOME'; /* Eingabetaste                       */
/* Tasten 1 bis 12                                             */
'SET PF01 HELP';          /* Hilfe                             */
'SET PF02 SOS LINEADD';   /* Zeile einfügen                    */
'SET PF03 QUIT';          /* Abbrechen                         */
'SET PF04 TABKEY';        /* Tabulator Taste                   */
'SET PF05 SCHANGE 6';     /* Selektiv austauschen              */
'SET PF06 ?';             /* letzten Befehl in CMD Zeile stellen */
'SET PF07 BACKWARD';      /* rückwärts blättern                */
'SET PF08 FORWARD';       /* vorwärts blättern                 */
'SET PF09 =';             /* letzten Befehl ausführen          */
'SET PF10 RGTLEFT';       /* rechts/links schieben             */
'SET PF11 SPLTJOIN';      /* Zeile trennen/verbinden           */
'SET PF12 CURSOR HOME';   /* CMD Zeile Textbereich             */
/* Tasten 13 bis 24                                            */
'SET PF13 MIXUPP';        /* Groß-, Kleinschreibung            */
'SET PF14 KEYONOFF';      /* Tastenanzeige aus-/einschalten    */
'SET PF15 MACRO BB';      /* Block Beginn markieren            */
'SET PF16 MACRO BE';      /* Block Ende markieren              */
'SET PF17 MACRO BC';      /* Block kopieren                    */
'SET PF18 MACRO BM';      /* Block verschieben                 */
'SET PF19 TOP';           /* zum Dateianfang                   */
'SET PF20 BOT';           /* zum Dateiende                     */
'SET PF21 UP 1';          /* eine Zeile zurück                 */
'SET PF22 NEXT 1';        /* eine Zeile vor                    */
'SET PF23 NULLKEY';       /* keine Funktion                    */
'SET PF24 CURSOR HOME';   /* wie Enter und PF12                */
/************************ Ende PROF ****************************/
```

8.1.2.3 Das Makro KEYONOFF

Das zweite Makro im Profile PROF zeigt die Belegung der Funktionstasten
am unteren Bildschirmrand an. Das Makro ist so programmiert, daß es bei
einem weiteren Aufruf die Anzeige ausschaltet. Wird es nochmal gerufen,
schaltet es die Anzeige wieder ein. Das Makro enthält jeweils zwei Routinen
zur zwei- oder dreizeiligen Anzeige. Je nach Geschmack können die Routinen geändert oder durch andere Informationen ergänzt werden.

```
/*****************************************************************
*                     +----------+                             *
*                     ! KEYONOFF !                             *
*                     +----------+                             *
*                                                              *
* Dieses XEDIT Makro schaltet die Anzeige der Funktionstastenbe- *
* legung an und aus. Wird dieses Makro mit einer Funktionstaste  *
* verbunden, kann die Anzeige wahlweise ein oder ausgeschaltet   *
* werden.                                                       *
*                                                              *
****************************************************************/

'EXTRACT/RESERVED';
IF reserved.0 > 0 THEN DO;
  CALL keyoff3;
END
```

```
ELSE DO;
  CALL keyon3;
END;

EXIT;

/**********************************************************************
* Tastenbelegung anzeigen (2-zeilig)                                  *
**********************************************************************/
keyon2:
  help_line_1 = 'F 1-Help 2-Add  3-Quit 4-Tab 5-SCH',
                '6- ? 7-Ba   8-Fo   9- = 10-RL 11-SJ 12-Home';
  help_line_2 = 'F13-Mix 14-Key 15-BB  16-BE 17-BC',
                '18-BM 19-Top 20-Bot 21-Up 22-Ne 23-   24-Home';
  'RESERVED -4 HIGH' COPIES('-',79);
  'RESERVED -3 HIGH' help_line_1;
  'RESERVED -2 HIGH' help_line_2;
RETURN;

/**********************************************************************
* Tastenanzeige abschalten (2-zeilig)                                 *
**********************************************************************/
keyoff2:
  'RESERVED -4 OFF';
  'RESERVED -3 OFF';
  'RESERVED -2 OFF';
RETURN;

/**********************************************************************
* Tastenbelegung anzeigen (3-zeilig)                                  *
**********************************************************************/
keyon3:
  help_line_1 = 'F 1-Help 2-Add       3-Quit      4-Tab ',
                ' 5-SCHANGE 6- ?         7-Ba    8-Fo';
  help_line_2 = 'F 9-=   10-RightLeft 11-SplitJoin 12-Home',
                '13-Mixupp 14-KeyOnOff 15-BB  16-BE';
  help_line_3 = 'F17-BC  18-BM        19-Top       20-Bot ',
                '21-Up     22-Next    23-    24-Home';
  'RESERVED -5 HIGH' COPIES('-',79);
  'RESERVED -4 HIGH' help_line_1;
  'RESERVED -3 HIGH' help_line_2;
  'RESERVED -2 HIGH' help_line_3;
RETURN;

/**********************************************************************
* Tastenanzeige abschalten (3-zeilig)                                 *
**********************************************************************/
keyoff3:
  'RESERVED -5 OFF';
  'RESERVED -4 OFF';
  'RESERVED -3 OFF';
  'RESERVED -2 OFF';
RETURN;
/********************** Ende KEYONOFF ***************************/
```

8.1.2.4 Das Makro MIXUPP

Früher hat man beim Programmieren grundsätzlich die Großschreibung verwendet. Nicht weil bis vor kurzem die Bildschirme nicht in der Lage gewesen wären, Groß- und Kleinbuchstaben darzustellen, sondern weil meistens die Schnelldrucker (Kettendrucker) mit Druckketten ausgerüstet waren, die nur Großbuchstaben drucken konnten. Und weil eben die Programmliste in großen Buchstaben ausgedruckt wurde, tippten auch die meisten Programmierer weiterhin ihr Programm in großen Lettern.

Der CMS Befehl PRINT enthält die Option UPCASE. Es ist daher zu empfehlen, die Groß-/Kleinschreibung beim Programmieren bewußt einzusetzen. Sollte man dann immer noch gezwungen sein, einen Drucker mit Großschrift zu verwenden, könnte die Option UPCASE beim Drucken aktiviert werden.

Ich habe mir angewöhnt, z.B. bei einem REXX Programm, alle Schlüsselworte, alle REXX Funktionen, vordefinierte REXX Variablen, CP/CMS Befehle, kurzum alles, was ich in einem Programm nicht selbst definiere, in großen Buchstaben zu schreiben. Alle selbsterfundenen Variablennamen, Routinennamen, etc. schreibe ich grundsätzlich klein.

Bei der Assemblerprogrammierung hingegen ist die Großschreibung ein absolutes Muß, denn der /370-Assembler versteht außer in Kommentaren bis heute keine kleinen Buchstaben.

Damit die Umschaltung zwischen großen und kleinen Buchstaben einigermaßen flott geht, habe ich in das Profile das Makro MIXUPP aufgenommen. Bei jedem Drücken der entsprechenden Funktionstaste wird der CASE-Modus umgeschaltet und eine kurze Information in der Message-Zeile ausgegeben.

Nicht nur beim Verfassen von Text ist die Unterscheidung nach großen und kleinen Buchstaben wichtig, sondern auch beim Suchbefehl LOCATE. Im CASE-Modus UPPER werden nur Zeichenketten mit großen Buchstaben gefunden, bei MIXED Zeichenketten mit Klein- und Großbuchstaben, aber in der exakten Schreibweise. Im Modus MIXED IGNORE werden Suchstrings, unabhängig davon, ob große oder kleine Buchstaben enthalten sind, gefunden.

```
/*******************************************************************
*   MIXUPP - Groß- Kleinschreibung umschalten                     *
*******************************************************************/

'EXTRACT /CASE';
IF case.1 = 'UPPER' THEN DO;
   'SET CASE MIXED IGNORE';
   'MSG FROM NOW ON: case mixed ignore';
END
ELSE DO;
   'SET CASE UPPER';
   'MSG FROM NOW ON: case upper';
END;

/************************** Ende MIXUPP **************************/
```

Zum Schluß dieses Abschnittes wollen wir uns noch ansehen, wie unser Profile wirkt, wie sich der CMS Editor dem Benutzer darstellt. Schauen Sie sich die nachfolgende Bildschirmkopie an und vergleichen Sie die Befehle im PROF XEDIT und den dazugehörenden Makros.

```
DASS      EXEC     A1 F 130  Trunc=130 Size=665 Line=0 Col=1 Alt=0
!...+....1....+....2....+....3....+....4....+....5....+....6....+....7...
* * * Top of File * * *                                                 00000
/**********************************************************************  00001
*               +--------------------------------+            *         00002
*               !  /370 D i s a s s e m b l e r !             *         00003
*               +--------------------------------+            *         00004
*                       Drieger  April 1990                   *         00005
*                        (Speicherversion)                    *         00006
**********************************************************************/  00007
                                                                        00008
ARG fn ft fm .;                                                         00009
IF fm = '' THEN fm = 'A';                                               00010
IF ft = '' THEN ft = 'TEXT';                                            00011
'EXEC EXISTF' fn ft fm;                                                 00012
IF RC <> 0 THEN DO;                                                     00013
  SAY 'Textfile' fn ft fm 'nicht gefunden - Abbruch';                   00014
  EXIT 99;                                                              00015
END;                                                                    00016
                                                                        00017
listfile = 'DASS LISTING A';                                            00018
'EXEC EXISTF' listfile;                                                 00019
IF RC = 0 THEN DO;                                                      00020
  SAY 'Soll die Protokolldatei' listfile 'gelöscht werden ? (J/N)';     00021
  PULL antwort .;                                                       00022
  IF antwort = 'J' THEN DO;                                             00023
-------------------------------------------------------------------------
F 1-Help 2-Add       3-Quit     4-Tab   5-SCHANGE 6- ?        7-Ba  8-Fo
F 9-=    10-RightLeft 11-SplitJoin 12-Home 13-Mixup 14-KeyOnOff 15-BB 16-BE
F17-BC  18-BM        19-Top     20-Bot  21-Up     22-Next   23-    24-Home
====>
```

8.2 XEDIT Aufruf

Im CMS wird der Editor einfach durch seinen Namen XEDIT (oder abgekürzt nur X), gefolgt von einem Dateinamen, aufgerufen. Der Dateiname ist natürlich ein Name der den Regeln des CMS Filesystems folgen muß, denn der CMS-Editor legt seine Daten im CMS Filesystem ab. Die Editorumgebung im Sinne des **Kapitels 5** ist damit aktiv. In der Kommandozeile können jetzt XEDIT Kommandos (XEDIT Subcommands) eingegeben werden und in der Prefix-Spalte (sofern sie aktiviert ist) Prefix-Kommandos. Ungültige XEDIT Kommandos reicht der XEDIT an die CMS- und CP-Umgebung weiter.

Beim Durchblättern der XEDIT Kommandos stößt man auch auf das Kommando XEDIT. Aus der CMS Eingabezeile heraus wird das CMS Kommando XEDIT eingegeben, aus der XEDIT Kommandozeile das XEDIT Kommando XEDIT. Kompliziert? Die Wirkung ist die gleiche, ob der XEDIT aus dem CMS oder vom XEDIT aus selbst aufgerufen wird. Immer wird das angegebene File (falls es existiert) zur Bearbeitung angeboten, oder es wird eine neue Datei angelegt. Der Unterschied sollte aber klar sein: Das XEDIT Kommando gibt es zweimal, einmal als CMS- und einmal als XEDIT-Kommando.

Wird das XEDIT-Kommando XEDIT verwendet, wird ein <u>weiteres</u> File eröffnet, die Datei die unmittelbar vor dem XEDIT-Aufruf bearbeitet wurde, bleibt unverändert im <u>Speicher</u> erhalten. Es wurde mit dem zweiten Aufruf ein sogeannter Dateikreis eröffnet. Der Kreis (Ring) besteht nach der ersten Verwendung des XEDIT-Subcommands aus zwei Segmenten, also zwei Dateien. Durch weitere XEDIT-Subcommands können weitere Segmente in den Kreis aufgenommen werden, die Grenze ist die Größe des Arbeitsspeichers der CMS Userid.

Mit dem Subcommand XEDIT, ohne die Angabe eines Filenamens, kann von einem Segment zum nächsten Segment gewechselt werden. Springen ist nicht möglich. Mit dieser Technik können auf einfache Art mehrere Dateien bearbeitet werden, ohne den Editor beim Übergang zur nächsten Datei zu verlassen und erneut aufzurufen.

Wenn Sie einmal nicht mehr wissen, welche Dateien im Speicher stehen, können Sie mit dem XEDIT QUERY Kommando nachfragen:

```
QUERY RING
```

Der XEDIT antwortet zunächst mit der Anzahl Dateien im Speicher und listet dann alle Dateien mit Namen, Größe, Satzformat, Cursorposition und Änderungsstand auf.

Die Technik, mehrere Dateien im Speicher zu bearbeiten, sollten Sie üben, denn sie erleichtert manche Editieraufgabe ungemein. In den seltensten Fällen schreibt man doch ein Programm völlig ohne Bezug zu bereits bestehenden Programmroutinen. Man ist also damit beschäftigt, Teile aus anderen Programmen zusammenzuholen. Mit dem Dateiring und einigen Prefix-Makros zum Kopieren (Siehe PREFGIVE und PREFTAKE bei den Beispielmakros unter 8.4.2) kann diese Tätigkeit sehr einfach sein.

8.2.1 Das XEDIT-Kommando

Das CMS-XEDIT-Kommando und das XEDIT-XEDIT-Kommando sind von der Syntax her identisch, in der Wirkung aber unterschiedlich. So beschwert sich z.B. das CMS-XEDIT-Kommando, wenn es ohne gültigen CMS Filenamen aufgerufen wird. Das XEDIT-XEDIT-Kommando schaltet hingegen im

Dateikreis um ein File weiter, wenn es ohne Filenamen verwendet wird. Der
Aufruf selbst ist ganz einfach:

```
Xedit [fn [ft [fm]]] [(options...[)]]
```

Die Parameter fn, ft, fm sind die üblichen CMS Dateibezeichnungen. Die
Optionen können fortgelassen werden. Das bedeutet aber nicht, daß die Optionen nicht wirksam werden, die Standardwerte sind aktiv, wenn man sie
nicht explizit auschaltet. Im normalen Gebrauch sind zwei Optionen wichtig,
und auch die wollen wir nur kurz besprechen.

Die Option *(PROFile macroname* ist aktiv mit dem Makronamen PROFILE.
Einfach ausgedrückt: Das Standard-Profile PROFILE XEDIT wird abgear-
beitet. Soll ein anderes Profile verwendet werden, muß diese Option mit dem
Namen des alternativen Profiles angegeben werden.

Wollen Sie das Standard-Profile unterdrücken, müssen Sie dies mit der Option *(NOPROFil* veranlassen.

8.3 Der Prefix Bereich

Mit dem Befehl SET PREFIX ON LEFT oder SET PREFIX ON RIGHT
kann der Prefix-Bereich am linken oder rechten Bildschirmrand aktiviert
werden. Danach erscheinen in den ersten bzw. letzten fünf Spalten einer jeden Bildschirmzeile fünf '='-Zeichen. In diesen Bereich können dann die
XEDIT-Prefix-Kommandos eingegeben werden. Mit diesen Kommandos ist
es sehr leicht möglich, einzelne Zeilen oder mehrere Zeilen zusammen zu
kopieren, zu verschieben, zu löschen, nach links oder rechts zu verschieben,
usw.

Die Prefix-Kommandos erlauben einen näheren Bezug zum Text als die reinen XEDIT-Kommandos aus der Befehlszeile. Wollen Sie z.B. 10 Zeilen aus
einem Text löschen, müssen Sie die erste zu löschende Zeile als laufende
Zeile (current line) positionieren und dann den Befehl DELETE 10 eingeben. Viel leichter ist es jedoch, im Prefix Bereich die erste und letzte zu löschende Zeile mit dem Prefix-Kommando DD zu kennzeichnen und mit der
Eingabetaste zu löschen.

Das hört sich alles sehr umständlich an und ist auch relativ schwierig zu beschreiben. Die beste Methode ist, alle Prefix-Kommandos einmal durch-
zuprobieren. Wie bei allen derartigen Systemen ist die Übung und das aktive
Arbeiten das beste Mittel, die XEDIT Fähigkeiten kennzulernen. Ich werde

auch in den noch folgenden Absätzen nicht versuchen, alle XEDIT-Befehle der Reihe nach zu erklären. Dafür gibt es das Übungsbuch (12) und ein Referenzhandbuch (13) in der offiziellen VM-Literatur.

Ich möchte Ihnen die Erkenntnis der Flexibilität des XEDIT und seiner Einsatzmöglichkeiten vermitteln. Gerade in Verbindung mit REXX sollten Sie den XEDIT einmal als Zugriffsmethode auf das CMS Dateiensystem und als Bildschirmmanagementsystem sehen. REXX selbst hat ja sehr bescheidene Methoden für die Bildschirmsteuerung vorgesehen. Mit dem XEDIT kann man aber sehr gut Bildschirmlayouts kreieren. Der Anwender eines solchen REXX Programmes wird dabei nicht erkennen, daß sich dahinter eigentlich der CMS Editor verbirgt. Seit dem Release 5 gibt es im CMS aber die Fenstertechnik (WINDOW- und SCREEN Kommandos im CMS), so daß Bildschirmlayouts mit dem XEDIT in neuen Programmen nicht mehr verwendet werden sollten.

8.4 XEDIT-Makros

Bei der Besprechung des Standard-Profiles haben wir schon erfahren, daß wir die Anweisungen in der REXX-Syntax formulieren. Das Standard-Profile unterscheidet sich in keiner Weise von einem anderen XEDIT-Makro. Lediglich der Name verursacht den automatischen Start des Makros zum Aufrufzeitpunkt. Unter einem XEDIT-Makro verstehen wir also ein REXX-Programm, das in der XEDIT-Umgebung abläuft. Es muß nicht unbedingt XEDIT-Kommandos enthalten. In der Natur der Sache liegt es aber, daß XEDIT-Makros in irgendeiner Form immer mit Dateibearbeitung zu tun haben und folglich meistens XEDIT-Kommandos enthalten. XEDIT-Makros besitzen, wie das Standard-Profile auch schon, den Filetype XEDIT.

Der Aufruf eines XEDIT-Makros kann aus der XEDIT Kommandozeile erfolgen. Der Befehl lautet MACRO par1 [par2...parn]. Dabei sind par1 der Makroname und par2 bis parn Parameter für dieses Makro. Jedes XEDIT-Makro kann aber auch beim XEDIT Aufruf mit der Option (PROFILE gestartet werden.

Sehen wir uns jetzt ein paar kleine, aber wirkungsvolle XEDIT-Makros zum besseren Verständnis an.

8.4.1 Die Bx-Makros

Die XEDIT-Nachbildung auf dem PC mit dem Namen KEDIT haben wir schon erwähnt. Arbeitet man abwechselnd mit beiden Systemen, fällt einem

sehr bald die unterschiedliche Bedienung des Bildschirms auf. Befindet sich
z.B. beim PC der Cursor in der ersten Zeile einer Datei, die größer als ein
Bildschirm ist, und man betätigt die Taste, um den Cursor in die Richtung
des Dateiendes zu bewegen, dann wird der Bildschirm automatisch nach
oben geschoben, wenn der untere Bildschirmrand erreicht wird.

Vollführt man die die gleiche Prozedur mit dem orginalen XEDIT an einem
3270-Bildschirm, stellt man fest, der Dateiinhalt wird auf dem Bildschirm
nicht nach oben weggeschoben, sondern der Cursor springt vom unteren
Bildschirmrand einfach wieder in die erste Zeile.

Für jeden PC Benutzer ist dies ein ungewohntes, ja unverständliches Verhalten. Die Ursache liegt aber nicht im XEDIT begründet, sondern jedes On-
line-Programm an einem 327x-Bildschirm verhält sich so.

In der 327x-Welt herrscht das Prinzip der Bildschirmmaske. In ein vorgefer-
tigtes Raster oder besser in ein Formular werden Daten eingegeben. Während dieser Zeit muß das Programm, das diese Maske zur Anzeige gebracht
hat, nicht mehr aktiv sein, es kann ruhen und damit keine Resourcen mehr
verbrauchen. Es kann aber auch in dieser Zeit andere Bildschirme mit der
gleichen Maske bedienen. Ein großer Vorteil.

Ist das Bildschirmformular ausgefüllt, wird es mit der Datenfreigabe-Taste an
das Programm zurückgeschickt. Das Programm nimmt die Formulardaten an,
prüft sie und leitet die entsprechenden Aktionen daraus ab.

Neben der Datenfreigabe-Taste können auch die Funktionstasten und die
PA-Tasten die Maskeneingabe beenden und besondere Reaktionen des Programms einleiten (z.B. Verzweigen zu einem höheren Menü mit F3). Man
kann sich die Bildschirmmaske wie einen Datensatz einer Datei vorstellen,
die Bildschirmfelder sind die Felder der Satzstruktur. So wie ein Dateisatz
geschrieben oder gelesen wird, ist auch die Bildschirmbehandlung in der
327x-Welt ein starres Hin- und Herschicken von ganzen Bildschirmen. Zur
Optimierung sind natürlich Techniken im Einsatz, die z.B. nur veränderte
Bildschirmdaten zum Programm zurückschicken, wenn die gleiche Maske
mehrfach verwendet wird.

Kehren wir zum PC zurück. Hier ist der Bildschirminhalt meist im Hauptspeicher direkt abgebildet. Das Programm, das immer aktiv ist, - es braucht
ja keine anderen Benutzer bedienen - kann direkt auf eine Veränderung reagieren. Die Eingabetaste und auch die Funktionstasten sind allen anderen
Tasten auf der Tastatur ebenbürtig. Alleine das Programm entscheidet, wie
es auf die verschieden Eingaben reagiert.

Mit den Möglichkeiten des PCs ist es deshalb dem KEDIT ein leichtes, Textblöcke auf dem Bildschirm z.B. durch Hellsteuerung der Buchstaben oder des Hintergrundes zu markieren und danach zu kopieren, zu verschieben oder zu löschen. Dem XEDIT hingegen ist es unmöglich, einen Teil einer Zeile zu markieren und an einen anderen Platz auf dem Bildschirm zu schreiben. Einen Kompromiß schließen die kleinen Bx-Makros. Die Markierung eines Textblocks ist zwar auf dem Bildschirm nicht sichtbar, aber doch aktiv. Das BB-Makro markiert den Beginn eines Textblockes, das BE-Makro das Ende. Das BC-Makro kopiert (Copy) und das BM-Makro verschiebt (Move) den markierten Text.

Die Makros können nur im Zusammenspiel mit den Funktionstasten arbeiten, denn die einzelnen Positionen, wie Blockbeginn, -ende und Ziel werden mit dem Cursor angefahren. In der Kommandozeile kann dann natürlich kein Makroaufruf getätigt werden, sondern nur über eine zugeordnete Funktionstaste.(Siehe das Makro KEYSET unter **8.1.2.2**). Dort wird die Zuordnung BB = F15, BE = F16, BC = F17 und BM = F18 vorgenommen.

Nachfolgend sind die vier kleinen Makros abgedruckt, sie sollen Ihnen als Anregung für Erweiterungen dienen. Denn ein kompletter Textblock über mehrere Zeilen kann nicht kopiert werden. Diese Bx-Makros funktionieren nur für ganze Zeilen (dafür gibt es aber die Prefix-Kommandos) und für einen Teil einer Zeile. Gerade das wird am häufigsten benötigt.

8.4.1.1 BB Makro

```
/*****************************************************************************
 *   BB - Blockbeginn markieren                                             *
 *****************************************************************************/

'EXTRACT/CURSOR/';          /* Position des Cursors im File feststellen */
bbl = cursor.3;             /* Zeile                                    */
bbc = cursor.4;             /* Spalte                                   */

'CMS GLOBALV SELECT XEDBLOCK PUT BBL BBC'; /* Position im GLOBALV-  */
                                           /* Speicher festhalten    */

IF (bbl <= 0) ! (bbc <= 0) THEN DO;        /* Fehlermeldung          */
   'MSG Cursor falsch positioniert.';
END;

EXIT;

/*************************** Ende BB ********************************/
```

8.4.1.2 BE Makro

```
/***********************************************************************
*   BE - Blockende markieren                                          *
***********************************************************************/

'EXTRACT/CURSOR/';          /* Position des Cursors im File feststellen */
bel = cursor.3;             /* Zeile                                    */
bec = cursor.4;             /* Spalte                                   */

'CMS GLOBALV SELECT XEDBLOCK PUT BEL BEC'; /* Position im GLOBALV-  */
                                           /* Speicher festhalten    */

IF (bel <= 0) ! (bec <= 0) THEN DO;        /* Fehlermeldung         */
   'MSG Cursor falsch positioniert.';
END;

EXIT;


/*************************** Ende BE *******************************/
```

8.4.1.3 BC Makro

```
/***********************************************************************
*   BC - Block kopieren                                               *
***********************************************************************/

'EXTRACT/CURSOR/';          /* Position des Cursors im File feststellen */
bcl = cursor.3;             /* Zeile                                    */
bcc = cursor.4;             /* Spalte                                   */

'CMS GLOBALV SELECT XEDBLOCK PUT BCL BCC'; /* Position im GLOBALV-  */
                                           /* Speicher festhalten    */

IF (bcl <= 0) ! (bcc <= 0) THEN DO;        /* Fehlermeldung         */
   'MSG Cursor falsch positioniert.';
   EXIT;
END;

'CMS GLOBALV SELECT XEDBLOCK GET BBL BBC'; /* Position Blockbeginn, */
'CMS GLOBALV SELECT XEDBLOCK GET BEL BEC'; /* Blockende und Ziel    */
'CMS GLOBALV SELECT XEDBLOCK GET BCL BCC'; /* aus GLOBALV holen     */

ok = (DATATYPE(bbl) = 'NUM') &,            /* Alle Positionen auf   */
     (DATATYPE(bbc) = 'NUM') &,            /* numerischen Wert      */
     (DATATYPE(bel) = 'NUM') &,            /* prüfen                */
     (DATATYPE(bec) = 'NUM');

IF ^ok THEN DO;           /* Sind alle Positionen numerisch ?        */
   'MSG Nicht alle Blockpositionen sind numerisch';
   EXIT;
END;

IF (bbl = 0) & ,         /* Sind alle Positionen vorhanden ?         */
   (bbc = 0) & ,
   (bel = 0) & ,
   (bec = 0) THEN DO;
   'MSG Blockbeginn, -ende nicht markiert';
   EXIT;
END;

IF bel < bbl THEN DO;    /* Sind Anfang und Ende korrekt ?           */
   'MSG Blockendezeile kleiner als Blockbeginnzeile';
   EXIT;
END;
```

```
IF bec < bbc THEN DO;    /* Sind Anfang und Ende korrekt ?         */
  'MSG Blockendespalte kleiner als Blockbeginnspalte';
  EXIT;
END;

'EXTRACT/LINE/';          /* lfd. Zeile feststellen                */
lfdzeile = line.1

':'bbl;                   /* auf Blockbeginn positionieren         */

'EXTRACT/CURLINE/';
source = curline.3;       /* Inhalt der lfd. Zeile                 */

IF bbl <> bel THEN DO;    /* eine ganze Zeile kopieren             */
  'COPY' bel-bbl+1 ':'bcl;
END;

IF bbl = bel THEN DO;     /* Teil einer Zeile kopieren             */
  cstr = SUBSTR(source,bbc,bec-bbc+1);
  ':'bcl;
  'CLOCATE:'bcc;          /* Auf die Ziel-Spalte positionieren     */
  'CINSERT' cstr;/* Ab der Ziel-Spalte Text einfügen        */
  'CFIRST';               /* Auf Spalte 1 positionieren            */
END;                      /* (bzw. auf Zonenanfang)                */

':'lfdzeile;              /* Auf die ursprüngliche Position in der  */
                          /* lokalisieren                          */

bbl = 0;                  /* Positionen löschen                    */
bbc = 0;
bel = 0;
bec = 0;
bcl = 0;
bcc = 0;

'CMS GLOBALV SELECT XEDBLOCK PUT BBL BBC'; /* Nullwerte in GLOBALV- */
'CMS GLOBALV SELECT XEDBLOCK PUT BEL BEC'; /* Speicher schreiben    */
'CMS GLOBALV SELECT XEDBLOCK PUT BCL BCC';

EXIT;

/************************** Ende BC ******************************/
```

8.4.1.4 BM Makro

```
/***********************************************************************
* BM - Block verschieben                                              *
***********************************************************************/

'EXTRACT/CURSOR/';        /* Position des Cursors im File feststellen */
bcl = cursor.3;           /* Zeile                                 */
bcc = cursor.4;           /* Spalte                                */

'CMS GLOBALV SELECT XEDBLOCK PUT BCL BCC'; /* Position im GLOBALV-  */
                                           /* Speicher festhalten   */

IF (bcl <= 0) ! (bcc <= 0) THEN DO;        /* Fehlermeldung         */
  'MSG Cursor falsch positioniert.';
  EXIT;
END;

'CMS GLOBALV SELECT XEDBLOCK GET BBL BBC'; /* Position Blockbeginn, */
'CMS GLOBALV SELECT XEDBLOCK GET BEL BEC'; /* Blockende und Ziel    */
'CMS GLOBALV SELECT XEDBLOCK GET BCL BCC'; /* aus GLOBALV holen     */
```

```
ok = (DATATYPE(bbl) = 'NUM') &,          /* Alle Positionen auf   */
     (DATATYPE(bbc) = 'NUM') &,          /* numerischen Wert       */
     (DATATYPE(bel) = 'NUM') &,          /* prüfen                 */
     (DATATYPE(bec) = 'NUM');

IF ^ok THEN DO;            /* Sind alle Positionen numerisch ?      */
  'MSG Nicht alle Blockpositionen sind numerisch';
  EXIT;
END;

IF (bbl = 0) & ,          /* Sind alle Positionen vorhanden ?      */
   (bbc = 0) & ,
   (bel = 0) & ,
   (bec = 0) THEN DO;
  'MSG Blockbeginn, -ende nicht markiert';
  EXIT;
END;

IF bel < bbl THEN DO;     /* Sind Anfang und Ende korrekt ?        */
  'MSG Blockendezeile kleiner als Blockbeginnzeile';
  EXIT;
END;

IF bec < bbc THEN DO;     /* Sind Anfang und Ende korrekt ?        */
  'MSG Blockendespalte kleiner als Blockbeginnspalte';
  EXIT;
END;

'EXTRACT/LINE/';          /* lfd. Zeile feststellen                */
lfdzeile = line.1

':'bbl;                   /* auf Blockbeginn positionieren         */

'EXTRACT/CURLINE/';
source = curline.3;       /* Inhalt der lfd. Zeile                 */

IF bbl <> bel THEN DO;    /* eine ganze Zeile kopieren             */
  'COPY' bel-bbl+1 ':'bcl;
  ':'bbl;
  'DELETE' bel-bbl+1;
END;

IF BBL = BEL THEN DO;     /* Teil einer Zeile verschieben          */
  cstr = SUBSTR(source,bbc,bec-bbc+1);
  'CLOCATE:'bbc;
  'CDELETE' bec-bbc+1;
  'CFIRST';
  ':'bcl;
  'CLOCATE:'bcc;
  'CINSERT' cstr;
  'CFIRST';
END;

':'lfdzeile;              /* Auf die ursprüngliche Position in der  */
                          /* lokalisieren                          */

bbl = 0;                  /* Positionen löschen                    */
bbc = 0;
bel = 0;
bec = 0;
bcl = 0;
bcc = 0;

'CMS GLOBALV SELECT XEDBLOCK PUT BBL BBC'; /* Nullwerte in GLOBALV- */
'CMS GLOBALV SELECT XEDBLOCK PUT BEL BEC'; /* Speicher schreiben    */
'CMS GLOBALV SELECT XEDBLOCK PUT BCL BCC';
EXIT;
/************************* Ende BM *******************************/
```

8.4.2 Eigene Prefix-Kommandos

In diesem letzten Abschnitt des Kapitels zeige ich Ihnen zwei Beispiele dafür, wie Sie selbst Kommandos für den Prefix Bereich erstellen können. Weiter oben habe ich Ihnen ans Herz gelegt, beim Kopieren von einer Datei in eine andere, den Dateikreis mit dem XEDIT Kommando XEDIT zu verwenden. Damit Sie die Daten aber von Datei zu Datei weiterreichen können, müssen Sie die XEDIT Befehle PUT (für das Schreiben von Daten auf eine Zwischendatei) und GET (die Daten in die neue Datei wieder einlesen) verwenden. Das ist nicht besonders glücklich, denn Sie müssen beim PUT angeben, wieviele Zeilen Sie ab der laufenden Zeile schreiben wollen. Sie müssen also mühsam die Zeilen durchzählen oder mit Hilfe der Prefix Numerierung eine Differenzrechnung vollführen.

Wie einfach wäre es doch, ähnlich wie für das Kopieren, ein Prefix Kommando zur Hand zu haben, mit dem man einen Datenblock im Prefix Bereich kennzeichnet und auf eine Zwischendatei schreibt.

Nach dem Dateiwechsel könnte man dann das Ziel der zu kopierenden Daten im Prefix Bereich bestimmen und die Daten aus der Zwischendatei hereinholen.

Die XEDIT Programmierer haben hierfür keine Kommandos bereitgestellt. Holen wir also ihre Arbeit nach und schreiben uns selbst die entsprechenden Routinen.

8.4.2.1 Das Makro PREFGIVE

Dieses Makro übernimmt die Aufgabe, die Daten in eine Zwischendatei zu schreiben. Welche Daten, das wird durch die Kennzeichnung im Prefix Bereich bestimmt. Als Kommandobuchstaben habe ich dafür das 'G' ausgesucht, als Synonym für GIVE, also für Geben. PREFTAKE erhält den Buchstaben 'T' für TAKE, für Nehmen.

```
/********************************************************************
*   PREFGIVE - Prefix-Makro zum Übertragen von Daten von einer    *
*              Datei in eine andere.                              *
*                                                                  *
*   Voraussetzung für die Ausführung :                            *
*                                                                  *
*   SET PREFIX SYNONYM G PREFGIVE    und                          *
*   SET PREFIX SYNONYM GG PREFGIVE   im XEDIT-Profile des Benutzers *
********************************************************************/
ARG prefix function pline op1 rest
temp_file = 'PUTGET TEMPO A1'; /* Name der temporären Datei      */
"COMMAND SET EMSG OFF";
"COMMAND ERASE" temp_file;      /* Löschen der temp. Datei, falls */
"COMMAND SET EMSG ON";          /* nach einem PUT kein GET erfolgte */
"EXTRACT/LINE/";                /* lfd. Zeile feststellen         */
current = line.1;
PARSE SOURCE . . . . . name .; /* Makronamen feststellen          */
retcode = 0;
CALL check_arg;                 /* Übergabewerte prüfen           */
IF  retcode <> 0 THEN DO;
  EXIT 0;
END;
CALL check_cmd;                 /* Prefix Kommando analysieren    */
IF  retcode <> 0 THEN DO;
  EXIT 0;
END;
IF  LENGTH(name) == 1 THEN DO; /* Zeile übertragen               */
  "COMMAND : "pline;
  "COMMAND PUT" op1 temp_file;
END
ELSE DO;                        /* Block übertragen               */
  "COMMAND EXTRACT /PENDING BLOCK" name ":0 :"pline "/";
  IF  pending.0 <> 0 THEN DO;
    "COMMAND :"pending.1 "COMMAND SET PENDING OFF";
    putlines = pline - pending.1 + 1;
    "COMMAND :"pending.1
    "COMMAND PUT" putlines temp_file;
  END
  ELSE DO;
    "COMMAND :"pline "COMMAND SET PENDING BLOCK" name;
  END;
END;
"COMMAND :"current
EXIT;
/************************* Ende PREFGIVE *************************/

/********************************************************************
* CHECK_ARG Übergabeargumente prüfen                              *
********************************************************************/
check_arg:
  IF  prefix <> 'PREFIX' THEN DO;
    CALL display_error 'Eingabe muß in der Prefix-Area erfolgen'
    retcode = 1;
    RETURN;
  END;
  IF  function == 'CLEAR' THEN DO;
    retcode = 2;
    RETURN;
  END;
  IF  function == 'SHADOW' THEN DO;
    CALL display_error 'Eingabe ungültig in Shadow-Zeile'
    retcode = 3;
    RETURN;
  END;
RETURN;
```

```
/*********************************************************************
* CHECK_CMD Prefix Kommando analysieren                             *
*********************************************************************/
check_cmd:
  IF  LENGTH(name) == 1  &  rest <> '' THEN DO;
    CALL display_error 'Ungültiger Operand  '!!rest;
    retcode = 4;
    RETURN;
  END;
  IF  LENGTH(name) == 1  &  op1 == '' THEN DO;
    op1 = 1
  END;
  IF  LENGTH(name) == 1  &  DATATYPE(op1,W) <> 1 THEN DO;
    IF  op1 == '*' THEN DO;
      'EXTRACT /SIZE';
      op1 = size.1 - pline + 1;
    END
    ELSE DO
      CALL display_error 'Ungültiger Operand  '!!op1;
      retcode = 6;
      RETURN;
    END;
  END;
  IF  LENGTH(name) == 2  &  op1 <> '' THEN DO;
    CALL display_error 'Operand nicht erlaubt  '!!op1!!rest;
    retcode = 7;
    RETURN;
  END;
  IF  LENGTH(name) == 2  &  pline == 0 THEN DO;
    pline = 1;
  END;
  'EXTRACT /SIZE';
  IF  LENGTH(name) == 2  &  pline == size.1 + 1 THEN DO;
    pline = pline - 1
  END;
RETURN;

/*********************************************************************
* DISPLAY_ERROR Fehlertext ausgeben                                 *
*********************************************************************/
display_error:
  ARG text;
  "COMMAND SET SCOPE ALL";
  "COMMAND :" pline "COMMAND SET PENDING ERROR" name!!op1!!STRIP(rest);
  "COMMAND EMSG" text;
RETURN;
```

8.4.2.2 Das Makro PREFTAKE

PREFTAKE hat den Kommandobuchstaben 'T' in der Prefix Area. Damit
wird in der Zieldatei die Stelle gekennzeichnet, an der die Daten aus der
Zwischendatei eingefügt werden.

Wenn Sie mit den beiden Makros arbeiten, werden Sie sehen, wie schnell Sie
Daten zwischen Dateien austauschen können. Noch ein Tip: Die Zwischendatei wird auf die Workdisk der CMS Userid geschrieben und bleibt dort
stehen, solange bis das PREFTAKE Makro gerufen wird. In der Zwischen-
zeit kann das Zwischenfile aber z.B. mit SENDFILE zu einer anderen Userid
übertragen werden. In dieser Userid wird das File vom READER mit RE-

CEIVE wieder auf die Workdisk geschrieben. Mit dem Makro PREFTAKE
können so die Daten direkt in eine Datei auf dieser Userid eingelesen werden. Zu beachten ist nur, daß nicht vorher aus Versehen PREFGIVE aktiviert wird, denn dann wird die Zwischendatei gelöscht.

Aber nun zum Makro PREFTAKE.

```
/*******************************************************************
 *  PREFTAKE - Prefix-Makro zum Übernehmen von Daten von einer    *
 *             Datei in eine andere.                              *
 *                                                               *
 *  Voraussetzung für die Ausführung :                           *
 *                                                               *
 *  SET PREFIX SYNONYM T PREFTAKE   im XEDIT-Profile des Benutzers *
 *******************************************************************/

ARG prefix function pline op1 rest
temp_file = 'PUTGET TEMPO A1'; /* Name der temporären Datei       */
"EXTRACT /LINE/";              /* lfd. Zeile feststellen          */
current = line.1;
PARSE SOURCE . . . . . name .; /* Makronamen feststellen          */
retcode = 0;
CALL check_arg;               /* Übergabewerte prüfen            */
IF  retcode <> 0 THEN DO;
   EXIT 0;
END;
"COMMAND :"pline;             /* Zeile/Block aus temporärer      */
"COMMAND SET EMSG OFF";       /* Datei übernehmen                */
"COMMAND GET" temp_file;
retcode = RC
IF  retcode <> 0 THEN DO;
   CALL display_error2 'Keine Daten für TAKE vorhanden';
END;
"COMMAND :"current;
"COMMAND ERASE" temp_file;    /* Löschen der temporären Datei    */
"COMMAND SET EMSG ON";
EXIT;
/************************* Ende PREFTAKE ************************/

/*******************************************************************
 * CHECK_ARG Übergabeargumente prüfen                            *
 *******************************************************************/
check_arg:
IF  prefix <> 'PREFIX' THEN DO;
   CALL display_error 'Eingabe muß in der Prefix-Area erfolgen';
   retcode = 1;
   RETURN;
END;
IF  function == 'CLEAR' THEN DO;
   retcode = 2
   RETURN;
END;
IF  function == 'SHADOW' THEN DO;
   CALL display_error 'Eingabe ungültig in Shadow-Zeile';
   retcode = 3;
   RETURN;
END;
IF  op1 <> '' THEN DO;
   CALL display_error 'Ungültiger Operand  '!!op1!!rest;
   retcode = 4;
   RETURN;
END;
RETURN;
```

```
/********************************************************************
* DISPLAY_ERROR Fehlertext ausgeben                               *
********************************************************************/
display_error:
  ARG text;
  "COMMAND SET SCOPE ALL";
  "COMMAND :" pline "COMMAND SET PENDING ERROR" name!!op1!!STRIP(rest);
  "COMMAND EMSG" text;
RETURN;

/********************************************************************
* DISPLAY_ERROR Fehlertext ausgeben (nur Error Message)           *
********************************************************************/
display_error2:
  ARG text2;
  "COMMAND SET SCOPE ALL";
  "COMMAND EMSG" text2;
RETURN;
```

Soweit zum XEDIT, probieren Sie, arbeiten Sie damit, nur so lernen Sie, optimal mit dem Editor umzugehen. Schreiben Sie Makros zur Erleichterung Ihrer täglichen Arbeit. REXX und XEDIT sind ein starkes Gespann, nutzen Sie die Kraft, die in diesen beiden Pferden steckt.

Kapitel 9

Programme im CMS entwickeln

Wenn man in der CMS Literatur die Kapitel "Program Development" studiert, sieht man eine Dreiteilung des Gesamtthemas Programmentwicklung. Es wird in

Programmentwicklung im CMS

Programmentwicklung von OS Programmen unter CMS

Programmentwicklung von VSE Programmen unter CMS

unterschieden. Diese Teilung will ich beibehalten, um die Unterschiede deutlich zu machen. An einen Grundkurs in REXX möchte ich aber keinen Assemblerkurs anhängen. Es sollen lediglich die Verbindungen von CMS und eigenen Programmen aufgezeigt werden. Wenn wir von Programmen sprechen, so sind sie grundsätzlich in Assembler kodiert.

Natürlich gibt es Hochsprachen für CMS, deren Compiler Maschinensprache erzeugen. Diese Übersetzer sind gezwungen, sich an die zu besprechenden Schnittstellen zu halten. Was wir hier betrachten, dient als Basis zum Verständnis, wie Programme im CMS ablaufen.

9.1 Programmentwicklung im CMS

Wenn wir uns an die ersten Kapitel zurückerinnern, wissen wir, daß unsere CMS Userid, in der das zu entwickelnde Programm laufen soll, ein völlig eigenständiger Rechner nach der /370 Architektur ist. Das Betriebssystem ist unser CMS. Betriebssysteme steuern die Anwendungsprogramme. Betriebssysteme stellen Dienste zur Verfügung. Über diese Dienste kann der Programmierer die Resourcen des Rechners anfordern.

Im CMS gibt es dafür zwei klare Schnittstellen, die beiden Supervisor Calls SVC 202 und SVC 203. Der Programmierer wird immer den SVC 202 benutzen, der SVC 203 wird von CMS Makros benutzt, wenn keine Parameterliste von der gerufenen Routine ausgewertet wird. Für uns ist also nur der SVC 202 interessant.

Was ist ein Supervisor Call? Die /370 Architektur ist interruptgetrieben, d.h. die Dynamik, die Leistungsfähigkeit, die Performance wird durch die gute Verteilung der Interrupts im System bestimmt. Ein ausbleibender Interrupt kann den ganzen Rechner lahm legen. Der Supervisor Call ist ein Interrupt. Im /370 System löst ein Interrupt einen PSW Austausch aus. Im Low-Core Bereich unseres virtuellen /370 Rechners sind feste Speicherstellen für die verschiedenen Interruptarten reserviert. Auf der hexadezimalen Adresse X'60' liegt das NEW PSW des SVC Interrupts. Neues PSW bedeutet, daß nach einem Interrupt der Art SVC, an die Adresse verzweigt wird, die im neuen PSW auf Adresse X'60 ' enthalten ist. Bei einem virtuellen Rechner ist dies die Adresse, die die Supervisor Calls des CMS Systems behandeln, also auch den Supervisor Call Interrupt 202.

Die Interruptroutine im CMS heißt DMSSIT. Diese Routine stellt als erstes einen Speicherbereich zur Verfügung, um Register des Systems und des Anwenderprogramms zu sichern. Danach wird der SVC analysiert und entsprechend ausgeführt. Sind die geforderten SVC Funktionen erledigt, wird der Sicherungsbereich für die Register freigegeben. Die Steuerung wird an das SVC aufrufende Programm zurückgegeben.

Wir haben bei der Besprechung der Sprache REXX von Programmverbindungen gesprochen. Der SVC muß auch Daten zwischen dem Anwenderprogramm und der Interruptroutine austauschen. Mechanismen wie ein Stack sind im /370 System nicht vorgesehen. Ich meine hier einen Stack auf der Mikrokodebasis. Die ersten Mikroprozessoren 8080 bis zum heutigen Stand 80486 kennen Stackeinrichtungen. Darüber sind Daten in beinahe beliebigen Umfang auszutauschen.

Da das /370 System kein Register mit einem Stackpointer besitzt, können Daten nur mittels Registerkonventionen übergeben werden. Man muß Vereinbarungen treffen, die strikt einzuhalten sind. Der CMS SVC 202 zeigt dies deutlich. Vor dem Aufruf des SVC 202 müssen von den 16 verfügbaren Registern 6 Register einen bestimmten Inhalt haben, bzw. werden von der SVC Routine verändert.

Register 0:   zeigt auf die erweiterte Parameterliste (EPLIST)

Register 1:   zeigt auf die Parameterliste (PLIST)

Register 12:   enthält die Startadresse des Programms

Register 13:   enthält die Adresse des Sicherungsbereiches für die Register

Register 14:   enthält die Rücksprungadresse

Register 15:   enthält beim Aufruf den gleichen Wert wie Register 12; beim Rücksprung enthält Register 15 einen Returnkode.

An dieser Stelle verwirrt etwas, daß die Konventionen von einem Anwendungsprogramm zu einem SVC im CMS die gleichen sind wie beim Aufruf des Anwendungsprogramms vom CMS aus. Auch das Anwendungsprogramm muß die genannten Registerkonventionen einhalten, nicht nur die Interruptroutine.

Schauen wir uns jetzt an, wie ein Betriebssystemdienst über den SVC 202 angefordert werden kann. Wir wollen einen CMS Befehl von einem Programm aus absetzen. Wir wollen eine REXX Prozedur starten. Der CMS Befehl dazu lautet EXEC, gefolgt vom Prozedurnamen und ggf. von Parametern.

Dazu müssen wir eine Parameterliste (PLIST) aufbauen. Eine PLIST ist eine Liste von aufeinanderfolgenden Doppelworten (acht Byte je Doppelwort). Die Startadresse der Liste wird dem SVC mit Register 1 übergeben. Das Listenende wird durch High Values (acht Byte mit X'FF') gekennzeichnet. Wenn der Prozedurname 'P1' heißt, sieht die Parameterliste in Assemblernotation folgendermaßen aus:

```
          DS    0D         Ausrichtung auf
*                          Doppelwortgrenze
PLIST     DC    CL8'EXEC   '  CMS Befehl
          DC    CL8'P1     '  Prozedurname
          DC    2F'-1'        Ende der PLIST
```

Im Programm wird dann die Adresse der Parameterliste in Register 1 geladen und SVC 202 aufgerufen. Zur Fehlerbehandlung nach dem SVC kann eine Adresskonstante definiert werden, an die im Fehlerfall verzweigt werden soll. Die SVC Sequenz sieht also so aus:

```
          .
          .
          .
     LA    R1,PLIST          Adresse der PLIST in R1 laden
     SVC   202               SVC rufen
     DC    AL4(ERROR)        nach Error verzweigen,
*                            wenn Fehler oder
*    DC    AL4(1)            keine Fehlerbehandlung !
          .
          .
          .
```

Bei der Parameterliste kann kein Parameter länger als acht Byte sein. Das
kann man natürlich nicht immer gewährleisten. Sicher sind auch einmal mehr
als acht Byte mit einem Parameter zu übergeben. Es gibt deshalb die erweiterte Parameterliste (extended PLIST oder EPLIST). Die erweitere Parameterliste besteht aus vier Adresskonstanten:

```
EPLIST   DC    A(COMMAND)     Adresse des Kommandos
         DC    A(ARGANF)      Argument Anfang
         DC    A(ARGENDE)     Argument Ende
         DC    A(0)           normal Null
```

Will man damit z.B. ein CMS DLBL Statement kodieren, sehen die passen-
den Definitionen wie folgt aus:

```
COMMAND  DC    C'DLBL     '   DLBL Kommando
ARGANF   EQU   *
         DC    C'AUSGABE A1 DSN AUSGABE.FILE.GEHALT'
ARGENDE  EQU   *
```

Mit der vierten Adresskonstante können zusätzliche Werte an bestimmte
Programme übergeben werden. Der SVC Aufruf sieht wie oben dargestellt
aus, nur daß die Adresse nicht in Register 1, sondern in Register 0 übergeben
wird.

Das nachfolgende Programm setzt den CMS Befehl EXEC zum Aufruf der
Prozedur P1 ab. Es ist natürlich Unsinn, ein Assemblerprogramm zu schreiben, um eine Prozedur aufzurufen. Das Assemblerprogramm kann aber aus
einem größeren Komplex bestehen, in dem die Funktion von einer REXX
Prozedur benötigt wird. Das Beispiel zeigt eine Variante der Programmverbindungen von Assembler zu REXX.

```
/******************************************************************
*    Ein CMS Programm ruft ein CMS Kommando auf                  *
*                                                                *
/******************************************************************
*
CMSCMD   CSECT
         USING *,R12          Basisregister R12
         LR    R12,R15         R12 laden
*
         ST    R14,SAVR14      Rücksprungadresse sichern
```

```
*
          B     BEGINN
*
          DC    C'CMSCMD ...'  Identifikation
*
BEGINN    EQU   *
*
          LA    R1,PLIST       Adresse der PLIST laden
          SVC   202            SVC aufrufen
          DC    AL4(ERROR)     Falls Fehler nach ERROR
*
ENDE      L     R14,SAVR14     Rücksprungadresse laden
          BR    R14            zurück zum CMS
*
ERROR     EQU   *
*
          LA    R15,99         eigenen Return Kode setzen
          B     ENDE
*
          DS    0D             Ausrichtung Doppelwortgrenze
PLIST     DC    CL8'EXEC    '  CMS Kommando
          DC    CL8'P1      '  Parameter zu EXEC
          DC    2F'-1'         Endekennung
*
SAVR14    DS    F              Rücksprungadresse
*
          REGEQU               Registernamen
*
          END   CMSCMD
```

Standardmäßig wird in CMS Programmen das Register 12 als Basisregister verwendet (USING *,R12). Das Register 15 enthält bei der Übergabe der Steuerung vom Betriebssystem (CMS) an das Anwendungsprogramm die Adresse des Programmanfangs. Im CMS werden Programme normalerweise an die Adresse X'20000' geladen. Wenn die Startadresse gleich der Ladeadresse ist, enthält Register 15 diesen Wert. Da wir Register 12 zum Basisregister erklärt haben, bekommt R12 den Wert von R15 (LR R12,R15).

Damit wir von unserem Programm wieder zum CMS zurückfinden können, müssen wir uns die Rücksprungadresse zum CMS (enthalten in Register 14) merken. Wir speichern diese Adresse ab. Dies kann innerhalb des eigenen Programms geschehen oder im Sicherungsbereich, der durch Register 13 zur Verfügung gestellt wird. IBM Programme verwenden fast ausschließlich diesen Bereich. Wir speichern R14 in einem eigenen Speicherwort ab. In der Endeverarbeitung laden wir den Sicherungsbereich wieder nach Register 14 und verzweigen an die Adresse, die dann R14 enthält (BR R14).

Jedes Programm sollte eine Konstante am Programmanfang enthalten, an der man das Programm z.B. in einem Speicherauszug (DUMP) erkennt (Stichwort: eye catcher). Diese Konstante wird durch einen BRANCH Befehl übersprungen.

Die Parameterliste und den SVC Aufruf haben wir oben erklärt, aber wir wollen es nicht noch einmal wiederholen.

REGEQU ist kein Maschinenbefehl, es ist ein Makro. Der Übersetzer heißt
im CMS ASSEMBLE. Genauso muß auch der Filetype des Sourcepro-
grammms sein. Mit dem CMS Editor haben wir also das oben gezeigte Programm erfaßt und in eine Datei mit dem Namen

```
CMSCMD ASSEMBLE A1
```

geschrieben. Zur Übersetzung rufen wir den Assembler mit

```
ASSEMBLE CMSCMD
```

auf und erhalten in der Zeile, in der das REGEQU Makro steht, einen Fehler. Der Befehlskode REGEQU ist dem Assembler (zu Recht) unbekannt.

Assembler Makros müssen dem Assembler bekanntgemacht werden, er muß
wissen, wo er die Makros suchen soll. Im CMS gibt es dafür Makrobibliotheken, sie haben den Filetype MACLIB.

Zur Pflege dieser Bibliotheken existieren im CMS zwei Befehle, nämlich
MACLIB und MACLIST. Mit dem MACLIB Befehl kan man Makrobibliotheken erzeugen, Makros hinzufügen oder ersetzen, Makros löschen, die Bibliothek komprimieren und den Inhalt auflisten. Der MACLIST Befehl zeigt
eine Makrobibliothek in ähnlicher Weise an, wie der FILELIST Befehl CMS
Dateien anzeigt. Mit dem Editor kann man die Makros ändern.

Der Assembler erhält von einer Makrobibliothek mit dem CMS GLOBAL
Befehl Kenntnis (nicht mit GLOBALV verwechseln). Da der GLOBAL Befehl auch für andere Bibliothekentypen angewandt wird, ist nach dem Schlüsselwort der Typ zu nennen. Danach erfolgt die Angabe der Bibliothekennamen (max. acht). Die Reihenfolge der Bibliothekennamen ist wichtig, weil in
dieser Reihenfolge die Bibliotheken nach den Makros durchsucht werden.
Wird der Makroname gefunden, wird die Suche abgebrochen, auch wenn das
gleiche Makro (vielleicht in der aktuelleren Version) in einer nachfolgenden
Bibliothek noch einmal vorkommt. Man muß also sehr genau über den Bi-
bliothekeninhalt Bescheid wissen.

Die CMS Makros werden in zwei Bibliotheken zur Verfügung gestellt, sie
heißen CMSLIB und DMSSP. Die CMSLIB enthält die Urmakros, DMSSP
enthält die Erweiterungen. In der GLOBAL Reihenfolge ist also CMSLIB
immer.nach DMSSP anzugeben. Die beiden genannten Bibliotheken werden
mit dem CMS System zur Verfügung gestellt und sollten unverändert bleiben. Das heißt nicht, daß der Anwender keine Assemblermakros schreiben
darf. Er kann seine Makros in eine eigene Bibliothek stellen und mit in die
GLOBAL Kette aufnehmen. Wollen wir unser obiges Programm fehlerfrei

übersetzen, müssen wir vor dem Assembleraufruf den GLOBAL Befehl setzen:

```
GLOBAL MACLIB DMSSP CMSLIB

ASSEMBLE CMSCMD
```

Der Assembler erzeugt zwei Dateien auf der A-Disk unserer CMS Userid.
Beide Dateien haben den gleichen Filenamen wie unsere Sourcedatei. Die
eine Datei hat den Filetype LISTING. Darin ist das Übersetzungsprotokoll
des Assemblers enthalten. Die zweite Datei hat den Filetype TEXT. Das soll
nicht heißen, daß darin lesbarer TEXT enthalten ist, sondern ganz im Ge-
genteil, darin ist das übersetzte Programm im Maschinenkode gespeichert.

Dieses TEXT File kann durch den CMS Lader in den Speicher geholt werden:

```
LOAD CMSCMD
```

Damit startet das Programm aber noch nicht, sondern es liegt ab Adresse
X'20000' im Speicher. Der CMS Befehl

```
START CMSCMD
```

bringt unser Programm zur Ausführung. Den START Befehl kann man sich
sparen, denn START gibt es als Option zum LOAD Befehl:

```
LOAD CMSCMD (START
```

Mit einer anderen LOAD Option kann man das Programm auch an eine andere Stelle als X'20000' in den Speicher laden.

Enthält ein Programm externe Referenzen, z.B. den Aufruf eines externen
Unterprogramms, meldet der CMS Lader die noch nicht aufgelösten Adressen. Mit dem INCLUDE Befehl können die erforderlichen Programmteile
nachgeladen werden.

Es wäre natürlich sehr nachteilig, wenn dieser Bindevorgang (Link) bei jedem Programmstart durchgeführt werden müßte. Bei großen Programmen
mit vielen einzelnen Routinen (es zeichnet ein gutes Assemblerprogramm
aus, modularisiert zu sein) braucht man eine Prozedur, um den Ladevorgang
fehlerfrei durchzuführen, denn die Reihenfolge und die Namensvielfalt kann
man nicht jedesmal über die Kommandozeile eingeben. Der Vorgang der
Adressenauflösung benötigt außerdem einige Zeit. Wenn ein Programm fer-
tig ist, kann man daher mit dem Befehl GENMOD ein Lademodul bilden, in

dem alle Referenzen aufgelöst sind. Eine typische Kommandofolge könnte
so aussehen:

```
LOAD HAUPT UPRO1 UPRO2

GENMOD PROG
```

Der Ladebefehl bringt das Hauptprogramm (HAUPT) und die beiden externen Unterprogramme (UPRO1 und UPRO2) in den Speicher. Der Generie-
rungsbefehl GENMOD erzeugt ein Lademodul mit dem Namen PROG. La-
demodule haben den Filtype MODULE. Während der Erzeugung von
PROG (Generierung von der Source bis zum fertigen Modul), stehen auf Ihrer A-Disk die folgenden Files:

```
HAUPT     ASSEMBLE A1 Source Files
UPRO1     ASSEMBLE A1
UPRO2     ASSEMBLE A1

HAUPT     LISTING  A1 Assemblerprotokolle
UPRO1     LISTING  A1
UPRO2     LISTING  A1

HAUPT     TEXT     A1 Objekt Files
UPRO1     TEXT     A1
UPRO2     TEXT     A1

LOAD      MAP      A1 Protokoll des Ladevorgangs

PROG      MODULE   A1 ladefähiges gebundenes Programm
```

Ihre Programme werden natürlich nicht nur Rechenfunktionen im Speicher
ausführen wollen, sicher sollen Ihre Programme Daten von Dateien lesen
oder in Dateien schreiben. Sicher wollen Sie auch eine Meldung auf dem
Bildschirm ausgeben oder eine Eingabe von der Tastatur lesen. CMS stellt
dafür Makros in den bereits genannten Makrobibliotheken CMSLIB und
DMSSP bereit. Hier ein kurzer Auszug:

```
FSCB      File Control Block
FSREAD    CMS File lesen
FSWRITE   CMS File schreiben

WRTERM    Ausgabe auf den Bildschirm
RDTERM    Lesen von der Tastatur
```

Soweit zur Entwicklung von reinrassigen CMS Programmen. Wie Sie vielleicht schon erkannt haben, ist CMS ein sehr vielfältiges System. Nur, wenn
solche Systeme Erfolg haben wollen, sprich: gut verkauft werden sollen, muß
eine gewisse Kompatibilität mit anderen, vor allem bereits bestehenden Systemen des gleichen Herstellers gegeben sein. So ist es unter CMS möglich,
OS- und VSE-Programme zu entwickeln und auch auszuführen. Es gibt eine
ganze Reihe von Anwendungssystemen unter CMS, die reine OS Programme
sind.

9.2 OS Programme unter CMS entwickeln

Zur OS Programmentwicklung liefert CMS gesonderte Makrobibliotheken

```
OSMACRO  MACLIB
OSMACRO1 MACLIB
TSOMAC   MACLIB
```

OS Programme werden genauso mit dem Editor erfaßt und korrigiert, wie die obigen CMS Programme. Sie werden auch auf dieselbe Weise assembliert. Bis zum TEXT File ist der Entwicklungsvorgang identisch. Um ein lauffähiges OS Programm zu erzeugen, wird ein eigener Linker (LKED) benötigt. Der Linker liest den relokativen Objektkode von einem TEXT File oder aus einer TXTLIB. Objektmodule können in einer CMS Bibliothek, einer TXTLIB zusammengefaßt werden. Der Linker erzeugt eine andere CMS Bibliothek, eine OS Ladebibliothek, eine LOADLIB. OS Programme werden mit dem Befehl OSRUN gestartet. Zuvor muß die entsprechende LOADLIB mit einem GLOBAL LOADLIB ... Befehl bekannt gemacht werden.

Wenn OS Programme Datenbestände verarbeiten sollen, benötigen sie eine Verbindung vom logischen Dateinamen, wie er im Programm spezifiziert ist, zum physischen Namen der Datei. Die Verbindung schafft im OS das DD Statement. CMS stellt dazu das FILEDEF Kommando zur Verfügung. Nehmen wir an, ein OS Programm soll eine Datei lesen und eine Liste erzeugen, dann schreiben wir

```
ACCESS 200 C
FILEDEF EIN C1 DSN PERS.DATEN.LOHN.MAI.1988
FILEDEF AUS PRINTER
SPOOL PRINTER *
GLOBAL LOADLIB PERSPROG
OSRUN PERSLST
```

Die virtuelle DASD X'200' ist OS formatiert und enthält die zu verarbeitende Datei. Sie wird mit Filemode C in die Suchreihenfolge aufgenommen. Dem logischen Dateinamen EIN wird über das erste FILEDEF Statement der OS Name der Datei zugewiesen. Der logische Dateiname AUS wird mit dem virtuellen Drucker verbunden. Die Druckausgabe wird in unseren virtuellen Reader geleitet. Das GLOBAL Kommando macht die Bibliothek mit den Personalprogrammen bekannt. Mit OSRUN wird aus dieser Ladebibliothek das Programm PERSLST in den Speicher geholt und gestartet.

Sicher ist die OS Programmentwicklung und Programmausführung viel umfangreicher als bisher dargestellt. Ich will es aber damit bewenden lassen. Ein tieferer Einstieg würde den Rahmen dieses Buches sprengen, wir müßten dann nicht mehr von CMS sprechen, sondern nur noch von OS, und das ist

nicht Gegenstand dieses Buch. Ähnlich oberflächlich kann deshalb auch nur
die Betrachtung der VSE Programmentwicklung sein.

9.3 VSE Programme unter CMS entwickeln

Was ich weiter oben über die Kompatibilität der Betriebssysteme desselben
Herstellers gesagt habe, muß ich beim Thema VSE unter VM teilweise zu-
rücknehmen. In ziemlich kurzen Abständen kamen die Versionen 2 und 3
von VSE auf den Markt, jetzt ist bereits Version 4 lieferbar. Im Kapitel über
die Entwicklung von VSE Programmen unter CMS steht in der VM Literatur
(Release 5) lapidar eine Notiz. Ich zitiere:

*"Note: VM/SP supports Version 1 Releases 2 and 3 of VSE/AF" (Seite 207 in
(11))*

VSE Anwendungen unter VM, die mit VSE/AF noch liefen, versagen mit
VSE/SP ab Release 2. Mit der immer wieder beschworenen Aufwärtskompa-
tibilität und Sicherung der Investitionen ist es da nicht weit her. In (11) von
Release 5 wird die VSE Programmentwicklung auf sage und schreibe 65 Seiten dargestellt. Hier eine Zusammenfassung dessen, was funktioniert und
was nicht.

Wo liegen die Einschränkungen? Die VSE Entwickler haben sich mit dem
VSE Release 2 ein völlig neues Bibliothekenkonzept einfallen lassen. Sicher
eine gute Sache, insbesondere wenn man an den Plattenplatz denkt, der unter VSE/AF verbraucht wurde. Es gibt nur noch ein einheitliches Hilfsprogramm (LIBR) zur Pflege der Bibliotheken. Alle Bibliothekenarten können
in einer logischen Bibliothek zusammengefaßt werden. Es gibt keine getrennten Core-Image-Libraries, Source-Statement-Libraries etc. mehr. Die Bibliotheken können als sequentielle Dateien oder in VSAM gespeichert werden. Der Wermutstropfen jedoch ist, daß das Konzept nicht bis ins VM
durchgehalten wurde.

Alle VSE Anwendungen unter VM, die VSE Bibliotheken verwenden, laufen
nicht mehr. Da helfen auch keine Tricks. Die VSE/AF Library Dienstprogramme waren alle im CMS verfügbar. Der LIBR unter CMS ist nicht lieferbar. Versuche, die LIBR Komponenten unter CMS neu in eine DOSLIB zu
linken, scheitern bei der Ausführung. Es werden SVCs verwendet, die CMS
nicht unterstützt. Die Hürden sind sehr hoch.

Die Einschränkung besteht aber nicht nur darin, daß die Dienstprogramme
im CMS nicht vorhanden sind. VSE Anwendungen unter VM konnten bisher

Phasen direkt aus VSE Bibliotheken laden und ausführen (FETCH). Das funktioniert leider auch nicht mehr.

Was bleibt übrig? VSE Programme, sofern man sie in einer CMS DOSLIB vorhalten kann, können VSE sequentielle Dateien verarbeiten. CMS hat dafür die Kommandos ASSGN und DLBL parat. Nehmen wir unser OS Beispiel zum Ausdruck einer Liste, so müssen wir im CMS folgendes schreiben:

```
SET DOS ON
ACCESS 200 C
ASSGN SYS010 C
DLBL EIN C1 DSN PERS.DATEN.LOHN.MAI.1988 (SYS010
ASSGN SYS011 PRINTER
SPOOL PRINTER *
GLOBAL DOSLIB PERSPROG
FETCH PERSLST (START
SET DOS OFF
```

Die VSE Umgebung im CMS muß mit dem SET Befehl ein- und später wieder ausgeschaltet werden. Die OS Simulation im CMS ist immer aktiv.

Die DASD X'200' wird mit Filemode C in Zugriff genommen. Diese Minidisk muß jetzt natürlich DOS-formatiert sein.

VSE Programme verwenden die System- und programmierlogischen Einheiten (SYSxxx), die in der Jobsteuerung zugewiesen werden. Im VSE gibt es dafür die ASSGN Karte. Im CMS erfüllt der gleichnamige Befehl die Zuordnung.

Die Verbindung vom logischen Dateinamen zum physischen Dateinamen geschieht im VSE durch die DLBL Karte, im CMS durch den DLBL Befehl.

Die UR Einheiten werden auch über ASSGN dem VSE Programm bekannt gemacht.

VSE Programme können nur noch in CMS DOSLIBs residieren. Die entsprechende Bibliothek (oder auch mehrere) werden mit dem GLOBAL DOSLIB Befehl deklariert.

Def CMS Befehl FETCH holt die benannte Phase aus der DOSLIB in den Speicher. Die Option START läßt das Programm anlaufen. Der CMS START Befehl kann aber auch getrennt gegeben werden.

Die Programmentwicklung eines VSE Programms läuft nach dem gleichen Schema ab, wie die Entwicklung eines OS Programms. VM/CMS liefert allerdings keine VSE Makrobibliothek mit den entsprechenden VSE Assemblermakros. Es existiert zwar eine DOSMACRO MACLIB, diese sollte aber nicht für Anwendungsprogramme verwendet werden. Man sollte sich lieber die Makros aus den VSE/AF-Bibliotheken via CMS-SSERV und CMS-ESERV nehmen. Dienstprogramme, die unter VSE/SP leider nicht mehr funktionieren, im CMS aber noch vorhanden sind. Sicher, man kann sich mit LIBR auch Makros aus dem VSE/SP ins CMS holen, aber welche? In (11) sind natürlich nur die VSE Makros von Version 1 aufgelistet.

Angenommen, wir hätten uns eine MACLIB mit den erforderlichen Makros gebildet, dann können wir unser VSE Programm assemblieren. Es entsteht wieder ein TEXT File. Dies wird mit dem CMS Befehl DOSLKED gebunden. Die entstehende Phase wird in eine CMS DOSLIB gespeichert.

Soweit zur Programmentwicklung von VSE Programmen. Es ist wünschenswert, die verlorenen Funktionen so schnell als möglich wieder ins Leben zu rufen. Ich appelliere hier an die Entwicklergruppen von VM und VSE, sich an einen Tisch zu setzen und nicht wie bisher an getrennte. Gerade VSE unter VM ist doch eines der leistungsfähigsten Gespanne in der Welt der Betriebssysteme.

9.4 Trace und Debugging

Zur Unterstützung bei der Programmentwicklung im CMS stehen gute Hilfsmittel zur Verfügung. Schon das Control Program hält Befehle bereit, um beispielsweise ein Programm an einer bestimmten Adresse anzuhalten oder den Speicher hexadezimal und in Zeichendarstellung auszulesen.

Weitere Möglichkeiten bietet die DEBUG Umgebung. Hier kann z.B. ein Programm an einer oder mehreren Adressen gestoppt werden (Breakpoints). Das Programm kann an einer bestimmten Adresse wieder gestartet werden (GO). Der Speicherinhalt kann verändert werden (STORE). Register (GPR), PSW, Speicher (X, DUMP), Kanalstatuswort (CSW) und Kanaladresswort (CAW) können angezeigt werden.

Das CP Kommando PER erlaubt die Überwachung bestimmter Ereignisse während der Programmausführung. So kann z.B. festgestellt werden, ob ein Maschinenbefehl den Speicher der virtuellen Maschine verändert hat.

Das CP Kommando TRACE erlaubt die Verfolgung des Programmflusses. Man kann sich die Ausführung der Befehle auf dem Bildschirm ansehen oder auf dem virtuellen Drucker ausgeben lassen.

Die DEBUG Umgebung, PER und TRACE sind Bestandteil des VM, normalerweise reichen diese Dienste für die Fehlersuche bei der Programmentwicklung aus. Es sind keine Zusatzprodukte nötig.

Wie man mit dem TRACE umgeht, wollen wir uns jetzt etwas näher ansehen.

Das nachfolgende Assemblerprogramm wollen wir an der Adresse X'20000' stoppen und uns zunächst die Parameterübergabe (p1,p2) im Speicher anschauen. Die erforderliche Befehlsfolge schreiben wir in eine kleine REXX Routine:

```
/*************************************************************
*  REXX ruft ASSEMBLER Programm                             *
*  Uebergabe mit Stack und R0 - Parameterliste              *
*************************************************************/
x =  4;              /* Stack Wert x                        */
y =  5;              /* Stack Wert y                        */
p1 = 'PAR1';         /* Parameter p1                        */
p2 = 'PAR2';         /* Parameter p2                        */
'LOAD A3SUB'         /* A3SUB TEXT laden                    */
'ADSTOP 20000';      /* Breakpoint bei X'20000'setzen       */
PUSH x y;            /* x,y in den Stack stellen            */
'START *' p1 p2;/* A3SUB starten, Parameter übergeben */
PULL z;              /* Ergebnis aus dem Stack holen        */
SAY z;               /* Ergebnis anzeigen                   */
EXIT;                /* Prozedur Ende                       */
```

Das Assemblerprogramm A3SUB:

```
A3SUB    START
         USING *,R12              Basis Register Save
         LR    R12,R15            Basis Register laden
         STM   R14,R12,12(R13)    R14,R15,R0..R12 sichern
         ST    R13,SAVE+4         Save Area Adresse sichern
         LA    R3,SAVE            priv. Save Area Adresse
         ST    R3,8(R13)          priv. Save Area Adr. sichern
         LR    R13,R3             R13 = priv. Save Area Adresse
         B     START
         DC    C'&SYSDATE / '     Dump eye catcher
         DC    C'&SYSTIME / '
         DC    C'A3SUB'
START    EQU   *
         RDTERM INPUT             Stack leeren
         LTR   R15,R15            Return-Kode pruefen
         BNZ   FEHLER             Fehler melden
         PACK  X(1),INPUT(1)
         PACK  Y(1),INPUT+2(1)
         AP    X(1),Y(1)          x = x + y
         UNPK  WERT(1),X(1)
         MVZ   WERT,ZONE
         LA    R1,STACK           Parameterliste adressieren
         SVC   202
         DC    AL4(1)             Keine Verzweigung bei Fehler
         LTR   R15,R15            aber R15 testen
         BNZ   FEHLER
         B     ENDE
*
```

```
FEHLER    EQU    *
          WRTERM 'RDTERM oder Stack Fehler'
          B      ENDE
*
ENDE      EQU    *
          L      R13,SAVE+4          Save Area Adresse holen
          L      R14,12(R13)         CMS Return Adresse holen
          LM     R0,R12,20(R13)      R0..R12 holen
          BR     R14                 Return to CMS
*
SAVE      DC     18F'0'
INPUT     DC     CL130' '            Eingabebereich RDTERM
WERT      DC     CL1' '
X         DS     F
Y         DS     F
ZONE      DC     X'F0'
          DS     0D
.cp 9
STACK     DC     CL8'ATTN'
          DC     CL4'LIFO'
          DC     AL1(1)              Anzahl Byte im Stack
          DC     AL3(WERT)           Adresse der Daten
*
          PRINT  NOGEN
          REGEQU
*
          END
```

Starten wir die o.a. REXX Prozedur, wird das Assembler Programm geladen, gestartet und an der Adresse X'20000' angehalten. Die PSW Anzeige macht dies deutlich:

```
D PSW                                            PSW anzeigen
PSW = FFE40000 00020000
```

Gemäß der CMS Konventionen zeigt das Register 0 (R0) auf einen Speicherbereich, der die Adressenliste der übergebenen Parameter enthält. Wir betrachten also R0:

```
D G                                              Register
                                                 anzeigen
GPR  0 =  00000E08  0B000850  00000850  0000DD40
GPR  4 =  00F61346  00000006  80F7A1E4  0B000850
GPR  8 =  40F79EE0  00F7AEE0  E3404040  60FCA92A
GPR 12 =  00020000  0000DD40  00F61346  00020000
```

R0 enthält die Adresse X'E08'. Dort steht in aufeinander folgenden Worten die Adresse jedes Parameters.

```
D E08.100                                        R0 Adresse
                                                 anzeigen
000E08    003AA248  003AA250  003AA259  00000000
000E18    00000000  00000000  00000000  00000000
000E28    00000000  00F68D88  00000E08  00F60870
000E38    00002D60  0001F160  00000182  0001F660
000E48    00000000  00000000  00000000  00000000
000E58    00000000  000601A1  00003A30  00003B30
000E68    00000000  00000000  00F896EA  00000000
000E78    00000000  000037A8  00FC4658  0001F3E0
```

```
000E88     00000000  00000000  00F67F72  00000000
000E98     00000000  00000000  00000000  00000000
000EA8 TO 000F08     SUPPRESSED LINE(S) SAME AS ABOVE .....


D T3AA248.100                                        Parameter-
                                                     adressen
                                                     anzeigen


3AA240     00000011  00392FFC  E2E3C1D9  E3405C40     *........START * *
3AA250     D7C1D9F1  40D7C1D9  F2000000  00000000     *PAR1 PAR2.......*
3AA260     000C0039  3018003A  6908004F  504FD15F     *............!&!J^*
3AA270     D1D90000  0004F400  003AA850  00000005     *JR....4....&....*
3AA280     003AA2C8  00020002  003AA298  00000004     *...H............*
3AA290     003AA210  0001D7F2  D7C1D9F2  000E003A     *......P2PAR2....*
3AA2A0     803AA2C8  00000005  00000000  00000002     *...H............*
3AA2B0     003AA2C0  00000004  00000000  0000D7F1     *..............P1*
3AA2C0     D7C1D9F1  004FD37F  003AA278  00000004     *PAR1.!L"........*
3AA2D0     003AA2E8  00010001  003AA2E7  00000001     *...Y........X....*
3AA2E0     003AA2A0  0001E8F5  003AA2C8  00000004     *......Y5...H....*
3AA2F0     00000000  00000001  003AA307  00000001     *...............*
3AA300     00000000  0000E7F4  003A7B88  003A7C00     *......X4..#...§.*
3AA310     003AAC5A  0000001D  00FC99EE  00000018     *...............*
3AA320     C3D4E240  40404040  C3D4E240  40404040     *CMS     CMS     *
3AA330     003AAC38  00000000  00000000  0050D87F     *.............&Q"*
3AA340     C1E3E3D5  40404040  D3C9C6D6  033AA248     *ATTN    LIFO....*
```

Die erste Adresse X'3AA248' zeigt auf das CMS Kommando, mit dem das
Programm gestartet wurde (START *). Die Adresse X'3AA250' zeigt auf
den String 'PAR1 PAR2'. Die dritte Adresse X'3AA259' zeigt hinter diesen
String. REXX spielt uns hier einen Streich. Wir hätten die Adressen getrennt
nach 'PAR1' und 'PAR2' erwartet. REXX fügt aber beim Aufruf die beiden
Werte zu einer Zeichenfolge zusammen.

```
B                                        Programm
                                         starten

9                                        Ergebnis

R; T=0.01/0.17 14:31:42                  CMS Bereit-
                                         schaftsmeldung
```

Wir haben die Übergabeparameter kontrolliert und festgestellt, daß die
Werte richtig übergeben wurden. Jetzt wollen wir testen, ob die Assembler-
routine auch richtig rechnet. Sie soll ja die beiden im Stack übergebenen Parameter addieren und die Summe wieder im CMS Stack zur Verfügung stellen. Die Parameter, die wir weiter oben kontrolliert haben, stammen nicht
aus dem Stack, sondern aus der Kommandozeile (START * p1 p2).

Die Stackparameter werden mittels RDTERM in den Eingabebereich gestellt. Um mit den Werten rechnen zu können, müssen die Zeichenfolgen gepackt werden (PACK Befehl). Nach der Addition (AP Befehl) wird das Ergebnis entpackt (UNPK Befehl) und mit dem SVC 202 in den Stack gestellt.

Sehen wir uns nun mit dem TRACE die Ausführung der Befehle PACK, AP
und UNPK an. Wir starten dazu das o.a. REXX Programm A3:

Sehen wir uns nun mit dem TRACE die Ausführung der Befehle PACK, AP
und UNPK an. Wir starten dazu das o.a. REXX Programm A3:

```
a3
EXECUTION BEGINS...                    Startmeldung
ADSTOP AT 020000                       Stopanzeige
ADSTOP 20054                           Neuen Breakpoint bei erstem
                                       PACK Befehl setzen
B                                      Wiederanlauf des Programms
                                       (CP Befehl BEGIN)
ADSTOP AT 020054                       Stop beim neuen Breakpoint
TRACE ALL                              TRACE einschalten
TRACE STARTED                          TRACE Bereitschaftsmeldung
B                                      Ausführung eines Assembler-
                                       befehls
==> 020054 PACK   F200C198C114         Anzeige des Befehls mit
                                       Adresse, Mnemonik und
                                       Hexadezimaldarstellung
B                                      zweiten PACK Befehl starten
    02005A PACK   F200C19CC116
B                                      Additionsbefehl starten
    020060 AP     FA00C198C19C
B                                      UNPK Befehl starten
    020066 UNPK   F300C196C198

D G                                    Register anzeigen

GPR  0 = 00000003  80020034  00000850  000200CC
GPR  4 = 00F61346  00000006  80F7A1E4  0B000850
GPR  8 = 40F79EE0  00F7AEE0  E3404040  60FCA92A
GPR 12 = 00020000  000200CC  00F61346  00000000

TRACE END                              TRACE beenden
TRACE ENDED                            Bestätigung

B                                      Restliches Programm ausführen

9                                      Ergenisanzeige

R; T=0.02/0.10 14:36:28                CMS Ready Message
```

Es ist ein sehr einfaches Beispiel. Um die korrekte Ausführung der Befehle
zu kontrollieren, muß natürlich nach jeder Befehlsausführung der jeweilige
Speicherbereich inspiziert werden. Die vier im TRACE angezeigten Befehle
sind ja Speicher-Speicher-Befehle, d.h. die Befehle verändern den Speicher
direkt ohne Benutzung der Prozessor-Register als Zwischenspeicher.

Der TRACE kann nicht nur im Einzelschritt ausgeführt werden. Man kann
ab einem Breakpoint komplett 'tracen' und die Ausgabe auf den virtuellen
Drucker leiten. Wir nehmen wieder unser obiges Beispiel. Wir wollen unser
ganzes Assemblerprogramm in einem Schritt 'tracen'. Dazu starten wir wieder das REXX Program A3. Dort wird der Breakpoint X'20000' gesetzt. Wir
setzen den neuen Breakpoint auf X'200CA', es ist die Adresse des letzten Befehls in unserem Programm (BR R14).

```
a3                                     REXX Program starten
EXECUTION BEGINS...                    Startmeldung
ADSTOP AT 020000                       1. Breakpoint
ADSTOP 200CA                           neuen Breakpoint setzen
TRACE ALL PRINTER                      TRACE mit Ausgabe auf Drucker
```

```
                                    starten
        TRACE STARTED               TRACE ist gestartet
        B                           Programm starten
        SHARED SYSTEM CMSL    REPLACED WITH NON-SHARED COPY
                                    Das von allen CMS Usern gemeinsam
                                    benutzte CMS System kann nicht
                                    weiter verwendet werden.

        ADSTOP AT 0200CA            2. Breakpoint erreicht
        TRACE END                   TRACE aussachalten
        TRACE ENDED                 TRACE ist ausgeschaltet
        B                           Programm zu Ende laufen lassen
        9                           Ergebnis anzeigen
        R; T=0.02/0.42 14:15:27     CMS Ready Message
```

Die Ausgabe auf dem Drucker sieht (stark gekürzt) folgendermaßen aus. Die
komplette Ausgabe ist ca. 800 Zeilen lang.

```
==> 020000 LR     18CF                    1. Befehl im Programm
    020002 STM    90ECD00C
    020006 ST     50D0C0D0
    02000A LA     4130C0CC
    02000E ST     503D0008
    020012 LR     18D3
    020014 B      47F0C030        020030
==> 020030 BAL    4510C044        020044
==> 020044 SVC    0ACA
*** 020044 SVC    00CA ==> F60A9C         SVC 202 (RDTERM) Aufruf
==> F60A9C STM    90BD0000                des SVC Interrupt-
                                          Handlers im CMS

    F60AA0 BALR   05D0
              !
              !
              !        ca. 430 Befehle im CMS System
              !
              !
              V
    F60F0E CLI    958071D3
    F60F12 BCR    0773            F60EEE
==> F60EEE LM     980F0180
::: F60EF2 LPSW   82000000 ==> FFE400CA 4002004A

                                          Rückkehr aus dem CMS in
                                          das Programm durch PSW-
                                          Austausch
==> 02004A LH     4800C042
    02004E LTR    12FF
    020050 BNZ    4770C086        020086
    020054 PACK   F200C198C114
    02005A PACK   F200C19CC116
    020060 AP     FA00C198C19C
    020066 UNPK   F300C196C198
    02006C MVZ    D300C196C1A0
    020072 LA     4110C1A8
    020076 SVC    0ACA
*** 020076 SVC    00CA ==> F60A9C         SVC 202 (STACK)
==> F60A9C STM    90BD0000
    F60AA0 BALR   05D0
              !
              !
              !        ca. 320 Befehle im CMS System
              !
              !
              V
    F60F0C BCR    0773            F60EEE
    F60F0E CLI    958071D3
```

```
      F60F12 BCR   0773            F60EEE
==>   F60EEE LM    980F0180
:::   F60EF2 LPSW  82000000 ==> FFE400CA 6002007C

                                      Rückkehr in das Programm
==>   02007C LTR   12FF
      02007E BNZ   4770C086        020086
      020082 B     47F0C0BE        0200BE
==>   0200BE L     58D0C0D0
      0200C2 L     58ED000C
      0200C6 LM    980CD014             vorletzter Befehl
      0200CA SVC   0AB3                 letzter Befehl (BR R14?)
```

Sie sehen, der TRACE liefert detailierte Informationen über den Programm-
verlauf. Er zeigt auch die Befehlssequenzen im Betriebssystem. Will man die
Betriebssystemroutinen ausschließen, muß der TRACE z.B. vor einem SVC
gestoppt und danach wieder eingeschaltet werden.

Die TRACE Ausgabe kann reduziert werden, indem man nicht alles (ALL),
wie in unserem Beispiel, 'traced'. Man kann den TRACE z.B. nur auf
BRANCH- oder SVC-Befehle beschränken.

Die Meldung "SHARED SYSTEM CMSL REPLACED WITH NON-SHA-
RED COPY" während der Programmausführung wird durch den TRACE
verursacht. Offensichtlich muß der Programmkode von den Systemroutinen
modifiziert werden, wenn sie mit dem TRACE durchlaufen werden. Der
Kode ist dann nicht mehr reentrant, d.h. er kann nicht mehr von anderen
Anwendern benutzt werden. Das "shared system" wird in den Speicher der
Userid kopiert und dort ausgeführt.

Daß der Kode modifiziert wird, zeigt der letzte Befehl in der obigen TRACE
Ausgabe. In unserem Programm steht an dieser Stelle der BR R14, also der
Rücksprung in das CMS und damit das Programmende. Der TRACE zeigt
aber einen SVC 179. Wir wissen, daß wir an diese Stelle einen Breakpoint
gesetzt haben. Der SVC 179 gibt die Steuerung an das CP, es setzt den ur-
sprünglichen Befehl wieder ein und wartet, bis der Anwender das Programm
durch BEGIN wieder startet.

Kapitel 10

CMS Batch

Es gibt immer wieder Anwendungen im CMS, die einen typischen BATCH Charakter haben, gemeint sind typische EVA Aufgaben (EVA = Eingabe, Verarbeitung, Ausgabe). Wir haben im letzten Kapitel die Programmentwicklung unter CMS besprochen. Alle Übersetzungsläufe, also Compiler- und Assemblerläufe mit anschließendem LINK-Lauf sind Kandidaten für die Batchverarbeitung. Auch Anwendungen wie Sicherungen, langwierige Auswertungen, Reorganisationen, etc. sind gut im BATCH Modus ausführbar. Die Bedienung von langsamen Peripheriegeräten wie Plottern ist im Batch sinnvoll.

Welche Vorteile bringt eine Batch-Einrichtung im CMS? Alle Aufgaben, die nicht interaktiven Charakter haben, blockieren das Terminal, an dem die batch-orientierte Anwendung aufgerufen wurde. Die CMS Userid kann in dieser Zeit nicht für andere Aufgaben genutzt werden.

10.1 Die Batch Userid

Die CMS BATCH Einrichtung besteht aus einer fast normalen CMS Userid. Fast normal, weil die CMS BATCH Userid keine Minidisk mit der Adresse X'191' erhält, sondern mit der Adresse X'195' operiert. Die Userid läuft im "disconnected mode", d.h. nach LOGON und Start des Batchmonitors erfolgt der DISCONNECT. Die Userid mit dem Batchmonitor läuft und erwartet den ersten Job im virtuellen Reader.

10.2 Die Jobübergabe

Die Jobübergabe vom Anwender zur Batcheinrichtung erfolgt über den Puncher der Anwender Userid und den Reader der Batch Userid. Die erste Aktion des Anwenders ist, seinen virtuellen Puncher auf die Batch Userid einzustellen.

```
CP SPOOL PUNCH TO cmsbatch
```

(wobei cmsbatch die frei wählbare Userid der CMS Batch Maschine ist).

Den Job schreibt der Anwender in ein CMS File. Das File wird mit

```
PUNCH fn ft fm (NOHEADER
```

zum Reader der Batch Userid geleitet. Der Batchmonitor prüft laufend seinen Reader, ob ein Job ansteht. Der Job wird auf die A-Disk eingelesen und ausgeführt. Die entstehende Liste wird an die Anwender Userid zurückgegeben. Nach Jobende werden die Batch Userid und der Batchmonitor neu gestartet und die Minidisk X'195' erneut als A-Disk in Zugriff genommen. Dieser ACCESS läuft mit der Option ERASE, d.h. alle Files, die vom vorhergehenden Job noch auf der Minidisk stehen, werden gelöscht. Dies hat zwei Gründe: Erstens, der Platz auf der Minidisk muß wieder frei gemacht werden, und zweitens, die Files werden aus Sicherheitsgründen gelöscht. Einem Job darf keinesfalls erlaubt werden, Daten des vorhergehenden Jobs einzusehen.

Ein CMS Batch Job kann auch dynamisch in einer REXX Prozedur mit EXECIO aufgebaut werden. Der EXECIO kann mit der Funktion PUNCH einzelne Jobzeilen auf den Puncher schreiben.

Die Anweisung

```
'EXECIO 1 PUNCH (STRING /JOB RCMSSYS1 999999 ASM'
```

schreibt eine Zeile auf den Puncher. Steht der Job auf diese Weise komplett auf dem virtuellen Stanzer erfolgt ein

```
CLOSE PUNCH
```

Damit wird der Puncher abgeschlossen und der Job auf die Reise zur CMS Batch Userid geschickt. Das richtungsweisende SPOOL Kommando ist natürlich nach wie vor nötig.

10.3 Der CMS Batch Job

Wer die Batchsysteme MVS oder VSE kennt, weiß, wie umfangreich Jobsteueranweisungen sein können. Allgemein die Jobcontrol genannt, entsprechen die Anweisungen fast einer Sprache. Im VSE heißt das Kürzel JCL auch Job Control Language. So kompliziert ist es bei der CMS Jobcontrol nicht, die Funktionen sind auch nicht so vielfältig. Es gibt nur 3 Jobsteueranweisungen. Sie werden mit einem Schrägstrich in der ersten Spalte eingeleitet und lauten

```
/JOB userid accnt <jobname> <comment>        Jobkarte

/SET <TIME s> <PRINT l> <PUNCH c>            Limit setzen

/*                                           Jobende
```

Die Jobkarte leitet jeden Batch Job ein. Es muß die Userid des Anwenders und eine Accounting-Nummer angegeben sein. Der optionale Jobname erscheint als Filetyp in der Liste, die der Anwender zurück erhält. Schließlich kann die Jobkarte noch mit einem Kommentar versehen sein.

Die SET-Karte legt bestimmte Resourcengrenzen fest. So kann die Anzahl der gestanzten und gedruckten Zeilen sowie der CPU-Verbrauch limitiert werden. Die SET-Karte ist optional, es gilt die Zahl 32767 als Vorgabe für alle drei Limitwerte. (CPU Zeit in Sekunden).

Wie die Jobkarte für die Kennzeichnung des Jobanfangs muß auch die Jobendekarte /* im Job vorhanden sein. Die Jobendekarte schließt den Job ab und initalisiert den Batchmonitor neu. /* kann auch als Ende eines Eingabekartenstroms bei einem Batchprogramm angesehen werden. Es müssen dann eben zwei /* Karten hintereinander stehen, wenn Vorlaufkartenende und Jobende zusammenfallen.

```
/JOB userid accnt
BATCHPRG
 .
 .
 .
Vorlaufkarten
 .
 .
 .
/* (end-of-file)
/* (end-of-job)
```

Bei Jobbeginn, bei Jobende und ggf. bei Jobabbruch erhält der Anwender eine Message von der CMS Batch Userid. Der Anwender wird auf diese Weise informiert, ob sein Job schon in der Ausführung ist oder ob er noch warten muß.

10.3.1 Was darf der CMS Batch Job enthalten?

Der Job läuft in einer CMS Userid, demnach sind grundsätzlich einmal alle CP- und CMS Befehle zugelassen. Doch der Batchmonitor schränkt den Befehlsvorrat stark ein. Nur die folgenden CP Befehle sind zulässig:

```
CHANGE          MSG
CLOSE           QUERY
DETACH          REWIND
DUMP            SMSG
DISPLAY         SPOOL
LINK            STORE
LOADVFCB        TAG
```

Die Befehle zur Steuerung der UR Einheiten sind bezüglich des virtuellen
Readers beschränkt. Alle Befehle müssen das Prefix CP haben. Der LINK
Befehl muß in einer Zeile geschrieben werden, weil das Linkpasswort nicht
interaktiv eingegeben werden kann. Wenn Programme das RDCARD Makro
enthalten, sind sie unter CMS Batch nicht lauffähig.

Auch die CMS Befehle sind eingeschränkt. So wird es nicht sinnvoll sein, beispielsweise ein NOTE Kommando im Batch zu verwenden. Auch manche
Parameter des CMS SET Kommandos sind ungültig.

10.4 Operating der CMS Batch Userid

Beim umfangreichen Einsatz der CMS Batch Einrichtung sind Operatingauf-
gaben unerläßlich. Deshalb wird es nötig sein, laufende Jobs abzubrechen,
die Jobwarteschlange in ihrer Reihenfolge zu verändern, bzw. wartende Jobs
zu löschen.

Laufenden Job abbrechen:

```
- LOGON an die Batch Userid
- HX (halt execution) Immediate Command
- DISCONNECT Batch Userid
```

Wartende Jobs löschen:

```
- LOGON an die Batch Userid
- PURGE READER spoolid
- DISCONNECT Batch Userid
```

Reihenfolge der wartenden Jobs ändern:

```
- LOGON an die Batch Userid
- ORDER READER spoolid1 spoolid2 ...
- DISCONNECT Batch Userid
```

10.5 Ausblick

CMS Batch wird in der Zukunft an Bedeutung gewinnen. In vielen Firmen sind Bestrebungen im Gange, VM als Produktionssystem einzusetzen. Heute ist es noch nicht recht vorstellbar. Sieht man aber z.B. das Datenbanksystem SQL/DS in der VM Umgebung in Verbindung mit Anwendungen, die z.B. mit CSP (Cross System Product) entwickelt wurden, ist kein weiteres Betriebssystem (wie VSE oder MVS) für die Produktionsumgebung nötig.

Es ist aber äußerst schwierig, ein bestehendes Anwendungssystem, z.B. unter CICS mit DL/1 Datenbank, in eine reine VM Umgebung zu überführen. Es fehlt der TP-Monitor CICS im VM. CICS/VM gibt es zwar als Produkt, es ist aber kein Multiuser-CICS.

Wenn IBM die SAA Strategie konsequent einhält, muß CICS im VM in nächster Zukunft kommen.

Die bestehenden Batch Anwendungen werden dann auch im CMS Batch laufen können.

Übrigens, CMS Batch Umgebungen gibt es von den verschiedenen Softwarehäusern in wesentlich umfangreicheren und komfortableren Ausführungen als das CMS Batch System, das im VM enthalten ist.

Im **Anhang E** sehen Sie ein komplettes Bespiel für eine Batch Anwendung im CMS.

Kapitel 11

VSAM im CMS

VSAM (Virtual Storage Access Method) ist im CMS verfügbar. VSAM/CMS
basiert auf dem VSAM/VSE. Für die Programmentwicklung von OS Programmen im CMS ist dies wichtig, denn VSAM/VSE ist eine Untermenge
des VSAM/OS.

Alle VSAM Objekte wie Kataloge, Space und Files residieren auf OS- bzw.
DOS-formatierten Minidisks. Diese Minidisks können nicht über das CMS
Filesystem (mit Filename, Filetyp und Filemode) angesprochen werden.
VSAM Objekte im CMS werden mit dem ACCESS METHOD SERVICES
UTILITY PROGRAM (AMS oder AMSERV), einem CMS/VSE-Pro-
gramm oder einem CMS/OS-Programm manipuliert.

VSAM Files können im CMS gelesen und geschrieben werden. Das gleich-
zeitige Schreiben mehrerer User auf das gleiche VSAM File ist grundsätzlich
möglich, die Integrität der Daten wird aber nicht gewährleistet. Die VSAM
SHARE OPTIONS sind wohl syntaktisch gültig, haben aber keine Auswir-
kung unter CMS.

Auch das ist ein Punkt, der in der Zukunft gelöst werden muß. CMS File
Sharing ist zwar ab Release 6 unterstützt, wie es mit VSAM aussieht ist mir
noch nicht bekannt.

11.1 Kurze VSAM Einführung

Für alle Leser, die den Begriff VSAM noch nicht kennen, biete ich hier eine
kurze Einführung an. Was bringt VSAM dem Programmierer?

Die grundlegende Dateiform auf einer VSE formatierten Platte ist die sequentielle Datei. Durch DLBL- und EXTENT-Karten in der Jobcontrol bestimmt man die Größe der Datei. Ein Programm kann dann die Datensätze
der Reihe nach in diese Datei schreiben oder Datensätze aus einer bereits
bestehenden Datei der Reihe nach lesen. Einen bestimmten Satz irgendwo in

der Datei über ein eindeutiges Merkmal (Schlüssel, Key) herauszupicken, ist bei der sequentiellen Dateiform unmöglich.

Eine sequentielle Datei kann aber schon einen Schlüssel im Datensatz haben, über Sortierprogramme kann die Datei nach diesem Merkmal geordnet werden.

Liegt die Datei auf einer CKD-Platte (Count Key Dataset), dann ist jeder Satz durch Zylinder-, Spur- und Satznummer adressierbar. Wenn die Verarbeitungsprogramme eine Abbildungsregel vom Schlüssel zur Zylinder-, Spur- und Satznummer haben, können sie sogar direkt zugreifen. Man spricht von einem halbdirekten Zugriff. Gestreute Speicherung, Hashverfahren sind Begriffe bei der Optimierung des Zugriffs auf sequentielle Dateien. In der IBM Welt spricht man von SAM, wenn man sequentielle Dateien meint. (SAM = sequential access method).

Der Zugriff auf die Daten läßt sich erheblich beschleunigen, wenn man den Schlüsselteil aus einem Datensatz herauslöst und in eine eigene Datei, in eine Indexdatei schreibt. In der Indexdatei wird dann zu jedem Schlüsselbegriff die Adresse der Daten auf der Platte gespeichert. Die Indexdatei selbst wird mit einem der o.a. Verfahren (Hash) bedient. Zudem ist die Indexdatei sehr klein im Vergleich zu den Daten, so daß die Indexdatei ganz oder zu großen Teilen im Speicher abgearbeitet werden kann. (ISAM = index sequentiell access method ist der IBM Ausdruck).

Wie schon gesagt, die Größen dieser Datein werden mit DLBL- und EXTENT-Karten bestimmt. Wenn eine Platte (ein Volume) mehrere Dateien enthält, meistens ist das der Fall, muß sich der Systemprogrammierer genau überlegen, wie er die EXTENTS (der Bereich auf einer Platte für eine Datei) vergibt. Er muß sich klarmachen, welche Dateien größer werden können, d.h. wo er vielleicht Platz lassen muß. Ist eine Datei auf einem Volume nicht mehr zu vergrößern, muß ein EXTENT auf einer anderen Platte eingerichtet werden, oder, was schlimmer ist, es müssen andere Dateien verschoben oder verlagert werden, um Platz zu schaffen. Sie sehen, es handelt sich um eine etwas schwerfällige Angelegenheit.

Neben vielen anderen Gründen war dieser Nachteil bestimmt ein Geburtshelfer für VSAM (virtual storage access method). Mit VSAM kann man auf einem Volume einen SPACE, sozusagen einen luftleeren Raum einrichten. In diesem SPACE können dann CLUSTER, die VSAM Dateien, definiert werden. CLUSTER können so definiert werden, daß sie eine feste Größe in Zylindern, Spuren oder Sätzen haben. Man kann zusätzlich definieren, daß sich eine Datei im SPACE weiter ausbreiten darf, falls sie voll wird. Begriffe sind dabei primary allocation und secondary allocation, also der Hauptdatenbereich und mehrere Sekundärdatenbereiche. Dateien können auch vorbereitend eingerichtet werden, d.h. zum Definitionszeitpunkt wird noch kein Platz im SPACE belegt, erst dann, wenn die Datei angesprochen wird. (NOALLOCATION).

Ein VSAM CLUSTER kann verschiedene Organisationsformen haben:

- VSAM/SAM eine sequentielle Datei in einem VSAM SPACE

- ESDS Entry-Sequenced Files

- KSDS Key-Sequenced Files

- RRDS Relative Record Files

Um mit VSAM zu arbeiten, bedarf es einiger Erfahrung und Praxis. Das oben gesagte sollte nur das Grundsätzliche andeuten.

11.2 Installation von VSAM im VM

VSAM läuft unter einer eigenen Programmnummer bei IBM und gehört deshalb nicht zum Lieferumfang von VM. Man kann das Band zusätzlich bestellen und, wenn man VSAM nicht schon im VSE hat, auch extra bezahlen. Mit VM wird aber eine Installationsprozedur geliefert, mit der man das Band einlesen, die Komponenten linken und die erforderlichen "shared segments" bilden kann. Für AMS und VSAM ist je ein "shared segment" nötig. VM liefert auch ein Informationsfile, in dem alle nötigen Objectfiles für VSAM und AMS verzeichnet sind. Mit Hilfe dieses Files kann man sich die Decks auch aus der VSE Bibliothek holen. Dies funktioniert aber auch nur noch mit den alten VSE Releases, also vor Release 2. Mit den neuen Releases werden die VSAM Objectdecks nicht mehr ausgeliefert.

11.3 Die VSAM Minidisk und Access Method Services (AMS)

Das VSAM-AMS Programm ist über das CMS Kommando AMSERV aufrufbar. Das Kommando hat die Syntax

```
AMSERV fn <(options...>

    options:

    <PRINT>            Protokollausgabe auf Drucker
    <TAPIN  18n!TAPn>  Bandeingabeeinheit (n=1..4)
    <TAPOUT 18n!TAPn>  Bandausgabeeinheit (n=1..4)
```

Ein CMS File mit dem Namen fn und dem konstanten Filetyp AMSERV
enthält die AMS Statements. Die Ausgabe der Liste erfolgt als CMS File mit
dem Namen fn und dem Filetyp LISTING. Mit der Option Print geht die
Ausgabe auf den virtuellen Drucker. Die Optionen TAPIN und TAPOUT
kennzeichnen die Bandstationen, wenn VSAM Datenbestände von Band gelesen oder auf Band geschrieben werden sollen. (Im VSE heißt das AMS
Programm IDCAMS).

11.3.1 Die DOS Minidisk einrichten

Bevor aber mit AMSERV ein VSAM File definiert werden kann, muß eine
OS- oder DOS-formatierte Minidisk zur Verfügung stehen. Das CMS FOR-
MAT Kommando ist dafür nicht brauchbar, es formatiert CMS Minidisks für
das CMS Filesystem. Was man braucht, ist das VSE Format Programm DSF
(Device Support Facility). Es steht auf der CMS Systemdisk X'190' als IPLfä-
higes Standalone-Programm. Wir starten das DSF mit dem folgenden REXX
Programm:

```
/***********************************************************************
* Aufruf des VSE Formatprogramms DSF (Device Support Facility)  *
*                                                               *
*   DSF <filename filetype filemode>                            *
*                                                               *
* Das Programm kopiert das Stand-alone DSF-Programm in den virt.*
* Reader. Anschlieaend werden die DSF Steueranweisungen aus dem *
* angegebenen File gestanzt.                                    *
*                                                               *
* Nach dem IPL vom Reader meldet sich nach einem Console        *
* Interrupt das Formatprogramm.                                 *
*                                                               *
* Es erscheint die Meldung                                      *
*                                                               *
* ICK005E DEFINE INPUT DEVICE 'XXX,CUU' OR 'CONSOLE'            *
*                                                               *
* Wenn die DSF Steueranweisungen im angegeben File sind, mua die*
* Meldung mit                                                   *
*                                                               *
* 2540,00C                                                      *
*                                                               *
* beantwortet werden, sonst mit                                 *
*                                                               *
* CONSOLE                                                       *
*                                                               *
* DSF meldet sich wieder und fragt nach dem Ausgabegerät        *
*                                                               *
*    ICK006D DEFINE OUTPUT DEVICE 'XXXX,CUU' OR 'CONSOLE'       *
*                                                               *
* Soll die Ausgabe auf dem Terminal erscheinen ist die Antwort  *
*                                                               *
* CONSOLE                                                       *
*                                                               *
* wenn die Ausgabe auf den Drucker soll, ist die Antwort        *
*                                                               *
* 1403,00E                                                      *
*                                                               *
***********************************************************************/
```

```
ARG fn ft fm; /* Datei mit den DSF Statements */

IF ARG() = 2 THEN fm = 'A';
IF ARG() = 1 THEN DO;
  fm = 'A';
  ft = 'CNTRL';
END;

/* Punchrichtung festlegen */
'CP SPOOL PUNCH TO * NOHOLD CLASS I CONT';
/* DSF Programm stanzen */
'PUNCH IPL DSF * (NOH';
IF RC = 0 THEN DO;
  IF ARG() > 0 THEN DO;
    'PUNCH' fn ft fm '(NOH';
    IF RC <> 0 THEN DO;
      SAY 'Fehler beim PUNCH der Controlstatements';
      'CP SPOOL PUNCH NOCONT PURGE';
      'CP SPOOL PUNCH OFF CLASS A';
      EXIT 99;
    END;
  END;
  /* PUNCH und READER abschließen und für IPL vorbereiten */
  'CP SPOOL PUNCH NOCONT CLOSE';
  'CP SPOOL PUNCH OFF CLASS A';
  'CP CLOSE READER';
  'CP ORDER READER CLASS I';
  'CP SPOOL READER NOCONT CLASS * NOHOLD';
  /* Bedienungshinweis ausgeben */
  'VMFCLEAR';
  SAY '********************************************************';
  SAY '* Bitte 1-2 Minuten warten, dann DatFreig Taste drücken   *';
  SAY '* und Ein-, Ausgabeeinheiten für DSF spezifizieren:       *';
  SAY '*                                                         *';
  SAY '* Input:  CONSOLE oder Reader (2540,00C)                  *';
  SAY '* Output: CONSOLE oder Reader (1403,00E)                  *';
  SAY '********************************************************';
  /* IPL des DSF Programms */
  'CP IPL 00C CLEAR';
  'CP SPOOL PUNCH NOCONT PURGE';
  'CP SPOOL PUNCH OFF CLASS A';
END;
EXIT;
```

Nach der Datenfreigabe meldet sich DSF. Es erfragt das Eingabegerät
(CONSOLE oder READER) und das Ausgabegerät (CONSOLE oder
PRINTER). Die Formatanweisungen werden entsprechend der Zuordnung
des Eingabegeräts gelesen. Nach einer Sicherheitsabfrage wird dann forma-
tiert. Es erfolgt eine Statusmeldung, wieviele Zylinder formatiert wurden und
wo der VTOC (volmue table of contents) liegt. Zum Formatieren einer 10
Zylinder großen Minidisk (virtuelle DASD X'403') mit dem Volumenamen
VOL403 ist das folgende DSF Statement nötig:

```
INIT UNIT(403) DEVTYP(3380) PRG NVFY VOLID(VOL403) DVTOC(0,1,1) -
     MIMIC(MINI(10))
```

Dieses INIT Statement steht in der Datei DSF403 CNTRL.

Das DSF Programm zeigt während des Formatierens folgende Meldungen:

```
dsf dsf403 (Aufruf des o.a. REXX Programms)

*****************************************************************
* Bitte 1-2 Minuten warten, dann DatFreig Taste drücken   *
* und Ein-, Ausgabeeinheiten für DSF spezifizieren:       *
*                                                         *
* Input:  CONSOLE oder Reader (2540,00C)                  *
* Output: CONSOLE oder Reader (1403,00E)                  *
*****************************************************************
ICK005E DEFINE INPUT DEVICE, REPLY 'DDDD,CUU' OR 'CONSOLE'
ENTER INPUT/COMMAND:
2540,00c
2540,00C
ICK006E DEFINE OUTPUT DEVICE, REPLY 'DDDD,CUU' OR 'CONSOLE'
ENTER INPUT/COMMAND:
console
CONSOLE
ICKDSF -  SA  DEVICE SUPPORT FACILITIES   8.0H  TIME: 09:30:00
                                          05/29/89     PAGE   1

INIT UNIT(403) DEVTYP(3380) PRG NVFY VOLID(VOL403) DVTOC(0,1,1) -
     MIMIC(MINI(10))
ICK00700I DEVICE INFORMATION FOR 403 IS CURRENTLY AS FOLLOWS:
          PHYSICAL DEVICE = 3380
          STORAGE CONTROLLER = 3880
          STORAGE CONTROL DESCRIPTOR = 03
          DEVICE DESCRIPTOR = 06
ICK003D REPLY U TO ALTER VOLUME 403 CONTENTS, ELSE T
ENTER INPUT/COMMAND:
u
U
ICK01313I VOLUME CONTAINS 0     ALTERNATE TRACKS -- 0  AVAILABLE.
ICK01314I VTOC IS LOCATED AT CCHH=X'0000 0001' AND IS   1 TRACKS.
ICK00001I FUNCTION COMPLETED, HIGHEST CONDITION CODE WAS 0

ICK00002I ICKDSF PROCESSING COMPLETE.
MAXIMUM CONDITION CODE WAS 0
```

Damit endet das DSF Programm, CMS läuft nicht mehr. Warum? Wir haben
ja dieses Formatprogramm ipl'd. Um CMS wieder zum Leben zu erwecken,
müssen wir CMS durch IPL erneut starten.

```
I CMSL
```

Nach einigen Profile Meldungen erscheint wieder die CMS Ready Message:

```
R; T=0.22/0.28 09:32:06
```

Wie Sie sehen, kennen die DSF-Anweisungen keinen Filemode. Es wird die
virtuelle DASD formatiert. Mit dem CMS Befehl ACCESS kann dann die
DASD in die Suchreihenfolge aufgenommen werden. Das CMS Filesystem
erkennt diese Minidisk aber als nicht-CMS-formatiert und sucht darauf auch
keine REXX Prozeduren, Module, o.ä. Über den Filemode einer DOS- oder
OS-formatierten Minidisk werden die Files (VSAM, VSE-sequentiell) mit
dem CMS DLBL Statement direkt referenziert. Es gibt also keinen Mecha-

nismus derart, daß ein Programm zuerst nach einer Datei auf der einen DOS-Minidisk sucht, sie dort nicht findet und die Suche auf einer weiteren DOS-Minidisk fortsetzt. Das DLBL Statement gibt den Filemode an, und auch nur dort wird die Datei erwartet.

11.4 Das VSAM Umfeld in einer CMS Userid

Die VSAM Dateiverarbeitung im CMS ist mit allen Konzequenzen behaftet wie im VSE, d.h., bevor eine Datei (CLUSTER) beschrieben (respektive gelesen) werden kann, muß das Umfeld eingerichtet sein. Das wiederum bedeutet, es muß mindestens ein VSAM-Mastercatalog aktiv sein. Es können mehrere Usercatalogs eingerichtet sein, es können mehrere Spaces existieren. In den meisten CMS-VSAM-Programmsystemen gibt es einen Mastercatalog und pro Anwender einen Usercatalog. Der Mastercatalog residiert auf einem Volume, den alle Anwender im Zugriff haben (natürlich R/O). Der Usercatalog ist auf einem Volume eingerichtet, das die jeweilige Userid im R/W-Zugriff hat. Ich denke hier an den Programmgenerator CSP (Cross System Produkt) von IBM. Dort ist die gesamte Datenbasis VSAM, und dort ist das VSAM Umfeld in der wie soeben geschildert Art realisiert.

Nach dem Formatieren der Minidisk(s) wird das VSAM Umfeld eingerichtet. Dazu ist die Anlage des Mastercatalogs der erste Schritt. Mit dem CMS Editor XEDIT schreiben wir die erforderlichen AMS Statements in ein CMS File mit dem Namen MCAT AMSERV auf die A-Disk:

```
/* MASTERCATALOG DEFINIEREN */
DEFINE MASTERCATALOG   -
         (             -
          NAME(MASTCAT)   -
          VOLUME(VOL403) -
          TRACKS(30)     -
          ORIGIN(15)     -
         )
```

Die AMS Syntax unterliegt strengen Regeln. Sie erinnern etwas an das Schreiben von Assembler Befehlen (Fortsetzungszeichen am Zeilenende). Kommentare dürfen nur eine Zeile lang sein, d.h. /* und */ müssen in einer Zeile sein. Die erste Spalte muß frei bleiben. Es ist nur Großschreibung erlaubt.

Angenommen wir haben eine Minidisk X'502' formatiert und mit

```
ACCESS 403 E
E (403) R/W - DOS (Antwort des Systems)
```

im Zugriff, dann können wir das AMS Programm mit

```
AMSERV MCAT
```

starten. Die Ready Message des CMS zeigt uns einen Returnkode an. Das bedeutet (und wir sehen es im Protokoll MCAT LISTING A ganz genau), der Mastercatalog konnte nicht kreiert werden. Warum? Das AMS Programm braucht einen Bezug zu der Minidisk, auf der der Mastercatalog eingerichtet werden soll. Wir haben oben schon erwähnt, daß die Referenzierung zum Filemode über das DLBL Statement hergestellt wird. Wir müssen schreiben

```
DLBL IJSYSCT E DSN MASTCAT (VSAM PERM
```

In jedem VSAM Umfeld gibt es einen reservierten logischen Dateinamen für den Mastercatalog IJSYSCT. Danach steht im DLBL Statement der Filemode und nach dem Schlüsselwort DSN der VSAM Dateiname mit maximal 44 Zeichen. Die 44 Zeichen sind in maximal 5 Teile zu je maximal 8 Zeichen geteilt, die einzelnen Teile sind durch Punkte verbunden.

```
z.B EINGABE.TEST.FILE
```

DLBL Setzungen können mit

```
DLBL * CLEAR
```

gelöscht werden. DLBLs mit der Option PERM sind davon ausgenommen, sie müssen explizit durch

```
DLBL ddname CLEAR
```

gelöscht werden. Einmal gesetzte DLBLs sind gültig bis zum LOGOFF der Userid oder eben durch gezieltes Löschen, wie oben gezeigt. Das sollte man wissen, denn man wird in den seltensten Fällen DLBLs direkt von Hand in die CMS Kommandozeile eingeben, sondern fast immer über REXX Prozeduren aktivieren. Hat man dann keine DLBLs zum Löschen der durch einen vorangegangenen Lauf gesetzten DLBLs, kann es zu Überraschungen kommen:.Eigentlich verändert geglaubte DLBLs können noch aktiv sein. Prozeduren, die die DLBLs für ein VSAM Umfeld setzen, sollten deshalb immer die folgenden Anweisungen am Programmanfang enthalten:

```
/* DLBL's zum Löschen                                   */
'SET CMSTYPE HT';      /* DLBL Meldungen unterdrücken */
'DLBL IJSYSCT CLEAR'; /* Mastercatalog               */
'DLBL IJSYSUC CLEAR'; /* Job Catalog                 */
'DLBL UCAT1  CLEAR';  /* Usercatalog 1               */
'DLBL UCAT2  CLAER';  /* Usercatalog 2               */
/* ggf. weitere Kataloge eintragen                     */
'DLBL *      CLAER';  /* restliche DLBLs             */
'SET CMSTYPE RT';      /* Meldungen wieder zulassen  */
.
. weiteres Programm mit den DLBLs für das VSAM Umfeld
.
.
EXIT RC;
```

Es ist unerheblich, ob ein DLBL vor dem CLEAR existiert oder nicht. Natürlich sollten die oben gezeigten Anweisungen nur in Prozeduren stehen, die das VSAM Umfeld komplett neu aufbauen. Nachfolgende Programme können weitere DLBLs hinzufügen oder gezielt wegnehmen.

Kommen wir zu unserem MCAT AMSERV zurück. Wenn wir das DLBL für unseren Mastercatalog gesetzt haben, läuft auch das AMS Programm fehlerfrei und der Mastercatalog mit dem DSN MASTCAT (DSN = data set name) existiert. Wozu brauchen wir den Mastercatalog eigentlich? Alle VSAM Objekte werden über Kataloge verwaltet. Der oberste in der Hierarchie ist der Mastercatalog. Er verwaltet alle Usercatalogs und ggf. auch CLUSTER, die im SPACE des Mastercatalogs liegen können. Was der Mastercatalog verwalten soll, davon ist auch die Größe abhängig. Wenn wir z.B. im Mastercatalog nur 10 Usercatalogs verwalten wollen, kann der Mastercatalog mit 3-4 Zylindern schon fast zu groß sein. Er kann sich aber auch über ein ganzes Volume erstrecken, der freie Platz kann dann für VSAM Dateien benutzt werden.

Während der Mastercatalog definiert wird, kann man folgende Meldungen auf dem Bildschirm sehen:

Wir haben formatiert und fragen nach unserer virtuellen DASD X'403'.

```
q v 403
DASD 403 3380 (TEMP) R/W      10 CYL
R; T=0.01/0.01 09:32:10
```

Wir sehen, daß sie als temporäre Minidisk existiert. In der Suchreihenfolge erscheint sie noch nicht.

```
q search
SY1191  191  A    R/W
SY1500  500  B    R/W
SY1501  501  C    R/W
MNT192  192  D    R/O
MNT190  190  S    R/O
MNT301  301  V    R/O
MNT19E  19E  Y/S  R/O
R; T=0.01/0.01 09:32:17
```

Mit dem ACCESS Befehl nehmen wir die DASD mit Filemode E in Zugriff.

```
acc 403 e
E (403) R/W - DOS
R; T=0.01/0.01 09:32:23

q search
SY1191  191  A    R/W
SY1500  500  B    R/W
SY1501  501  C    R/W
MNT192  192  D    R/O
VOL403  403  E    R/W - DOS
MNT190  190  S    R/O
MNT301  301  V    R/O
MNT19E  19E  Y/S  R/O
R; T=0.01/0.01 09:33:15
```

Jetzt sehen wir auch, daß es eine DOS Minidisk ist. Wir fragen nach bereits
bestehenden DLBL Setzungen.

```
dlbl
NO USER DEFINED DLBL'S IN EFFECT.
R; T=0.01/0.01 09:33:40
```

DLBLs sind nicht aktiv. Wir starten das AMS Programm mit den Definiti-
onsstatements für den Mastercatalog.

```
amserv mcat
R(00012); T=0.12/0.26 09:37:28
```

Wir erhalten Returncode 12. Das Programm ist fehlerhaft gelaufen. Im Protokoll können wir feststellen, daß das Einrichten des Katalogs nicht möglich
war, es bestand kein Bezug zur Minidisk. Wir geben das DLBL Statement an
und starten den AMSERV erneut.

```
dlbl ijsysct e dsn mastcat (vsam perm
R; T=0.01/0.01 09:37:18

amserv mcat
R; T=0.35/0.76 09:46:22
```

Kein Returnkode, der Mastercatalog existiert. Ein Blick in das Protokoll bestätigt dies:

```
IDCAMS  SYSTEM SERVICES  TIME: 09:46:14    05/29/89    PAGE   1

/* MASTERCATALOG */
DEFINE MASTERCATALOG -
         ( -
           NAME(MASTCAT) -
           VOLUME(VOL403) -
           TRACKS(30) -
           ORIGIN(15) -
         )
IDC0001I FUNCTION COMPLETED, HIGHEST CONDITION CODE WAS 0

IDC0002I IDCAMS PROCESSING COMPLETE. MAXIMUM CONDITION CODE WAS 0
```

Mit dem CMS Befehl LISTDS können wir uns ansehen, welche Files auf der DOS Disk angelegt sind.

```
listds e
FM DATA SET NAME
E  Z9999996.VSAMDSPC.TA0612B4.T9D54B18
R; T=0.01/0.05 09:46:29
```

Dieser lange nichtssagende Dateiname ist vom VSAM System vergeben worden. Er tritt nirgends mehr in Erscheinung, d.h., er muß vom Anwender an keiner Stelle mehr verwendet werden.

Die Option EXTENT des LISTDS Befehls zeigt die belegten Bereiche auf der DOS Minidisk.

```
listds e (extent

EXTENT INFORMATION FOR 'VTOC' ON 'E' DISK:
SEQ TYPE   CYL-HD(RELTRK) TO  CYL-HD(RELTRK) TRACKS
000 VTOC  0000 01     1      0000 01     1        1

EXTENT INFORMATION FOR 'Z9999996.VSAMDSPC.TA0612B4.T9D54B18'
ON 'E' DISK:
SEQ TYPE   CYL-HD(RELTRK) TO  CYL-HD(RELTRK) TRACKS
000 DATA  0001 00    15      0002 14    44       30
R; T=0.01/0.06 09:48:42
```

Die DLBL Abfrage zeigt das aktive DLBL für den Masterkatalog.

```
dlbl
DDNAME  MODE LOGUNIT  TYPE CATALOG EXT VOL BUFSPC PERM DISK
IJSYSCT E1           VSAM IJSYSCT               YES  DOS
DATASET.NAME
MASTCAT
R; T=0.01/0.01 09:46:55
```

Jetzt richten wir für einen Anwender einen Usercatalog ein. Dazu schreiben wir wieder AMS Statements. Der Usercatalog soll über unseren Mastercatalog verwaltet werden und auf einem anderen Volume liegen. Jedes Volume kann nur einen Katalog haben, entweder einen Mastercatalog oder einen Usercatalog. Das neue Volume muß natürlich wieder mit DSF formatiert und im Zugriff sein; wir nehmen Filemode F an. Wir aktivieren vor dem AMSERV Kommando jetzt zwei DLBLs. Eines für den bereits bestehenden Mastercatalog und eines für den neuen Usercatalog. Beide Volumes müssen im R/W-Zugriff sein, denn in den Mastercatalog wird ein Eintrag mit Informationen des neuen Usercatalogs geschrieben. Nach den DLBLs

```
DLBL IJSYSCT E DSN MASTCAT (VSAM PERM
DLBL IJSYSUC F DSN USER.CATALOG.EINS (VSAM PERM
```

aktivieren wir mit dem AMSERV Kommando diese Statements, die Datei soll UCAT AMSERV heißen:

```
/* USERCATALOG */
DEFINE USERCATALOG -
       (                -
         NAME(USER.CATALOG.EINS) -
         VOLUME(VOL404) -
         TRACKS(30) -
         ORIGIN(15) -
       )
```

Nach dem fehlerfreien Lauf des AMSERV existiert der Usercatalog. Für ihn gelten ähnliche Verfahrensweisen, wie wir sie schon beim Mastercatalog erläutert haben. Der Usercatalog kann entweder nur VSAM SPACEs verwalten, oder der Katalog kann so groß definiert werden, daß darin auch alle CLUSTER, die er verwaltet, Platz haben. Wenn wir uns dafür entscheiden, daß die VSAM Dateien nicht im Usercatalog liegen sollen, kann der Usercatalog klein angelegt werden. Dann müssen aber explizit VSAM SPACEs definiert werden, die auf den Usercatalog verweisen. VSAM SPACE und damit die VSAM Files können sich auf bis zu zehn Volumes ausbreiten.

Beobachten wir das Einrichten des Usercatalogs auf dem neuen Volume am Terminal. Zur Demonstration richten wir der Einfachheit halber einen neue temporäre Minidisk ein:

```
def t3380 404 10 cyl
DASD 404 DEFINED 0010 CYL
R; T=0.01/0.01 10:09:39
```

Wir rufen unser o.a. REXX Programm noch einmal mit den neuen DSF Statements auf. Die DSF Anweisungen stehen jetzt im File DSF404 CNTRL.

```
dsf dsf404
****************************************************************
* Bitte 1-2 Minuten warten, dann DatFreig Taste drücken   *
* und Ein-, Ausgabeeinheiten für DSF spezifizieren:       *
*                                                          *
* Input:  CONSOLE oder Reader (2540,00C)                   *
* Output: CONSOLE oder Reader (1403,00E)                   *
****************************************************************
ICK005E DEFINE INPUT DEVICE, REPLY 'DDDD,CUU' OR 'CONSOLE'
ENTER INPUT/COMMAND:
2540,00c
2540,00C
ICK006E DEFINE OUTPUT DEVICE, REPLY 'DDDD,CUU' OR 'CONSOLE'
ENTER INPUT/COMMAND:
console
CONSOLE
ICKDSF -  SA  DEVICE SUPPORT FACILITIES   8.0H TIME: 10:10:00
        05/29/89      PAGE   1


INIT UNIT(404) DEVTYP(3380) PRG NVFY VOLID(VOL404) DVTOC(0,1,1) -
     MIMIC(MINI(10))
ICK00700I DEVICE INFORMATION FOR 404 IS CURRENTLY AS FOLLOWS:
          PHYSICAL DEVICE = 3380
          STORAGE CONTROLLER = 3880
          STORAGE CONTROL DESCRIPTOR = 03
          DEVICE DESCRIPTOR = 06
ICK003D REPLY U TO ALTER VOLUME 404 CONTENTS, ELSE T
ENTER INPUT/COMMAND:
u
U
ICK01313I VOLUME CONTAINS 0     ALTERNATE TRACKS -- 0 AVAILABLE.
ICK01314I VTOC IS LOCATED AT CCHH=X'0000 0001' AND IS  1 TRACKS.
ICK00001I FUNCTION COMPLETED, HIGHEST CONDITION CODE WAS 0

ICK00002I ICKDSF PROCESSING COMPLETE.
MAXIMUM CONDITION CODE WAS 0
```

Hier ist das DSF Programm wieder zu Ende. CMS wird neu gestartet.

```
I CMSL
R; T=0.59/0.81 10:11:21
```

Die Suchreihenfolge zeigt uns nach dem IPL nur die Minidisks, die durch das
Profile schon in die Suchreihenfolge aufgenommen wurden.

```
q search
SY1191  191  A    R/W
SY1500  500  B    R/W
SY1501  501  C    R/W
MNT192  192  D    R/O
MNT190  190  S    R/O
MNT301  301  V    R/O
MNT19E  19E  Y/S  R/O
R; T=0.01/0.01 10:11:25
```

Wir nehmen zuerst unsere bereits bearbeitete VOL403 und dann die noch
leere Minidisk VOL404 in Zugriff.

```
acc 403 e
E (403) R/W - DOS
R; T=0.01/0.01 10:11:32
acc 404 f
F (404) R/W - DOS
R; T=0.01/0.01 10:11:37
```

Nach dem IPL ist natürlich unser DLBL für den Mastercatalog verschwunden, wir definieren es erneut. Und wir definieren auch gleich das DLBL für
den Usercatalog.

```
dlbl
NO USER DEFINED DLBL'S IN EFFECT.
R; T=0.01/0.01 10:11:40

dlbl ijsysuc f dsn user.catalog.eins (vsam perm
R; T=0.01/0.01 10:12:37

dlbl ijsysct e dsn mastcat (vsam perm
R; T=0.01/0.01 10:12:58

dlbl
DDNAME  MODE LOGUNIT  TYPE CATALOG EXT VOL BUFSPC PERM DISK
IJSYSUC  F1            VSAM IJSYSCT             YES  DOS
IJSYSCT  E1            VSAM IJSYSCT             YES  DOS

DATASET.NAME
USER.CATALOG.EINS
MASTCAT
R; T=0.64/0.80 10:13:28
```

Wir rufen das AMS Programm mit den Statements für den Usercatalog auf
und sehen, daß das Programm fehlerfrei gelaufen ist.

```
amserv ucat
R; T=0.34/0.74 10:13:44
```

Mit dem LISTDS Befehl sehen wir nach, was auf def F Disk angelegt ist und
was frei ist.

```
listds f (extent

EXTENT INFORMATION FOR 'VTOC' ON 'F' DISK:
SEQ TYPE   CYL-HD(RELTRK) TO   CYL-HD(RELTRK) TRACKS
000 VTOC  0000 01      1      0000 01      1        1

EXTENT INFORMATION FOR 'Z9999994.VSAMDSPC.TA061316.T9EE53E0'
ON 'F' DISK:
SEQ TYPE   CYL-HD(RELTRK) TO   CYL-HD(RELTRK) TRACKS
000 DATA  0001 00     15      0002 14     44       30
R; T=0.01/0.07 10:14:18

listds f (free
```

```
FREESPACE EXTENTS FOR 'F' DISK:
 CYL-HD(RELTRK) TO  CYL-HD(RELTRK)    TRACKS
0000 02      2    0000 14     14        13
0003 00     45    0009 14    149       105
R; T=0.65/0.92 10:18:32
```

Haben wir den Mastercatalog und den Usercatalog definiert, legen wir einen
SPACE auf der F Disk an. Wir verwenden dazu das File SPACE AMSERV
mit dem Inhalt

```
/* SPACE */
DEFINE SPACE(VOLUMES(VOL404) -
       ORIGIN (45)          -
       TRACKS(105)          -
       CATALOG(USER.CATALOG.EINS)
```

Den restlichen Platz auf der Minidisk VOL404 belegen wir mit VSAM
Space.

```
amserv space
R; T=0.26/0.56 10:18:42

listds f (extent

EXTENT INFORMATION FOR 'VTOC' ON 'F' DISK:
SEQ TYPE   CYL-HD(RELTRK) TO  CYL-HD(RELTRK) TRACKS
000 VTOC 0000 01       1    0000 01      1        1

EXTENT INFORMATION FOR 'Z9999994.VSAMDSPC.TA061316.T9EE53E0'
ON 'F' DISK:
SEQ TYPE   CYL-HD(RELTRK) TO  CYL-HD(RELTRK) TRACKS
000 DATA 0001 00      15    0002 14     44       30

EXTENT INFORMATION FOR 'Z9999992.VSAMDSPC.TA061328.T794B980'
ON 'F' DISK:
SEQ TYPE   CYL-HD(RELTRK) TO  CYL-HD(RELTRK) TRACKS
000 DATA 0003 00      45    0009 14    149      105
R; T=0.01/0.07 10:19:09
```

In den Space können wir dann endlich eine VSAM Datei legen. Wir wollen
einen KSDS Cluster definieren:

```
/* KSDS Datei definieren */
DEFINE CLUSTER                    -
          (                       -
          NAME(PERS.STAMM.JAHR1989)   -
          VOLUME(VOL404)          -
          RECORDS(100)            -
          KEYS(10,0)              -
          RECORDSIZE(100,150)     -
          )                       -
          DATA                    -
          (                       -
          NAME(PERS.STAMM.JAHR1989.DATA)  -
          )                       -
          INDEX                   -
          (                       -
          NAME(PERS.STAMM.JAHR1989.INDEX) -
          )                       -
          CATALOG(USER.CATALOG.EINS)
```

```
amserv cluster
R; T=0.34/0.66 10:28:58

dlbl file1 f dsn pers.stamm.jahr1989 (vsam
R; T=0.01/0.01 10:34:05

dlbl
DDNAME  MODE LOGUNIT  TYPE CATALOG EXT VOL BUFSPC PERM DISK
IJSYSUC F1            VSAM IJSYSCT             YES  DOS
IJSYSCT E1            VSAM IJSYSCT             YES  DOS
FILE1   F1            VSAM IJSYSUC             NO   DOS

DATASET.NAME
USER.CATALOG.EINS
MASTCAT
PERS.STAMM.JAHR1989
R; T=0.01/0.01 10:34:41
```

Auf die Datei kann ein Programm zugreifen, wenn die folgenden drei DLBLs
aktiv sind:

```
DLBL IJSYSCT E DSN MASTCAT (VSAM PERM
DLBL IJSYSUC F DSN USER.CATALOG.EINS (VSAM PERM
DLBL FILE1   F DSN PERS.STAMM.1989 (VSAM
```

Das Anwendungsprogramm spricht die Datei mit FILE1 an. Die Datei kann
auch mit dem AMS Programm verarbeitet werden: Die Datei kann beispielsweise mit der REPRO Anweisung in eine andere VSAM Datei oder in
ein CMS File kopiert werden. Das VSAM File kann mit EXPORT auf ein
Band geschrieben und mit IMPORT wieder vom Band gelesen werden. Mit
dem AMS PRINT Statement kann man den Dateiinhalt in verschiedenen
Darstellungsformen drucken.

11.5 Job Catalog

IJSYSCT ist der reservierte Name für den Mastercatalog. Einem Usercatalog
kann man einen ähnlich reservierten DD-Namen zuweisen: IJSYSUC, den
wir oben bereits verwendet haben. Wenn einem Usercatolg dieser Name zugeordnet wurde, spricht man vom "Job Catalog". Ist in einer DLBL Anweisung die Option CAT nicht angegeben, wird immer im "Job Catalog" nach
dem Cluster gesucht. Die Option CAT kann man sich immer dann sparen,
wenn alle Cluster, die man ansprechen will, in einem Katalog, nämlich dem
"Job Catalog" liegen.

11.6 Welcher VSAM Catalog wird benutzt?

Soll von einem Programm eine VSAM Datei geöffnet werden, wird über die
DLBL Setzungen der entsprechende Eintrag im VSAM Katalog gesucht. In

welchem Katalog nach den Clusterdefinitionen gesucht wird, bestimmt die
Kombination der DLBL Statements. Folgendes wird geprüft:

Hat das DLBL des VSAM Files die CAT Option?

Ja :   Es wird der Katalog verwendet, den die CAT Option an-
              gibt.

Nein: Ist ein DLBL für IJSYSUC aktiv?

              Ja : Es wird der "Job Catalog" verwendet.
              Nein: Es wird der Mastercatalog verwendet.

Es ist wichtig zu wissen, daß im CMS nur in einem Katalog nach
Clusterdefinitionen gesucht wird. Werden sie nicht gefunden, wird die Suche
nicht noch in anderen Katalogen mit aktiven DLBLs fortgesetzt, sondern ein
VSAM Open Error ist die Folge.

Man muß sich die DLBL Setzungen schon gründlich überlegen, wenn man
keine unvorhergesehenen und oft völlig unlogische Reaktionen des VSAM
Systems im CMS erleben will. Es bedeutet gehörigen Aufwand, in einem
größeren VSAM Anwendungssystem - ich denke hier wieder an CSP - die
DLBLs für die zahlreichen User zu verwalten. Ich bediene mich der SQL Datenbank, um die DLBLs für einen bestimmten User und eine bestimmte Anwendung zu aktivieren.

11.7 VSAM im CMS und CMS/DOS

Am Anfang dieses Kapitels habe ich lapidar gesagt, daß VSAM im CMS zur
Verfügung steht und daß es sich bei VSAM/CMS um das VSAM/VSE handelt. Wenn wir CMS starten (IPL), befindet sich das CMS im OS-Mode, d.h.
die Programme, die unter CMS laufen, sehen das OS-Betriebssystem als ihr
steuerndes Element. Wir wissen aber aus dem Kapitel über die Programmentwicklung im CMS, daß auch VSE Programme im CMS laufen. Mit dem
Befehl "SET DOS ON" schalten wir den DOS-Mode ein und mit "SET DOS
OFF" wieder aus.

Wollen wir eine VSAM Anwendung im DOS-Mode starten, muß das Kommando

```
SET DOS ON fm (VSAM
```

lauten. Über den Filemode muß bei diesem Befehl eine DOS Systemplatte
im Zugriff sein. Wie wir aus einem früheren Kapitel schon wissen, geht das
nur mit einem VSE Versionsstand vor Release 2. Benötigt Ihre VSAM An-

wendung Komponenten von der VSE Systemresidenz, können Sie ab VSE
2.XX die Anwendung entweder umschreiben oder löschen.

Solange keine VSE Bibliotheksfunktionen benötigt werden, können die
VSE/VSAM Bestände im CMS verarbeitet werden. Dazu verwendet man
folgende Befehle:

```
SET DOS ON (VSAM        (ohne Filemode)
ACCESS cuu D            (Minidisk mit dem VSE Mastercatalog)
ASSGN SYSCAT D          (VSE ASSGN auf SYSCAT)
DLBL IJSYSCT D DSN xxx.xxx.xxx (SYSCAT PERM
                       (DLBL für den Mastercatalog)
ACCESS cuu E            (Minidisk mit dem VSE Usercatalog)
ASSGN SYS001 E          (VSE ASSGN auf SYSxxx)
DLBL IJSYSUC E DSN xxx.xxx.xxx (SYS001 PERM
                       (DLBL für den Usercatalog)
ASSGN SYS002 E          (VSE ASSGN auf SYSxxx)
DLBL FILE1   E DSN xxx.xxx.xxx (SYS002
                       (DLBL für das VSAM File)
```

Sie sehen, im DOS-Mode werden die DLBL Statements mit den SYS-Num-
mern der ASSGN Statements verbunden.

Im **Anhang E** sehen Sie ein Beispiel für die VSAM Verarbeitung unter CMS.

Kapitel 12

Performance

Schlägt man in einem Wörterbuch nach, wird Performance mit "Funktionieren", mit "Funktions- oder Leistungsfähigkeit" übersetzt. Performance in der Computertechnik beschreibt weniger die Funktionsfähigkeit einer Rechenanlage, sondern mehr die Leistungsfähigkeit. Genauer wird die Performance als eine Art Maßzahl, als Meßlatte verwendet. Man sagt, die Rechenanlage hat eine schlechte oder gute Performance. Damit verbunden ist natürlich die Funktionsfähigkeit, denn leistet der Computer zu wenig, ist er für seine eigentlichen Aufgaben nicht zu gebrauchen. Oder auch anders herum, was natürlich in den wenigsten Rechenzentren der Fall sein dürfte, wenn die Anlage überdimensioniert ist, zu leistungsfähig ist, wird das den Anwender freuen, wirtschaftlich ist es aber nicht.

Von Definition im strengen Sinn können wir bis jetzt eigentlich noch nicht sprechen. Wollen wir eine wissenschaftliche Definition versuchen, oder wollen wir uns den Begriff anhand weiterer Argumentation erarbeiten? Wie sooft im Rechenzentrumsbetrieb in der Industrie bleibt uns nur der zweite Vorschlag übrig. Gewiß existieren viele informationtheoretische Abhandlungen über die Leistungsmessung von Rechenanlagen. Das Deutsche Institut für Normung (DIN) erläßt in diesen Tagen sogar eine diesbezügliche Norm. Aber am Ende aller ernsten wissenschaftlichen Bemühungen wird die Erkenntnis stehen, daß das Erarbeitete theoretisch vollkommen richtig ist, aber für den einen speziellen Fall nicht zutreffen kann, weil die Randbedingungen gar nicht erfaßbar sind.

Jeder RZ-Verantwortliche wird eine individuelle Methode für seine Bedürfnisse der Performance-Messung finden müssen, um nachteiligen Effekten rechtzeitig gegensteuern zu können.

Der Trend der Informationsverarbeitung ist heute die transaktionsorientierte Verarbeitung von Daten. Sachbearbeiter Müller sitzt also vor seinem Bildschirm und will wissen, welche Steuerklasse der Mitarbeiter Meier hat, weil sie geändert werden soll. Er tippt also in seinem Personalinformationssystem den Namen Meier ein und wartet und wartet und wartet und wartet ... Müller geht inzwischen an den Aktenschrank und sucht die Steuerkarte. Er steht vor dem Schrank und hat mit wenigen Blicken den fein säuberlich beschrifteten und einsortierten Ordner mit der Aufschrift "MA - MEI" entdeckt und herausgenommen. Er schlägt den Schnellhefter auf und findet aufgrund der Registratur die Steuerkarte mit dreimal vorwärts blättern und einmal zurück. Ein zaghafter Blick auf den Bildschirm besänftig Herrn (oder Frau) Müller, denn er hat seine Information, der Bildschirm schweigt aber immer noch. Würde sein System optimal funktionieren, hätte Müller mehrere Bildschirmseiten voller Meier, er müßte sich den richtigen anhand des Vornamens suchen und dann womöglich über die Personalnummer in die Verwaltung der Steuerkarten einsteigen.

Der übertreibt ja maßlos, werden Sie sagen. Ich gebe zu, es ist etwas überzeichnet, aber was ich demonstrieren möchte, ist folgendes: Wenn ein Anwender auf einen Bildschirm, auf den Dienst des Rechners angewiesen ist, dann möchte er auch optimal, also ohne Verzögerung bedient werden.

Optimal bedient zu werden heißt aber nicht unbedingt, Antworten innerhalb von zehntel Sekunden erwarten zu können. Eine Belegbuchungskraft, die beispielsweise nur Bestellnummern und die Menge erfassen muß, kann nicht zwischen jeder Buchung drei Sekunden warten. Wenn aber unser Herr Müller seine Lohnsteuerkartenabfrage zweimal am Tag braucht, stören ihn 20 Sekunden bis zur Antwort auf dem Bildschirm nicht.

Ist die Performance gut, muß der Belegerfasser eine halbe Sekunde warten und der Sachbearbeiter vielleicht eine Sekunde. Ist die Performance schlecht, ist der Belegerfasser in seiner Arbeit bereits erheblich gestört, weil er zwei Sekunden auf eine Antwort warten muß, der Sachbearbeiter ist aber vollkommen zufrieden, weil er die Steuerklasse nach sieben Sekunden vom Bildschirm ablesen kann.

Was ist also Performance? Sie meinen, ein sehr undeutlicher Begriff? Teilweise gebe ich Ihnen recht. Die Beschwerdeempfänger in der DV-Abteilung müssen sehr vorsichtig in der Beurteilung der Performance, wie sie durch die Fachbereiche dargestellt wird, sein. Bisher haben wir aber weniger von Performance, sondern vielmehr von Antwortzeiten gesprochen. Bei transaktionsorientierten Anwendungen ist das auch das einzig gültige Maß, denn am Bildschirm wird die Leistungsfähigkeit der Rechenanlage, wenn auch oft nur subjektiv, empfunden.

Ich habe die Einleitung zu diesem Kapitel umfangreicher gestaltet als die Einleitung zu früheren Kapiteln. In meiner praktischen Arbeit habe ich nämlich festgestellt, daß gerade über Antwortzeiten auch in der Managementebene nicht nur diskutiert, sondern auch geurteilt wird und daß oft fachliche Erklärungen wie vom Winde verweht vergehen. Gerade dort sollte aber bewußt werden, genau nach der Anwendung und Erfordernis und nach der Subjektivität der Anwender zu unterscheiden.

In der Managementetage ist MIPS eines der beliebtesten Kürzel (MIPS = million instructions per second). Dies ist eine echte Maßzahl, die vom Hersteller einer CPU angegeben wird. Doch wieviel MIPS zum Anwender gebracht werden können, und wieviel die Systemprogramme vorher selbst wegnehmen, ist kaum vorhersagbar und auch kaum meßbar, höchstens schätzbar. In der Physik gibt es den Begriff des Wirkungsgrades, der auch genau meß- oder errechenbar ist. Ein Hersteller von Elektromotoren gibt beispielsweise den Wirkungsgrad seiner Produkte an. Der Käufer weiß danach ganz genau, daß er bei einem Motor mit einem Wirkungsgrad von 0,9 und einer Anschlußleistung von 10 Kilowatt, 9 Kilowatt an mechanischer Leistung an der Welle abnehmen kann. Bei einem so homogenen System wie einem Elektromotor ist der Wirkungsgrad auch relativ einfach zu beschreiben. In einem komplexen DV-System sind die vielen Einflußfaktoren genau zu berücksichtigen, um eine einigermaßen reale Planung durchführen zu können. Die MIPS Zahl alleine kann sich als ein großer Trugschluß erweisen.

Gehen wir jetzt auf die konkreten Probleme der Performance ein. Bevor wir das tun, sollten wir uns die Speicherverwaltung eines Betriebssystems vor Augen führen.

12.1 Speicherverwaltung

Mangelware Nummer eins in einem modernen Rechner ist der physische Speicher (Real Storage, realer Hauptspeicher). Auch in den Zeiten der Miniaturisierung kostet heutzutage der reale Speicher immens viel Geld. Jeder, der eine CPU planen und letztendlich kaufen muß, wird sich sehr genau überlegen, wieviel Speicher nötig ist.

Auf der anderen Seite stehen Anwendungen, die auf genau dieser CPU laufen sollen und deren Speicherverbrauch weit über den des real vorhandenen hinausgeht.

Die Entwickler der Betriebssysteme haben sich daher eine Technik überlegt, die den Speicher, der für die Anwendungen zur Verfügung steht, schier unermeßlich scheinen läßt. Das Zauberwort heißt "virtueller Speicher" ("virtual storage"). Wir haben im **Kapitel 2** von der Virtualisierung der realen Welt gesprochen und dort die Abbildung einer realen CPU auf eine logische (virtuelle) CPU besprochen. Der Speicher hat uns da noch weniger interessiert. Wir haben dort mehr die Virtualisierung der Betriebsmittel, insbesondere der externen Geräte einer CPU besprochen.

Doch auch der Speicher wird virtualisiert. Nehmen wir einen Rechner mit 1 Megabyte Speicher. Das Betriebssystem ist, nehmen wir an, 200K groß. Es bleiben folglich 800K für die Anwendungen übrig. Das Betriebssystem ist so komfortabel, daß es mehrere Anwendungen gleichzeitig bedienen kann. Sie haben den Bedarf, auf dem Rechner Programme zu laden, die 1600K Speicher benötigen. Die schlichte Antwort lautet: Das ist nicht möglich - wenn die Entwickler des Betriebssytems nicht den virtuellen Speicher vorgesehen hätten.

Was sich dahinter verbirgt, ist eigentlich ganz einfach. Der reale Hauptspeicher ist sehr teuer und deshalb knapp. Der magnetische Speicher auf einer Platte ist fast unendlich groß und billig vorhanden. Alles was zu einem bestimmten Zeitpunkt im Hauptspeicher nicht benötigt wird, muß auf der Platte abgelegt werden, und schon steht wieder immens viel Platz für neue Anwendungen bereit. Allerdings läßt sich das nicht unbegrenzt fortführen, denn die Daten, die sich auf der Platte befinden, sind ja keine Anwendungsdaten, sondern ein Programmcode, der zur Ausführung im Speicher stehen muß. Irgendwann muß der Kode also wieder zurück in den Speicher, denn nur darauf hat die CPU Zugriff.

Wie Sie sehen, gibt es ein reges Hin und Her zwischen dem Hauptspeicher und dem externen Speicher. Um zu entscheiden, was hinaus auf die Platte soll und was nicht, muß der Speicher in organisatorische, vom Betriebssystem verwaltbare Abschnitte eingeteilt werden. Ein solcher Abschnitt ist eine Speicherseite (engl. Page). Im VM ist eine Page 4K groß. Das heißt, zwischen dem Hauptspeicher und dem externen Speicher werden immer 4096 Byte hin- und hertransportiert.

Transport heißt natürlich SIO. SIO heißt Start I/O, ein privilegierter Befehl, und er bedeutet Übertragung von 4096 Bytes vom Hauptspeicher über den Kanal zur Plattensteuereinheit und letztendlich natürlich auf die Magnetplatte. Bei einem Pageout und bei einem Pagein wird jeweils ein SIO durchgeführt. Ein Programm, das dem Paging unterliegt, verursacht also mindestens 2 SIOs pro 4K, die "gepaged" werden müssen.

Um SIOs zu sparen und nicht nur 4K pro Pageout bzw. Pagein übertragen zu können, gibt es in den großen Betriebssystemen die Swap-Technik (nicht in VM/SP, erst ab VM/HPO). Swap heißt nichts anderes, als nach zusammenhängenden Speicherseiten zu suchen, die bereit zum Paging sind. Diese Anzahl Seiten ergibt die Swapsetsize, und der Verbund der pagebaren Seiten ergibt den Swapset. Wieviele Speicherseiten zu einem Swapset zusammengefaßt werden, ist zunächst den Empfehlungen für ein Betriebssystem zu entnehmen. Messungen, wie der Swap-Speicher verwendet wird, geben später Auskunft für Korrekturen. Die Anzahl ist auch abhängig vom verwendeten

Plattenspeichertyp. Mein Erfahrungswert liegt bei der Verwendung von 3380-Platten bei 9 Speicherseiten für einen Swapset.

12.2 Der Hauptspeicher in der /370 Architektur

Ich will hier nicht auf die speziellen Merkmale der /370 Speicherorganisation mit Zero-Page, feste Interruptadressen etc. eingehen, sondern die Speicheraufteilung einer /370 CPU mit VM bzw. VM/HPO erklären. Die IBM 43xx Modellreihe hat in den meisten Installationen reale Speichergrößen von meist 16 oder 32 Megabyte. Sicher gibt es Abstufungen nach unten und oben. 16 MB ist auf alle Fälle eine feste (maximale) Größe, denn das Betriebssystem VM kann nicht mehr realen Speicher verwalten oder besser gesagt, adressieren. Das liegt aber nicht am VM, sondern die 16MB-Grenze ist durch die /370-Architektur bestimmt. Im PSW, dem Programmstatuswort, sind nur 24 Bit zur Aufnahme der Adresse des nächsten auszuführenden Befehls reserviert. Das PSW in der /370-Welt ist der Befehlszeiger oder Instructionpointer. Dieser Ausdruck wird bei Microprozessoren verwendet und ist daher vieleicht bekannter als das PSW. Im PSW ist natürlich noch mehr als die Adresse des nächsten Befehls gespeichert.

Erst in der /370-XA Architektur (XA heißt extented architecture) ist die 16MB-Grenze gesprengt, dort stehen zur Adressierung 31 Bit (nicht 32!) zur Verfügung; damit kann ein Adreßraum von 2 Gigabyte oder 2048 Megabyte angesprochen werden. Liest man die Datenblätter der modernen Mikroprozessoren (80386, 80486), sind die 2 Gigabyte der XA-Technik schon wieder wenig.

Wenn man heute informiert wird, daß ein OS/2, das neue Betriebssystem der Personalcomputer, 4-5 Megabyte vorhandenen Speicher benötigt, damit Anwendungsprogramme einigermaßen vernünftig laufen können, sind doch 16 Megabyte auf einem Großrechner wenig. Sicher sind hier die Taktzyklen und die externen Speicherzugriffe wesentlich schneller. Aber auch die Programme auf dem Großrechner explodieren in ihrer Größe. Die früheren, ausgefeilten Assemblerprogramme werden weniger; immmer modernere Programmiersysteme werden eingesetzt, die immer größeren Speicherbedarf haben. 16 Megabyte sind in der heutigen Zeit also kaum noch ausreichend.

Sehen wir uns jetzt das **Bild 5** (Anhang G) an, es skizziert den Hauptspeicher, den virtuellen Speicher und den Speicher für das Paging.

Wir sehen den realen Speicher mit den maximal möglichen 16 Megabyte. Davon gehen einige Kilobyte für das VM-System und für einige feste Speicherbereiche, die durch die Architektur bestimmt sind, ab.

12.2.1 Der VM Systemkern (Nucleus)

Ein Bereich ist im **Bild 5** (Anhang G) eingezeichnet, es ist der "nonpagable" Bereich des VM-Betriebssystemkerns, also die Routinen, die nicht dem Paging oder Swapping unterliegen. Es ist klar, daß die wichtigsten Systemroutinen im realen Hauptspeicher verbleiben müssen, so z.B. der Scheduler (wir kommen noch darauf) und alle Routinen, die mit Paging (und/oder Swapping) zu tun haben. Swapping erwähne ich hier im Vorgriff, denn in Bezug auf **Bild 5** gibt es noch kein Swapping. Bei der Systemgenerierung des VM kann man bestimmen, welche Module im nicht-pagebaren und im pagebaren Bereich des Speichers liegen sollen. Es gibt eine Reihe von Routinen, die nicht aus funktionalen Gründen im nicht-pagebaren Bereich liegen, sondern aus Gründen der Performance. So gibt es Empfehlungen, welche Routinen vom pagebaren Bereich in den nicht-pagebaren Bereich zu übernehmen sind, beim Einsatz von einer bestimmten Software, so z.B. VTAM oder auch Systeme zur Gewährleistung der Sicherheit (RACF, ALERT/VM, etc.). Zu beachten ist aber, je mehr Routinen im nicht-pagebaren Bereich des Hauptspeichers angesiedelt werden, um so weniger Platz bleibt für die Anwendungen. Unter Umständen wird dann dort ein Mehr an Paging verursacht. Die Nucleus-Größe ist stark abhängig von der Konfiguration der gesamten Anlage, insbesondere vom Umfang der Peripherie.

Wir halten also fest, daß vom gesamt verfügbaren realen Hauptspeicher für den Betrieb der Anwendungsprogramme (hierzu zählen auch die Gastbetriebssysteme) ein Teil wegfällt, der dem VM und der Architektur vorbehalten ist.

12.2.2 Der Hauptspeicher für die Anwendungen (DPA)

Der Speicher zwischen der variablen Grenze des nicht-pagebaren Nucleus-Bereichs und der 16 Megabyte-Grenze ist von den Anwendungsprogrammen, die unter der Steuerung des CP laufen, belegbar. In der VM Literatur wird dieser Bereich die "dynamic paging area" (DPA) genannt. Die Größe der DPA wird nicht in Bytes, sondern in Seiten (Pages) zu je 4k gemessen. Eine Page ist die kleinste vom Pagingmechanismus bearbeitbare Einheit. Die Speicherverwaltung führt Buch über die Benutzung der einzelnen Speicherseiten, das CP ist also jederzeit darüber informiert, welche Seiten ein gerade laufendes Programm enthalten, welche Seiten Kandidaten für das Paging sind und welche Seiten frei sind. Die Routinen der Speicherverwaltung haben also viel zu tun, um die entsprechenden Tabellen fortlaufend zu berechnen.

12.3 Der virtuelle Speicher

Im **Bild 5** sehen Sie auf der rechten Seite den virtuellen Speicher. Durch die Fähigkeit, den realen Speicher durch Paging so zu vergrößern, ist es tatsächlich möglich, Programme ablaufen zu lassen, die zusammen - sagen wir - meinetwegen 60 Megabyte beanspruchen. Warum kann Paging überhaupt stattfinden? Um diese Frage zu beantworten, müssen wir uns verdeutlichen, wie ein Programm vom Prozessor abgearbeitet wird. Dazu machen wir einen Schnappschuß vom Speicherinhalt und analysieren ihn. Wir frieren sozusagen den Speicher ein. Der Inhalt, den wir dort sehen, gilt genau für die Zeit, die die CPU braucht, um den gerade laufenden Befehl auszuführen. Nehmen wir an, während unserer Blitzlichtaufnahme ist die CPU gerade mit einem MOV-Befehl beschäftigt. Der Befehl kopiert eine Anzahl Bytes (max. 255) von einem Speicherplatz zu einem anderen. Nehmen wir weiter an, unser Programm ist mit seinen Datenbereichen kleiner als 4k, es paßt also in eine Page des Hauptspeichers. Zum Zeitpunkt der Befehlsausführung muß die Speicherseite aktiv sein, d.h. sie ist als benutzt ("inuse") gekennzeichnet. Sie kann ein Kandidat für das Paging werden, wenn unser Programm z.B. einen Datensatz von der Platte liest, den SIO (start I/O) abgesetzt hat, und auf die Rückantwort wartet. In dieser Zeit kann unser Programm nicht weiterlaufen, es muß also nicht unbedingt im Speicher stehen. Es kann sein, daß in der Zeit der I/O Bearbeitung die Speicherseite auf den Page-Speicher (siehe **Bild 5**) ausgelagert wird. Kommt die Antwort auf den SIO, muß die Page erst wieder in den Hauptspeicher kopiert werden, damit das Programm die Ausführung wieder aufnehmen kann.

Wie sieht es aber aus, wenn unser MOV-Befehl Teil eines Programmes ist, das einige Megabyte groß ist? Das Programm belegt im Speicher einige hundert Pages. Welche Seiten müssen aktiv sein? Nun, das ist eigentlich ganz einfach: Es muß genau die Seite aktiv sein, die den MOV-Befehl enthält, und ebenfalls die Seiten, die die Daten enthalten. (Es kann sich unter Umständen auch nur um eine Seite handeln, denn die Daten können nur 255 Byte groß sein; die Anordnung der Daten im Speicher kann natürlich weiter als 4k auseinanderliegen, dann sind es zwei Seiten). Das riesengroße Programm benötigt also zur Ausführung des MOV-Befehls von den einigen hundert maximal drei Seiten. Alle anderen können auf den externen Paging-Speicher ausgelagert sein. Der Pagingalgorithmus ist natürlich etwas intelligenter und kennzeichnet nicht grundsätzlich den kompletten Rest an Speicherseiten, die gerade nicht gebraucht werden, als pagebar. Er führt eine Art Statistik, aus der ersichtlich ist, welche Seiten bezogen auf die vergangene Zeit am wenigsten angesprochen wurden (LRU-Algorithmus "last-recently-used"). Es wird also gefragt, welches die älteste, nicht referenzierte Seite ist? Andere Algorithmen können das Verfahren noch unterstützen (LFU-Algorithmus "last frequently used"). Über diese Themen gibt es lange theoretische Abhandlungen in der Grundlagenliteratur. Das Ergebnis dieser Berechnungen ist die Größe des "Working-Set", also die Anzahl Seiten, die für einen bestimmten Anwender im Speicher gehalten werden müssen.

Wieviel Seiten von einem großen Programm im Speicher bleiben, hängt auch von der gesamten Speicherauslastung ab und davon, wie das zentrale Steuerorgan des VM, der Scheduler, den einzelnen Anwendern die CPU zuteilt. Hier gibt es Vorrangregeln (Prioritäten), Längenbegrenzungen, bezogen auf die Zeit, wie lange ein Programm also die Prozessorleistung in Anspruch nehmen kann.

Wenn wir unser **Bild 5** noch einmal ansehen, ist anzunehmen, daß der Paging-Speicher ziemlich frequentiert ist, denn 60 Megabyte in weniger als 16 Megabyte ablaufen zu lassen, ist eine beachtliche Leistung für die Speicherverwaltung. Kommt es soweit, daß keine freie Seite im Speicher mehr gefunden wird, also alle als "inuse" gekennzeichnet sind, müßte das System eigentlich stehenbleiben, denn beim Pagein müssen immer freie Seiten aufgefunden werden. Diese Seiten werden deshalb wieder in den Speicher geholt, weil sie unmittelbar vor der Prozessorzuteilung stehen. Sind tatsächlich nicht genügend freie Seiten vorhanden, wird die Speicherverwaltung zum Dieb. Sie bedient sich bei den Programmen, die aktiv im Speicher stehen, nimmt also Seiten, die für dieses Programm unbedingt benötigt werden. Dies hat zur Folge, daß ein Programm unterbrochen wird. Die Seiten werden auf den externen Speicher verlagert, und das zur Bearbeitung anstehende Programm bekommt die freiwerdenden Seiten zugeteilt. Im VM-Jargon spricht man vom "Stealing". Die Stealing-Rate ist eine Zahl, die besonders beachtet werden sollte. Der INDICATE Befehl liefert diesen Wert. Es können trotz Paging noch gute Antwortzeiten herrschen, aber sie sind garantiert schlecht wenn Stealing überhaupt auftritt.

Wir haben schon einige Male erwähnt, daß 16 Megabyte nicht übermäßig viel sind. Die IBM hat sich auch bemüht, mehr anzubieten, man kann im VM auch 32,48,64 oder noch mehr Megabyte betreiben. Wie das funktioniert, soll jetzt Gegenstand unserer Betrachtung sein.

12.4 Der Hauptspeicher ist größer als 16 Megabyte

Um auf einer CPU mehr als 16 Megabyte zu nutzen, ist für das VM ein Zusatz (eine Option) notwendig, das HPO. HPO steht für High Performance Option, vom Namen her also ein Instrument, das eine höhere Leistungsfähigkeit bringt. Zwei Aufgaben fallen dem HPO zu: zum einen, mehr als 16 Megabyte Hauptspeicher zu nutzen, zum anderen, mehr als einen Prozessor zu betreiben. Uns soll die Hauptspeicherverwaltung interessieren. Oft, und nicht nur in der Managementebene, wird dem HPO zugeschrieben, es könne mehr als 16 Megabyte adressieren. Wir haben nichts von der XA-Technik erwähnt, wir betreiben immer noch eine Maschine mit der /370-Architektur ohne den Zusatz -XA. Die Adressierfähigkeit bleibt also auf 16 Megabyte begrenzt. Wie aber läßt sich der Speicher oberhalb 16 Megabyte benutzen?

Die Frage ist nicht so leicht zu beantworten, denn die Systemliteratur behandelt das Thema lediglich mit 16 Zeilen. Der Speicher größer als 16 Megabyte wird als "Extended Storage" bezeichnet, also ein Erweiterungsspeicher, aber nicht als direkt adressierbarer Speicher, sondern, so lese ich es aus den dürftigen Informationen, als ein sehr schneller Paging-Storage. Die IBM widerspricht mir zwar, aber ich bleibe dabei, denn ein Satz der besagten 16 Zeilen lautet: *"Before CP can work with a virtual machine page in the greater than 16 Mb area, that page is moved to the less than 16 Mb area"* (aus VM/SP HPO CP for System Programming, Seite 118, Form-Nr. SC19-6224-7).

CP verwaltet zwar den Bereich > 16 Megabyte, als sei es eine DPA, führt also auch die Paging-Algorithmen durch, doch zum Zeitpunkt der Ausführung z.B. unseres oben genannten MOV-Befehls, muß die entsprechende Seite im Hauptspeicherbereich unterhalb der 16 Megabyte Line sein.

Für VSE-Anwender, die ihr VSE unter VM betreiben, kommt noch eine wesentliche Einschränkung hinzu. Die Speicherverwaltung des VSE verwendet einen Speicherschutzschlüssel für 2k Pages. In den genannten 16 Zeilen steht auch, daß der Speicher über 16 Megabyte nur von Systemen verwendet werden kann, mit einem Storagekey von 4k. Gerade VSE-Systeme sind meistens virtuelle Maschinen mit einem hohen Speicherbedarf.

Bleiben wir beim VM und betrachten **Bild 6** im Anhang G. Es unterscheidet sich geringfügig von **Bild 5**. Sie sehen den auf 32 Megabyte vergrößerten Hauptspeicher und den externen Speicher für das Swapping. Zwischen der DPA < 16 Megabyte und der DPA > 16 Megabyte ist ein großer Pfeil in beiden Richtungen eingezeichnet. Er soll verdeutlichen, daß die Speicherseiten zur Ausführung in den unteren Bereich transportiert werden müssen. Während des Ladevorganges eines Programms werden Speicherseiten im Bereich > 16 Megabyte belegt. Die Abbildung des virtuellen Speichers habe ich auf 16 Megabyte begrenzt eingezeichnet, es liegt also keine Änderung gegenüber **Bild 5**.

12.5 Swapping

Eine Fähigkeit des HPO ist das Swapping. Was ist darunter zu verstehen? Swapping nutzt die Wahrscheinlichkeit aus, daß im Speicher häufig pagebare Seiten anzutreffen sind, die direkt nebeneinander liegen. Wir haben bereits festgestellt, daß Paging immer Platten-I/O bedeutet und daß beim normalen Paging eben immer 4k große Blöcke zwischen dem Hauptspeicher und dem Plattenspeicher ausgetauscht werden. Eine I/O-Operation kann aber auch mehr als 4k transportieren. Wenn mehrere Pagingbereiche zusammenkommen, könnten sie in einem Arbeitsgang zur Platte transportiert werden. Beim Swapping werden also eine bestimmte Anzahl Seiten zu einem Swap-Set zusammengefaßt und mit einem I/O auf den externen Speicher geschrieben bzw. von dort geholt. Swap- und Pagebereiche sind auf den Platten getrennt. Ein Swap-Bereich kann nicht als Page-Speicher verwendet werden und umgekehrt. Swap- und Pagebereiche sollten auch nicht auf einer Platte (Spindel) liegen, damit eine gegenseitige Beeinflussung von Schreib-/Lesebewegungen (Seek) ausgeschlossen wird.

12.6 Die performance-empfindlichen Bereiche des VM

Performance-Einbußen, das heißt geringer Durchsatz (entweder lange Antwortzeiten oder lange Batch-Verweilzeiten) ist meistens durch ungünstiges I/O-Verhalten beeinflußt. In den seltensten Fällen ist der Engpaß wirklich die CPU, die MIPS-Rate. Wir haben schon viel von Paging und Swapping gesprochen. Daß ein großer Working-Set erhöhtes Paging verursacht und damit der Speicherengpaß zu einem I/O-Problem werden kann, muß bedacht werden.

Die Pagingraten müssen sehr sorgfältig überwacht werden, um ein ungünstiges Verhalten schnellstmöglich zu registrieren. Oft ist man völlig perplex, weil sich die I/O Raten plötzlich verändern, ohne daß die Anwendungen sich verändert hätten. In solchen Fällen ist beispielsweise eine rechenintensive Anwendung hinzugekommen, die erhöhtes Paging verursacht und damit mehr I/Os.

Sollten Sie mit einer Performanceanalyse konfrontiert werden, beginnen Sie mit der Auswertung der I/O-Daten. Stellen Sie fest, wo auf den Platten die I/O-intensiven Bereiche (Daten- wie Systembereiche) angelegt sind und wie sich diese beeinflussen können. Ein allgemeingültiges Rezept gibt es da nicht, man muß wirklich die individuelle Installation betrachten. Doch bestehen einige Grundregeln, die beachtet werden sollten und die wir jetzt besprechen wollen.

Zuvor jedoch noch ein Wort zur Zeit der Armbewegung (Schreib-/Lesebewegung, SEEK) bei Plattenspeichern. Sie wissen, wie die Daten auf Plattenspeichern organisiert sind, Sie kennen die Einteilung in Spuren und Zylinder. Und - Sie wissen auch - daß einer der größten Zeitfaktoren die Spanne ist, die der Arm mit den Schreib-/Leseköpfen benötigt, um sich von einem Zylinder zum anderen zu positionieren. Die Speicherkapazitäten der Platten sind heute sehr groß, aus Performancegründen kann dies aber gegebenenfalls auch negativ sein. Wenn man nämlich hochfrequentierte Bereiche auf einer Platte ungünstig anlegt, können ungeheuere Performanceverluste auftreten.

Häufig werden Platten, beginnend beim Zylinder 1, der Reihe nach für die einzelnen Userids belegt, ohne weiter über deren Gebrauch nachzudenken. Die am meisten frequentierten Bereiche einer Platte sollten in die Mitte gelegt werden. Page- und Swap-Bereiche sind solche hochfrequentierten Plattenbereiche. Hat man z.B. einen Pagebereich in der Mitte definiert, sollte man nicht den Fehler machen und Anwenderdateien jetzt von Zylinder 1 beginnend, oder vom höchsten Zylinder aus abwärts zu belegen. Datei für Datei sollte gleichmäßig um den hochfrequentierten Mittenbereich gelagert werden. Der Grundsatz möge gelten: "Je weniger frequentiert, desto weiter nach außen".

Sich gegenseitig beeinflussende Bereiche haben auf dem gleichen Plattenlaufwerk nichts zu suchen. Günstige Konstellationen sind z.B. Source-Minidisks oder andere Minidisks, die nur zum Installations- oder Wartungszeitpunkt für ein bestimmtes Programmprodukt benötigt werden, zusammen mit einem Paging- oder Swapping-Bereich auf einer Platte. Idealzustände werden in den seltensten Fällen erreichbar sein, aber gute Kompromisse sind unabdingbar.

Ein Hinweis für VSE-Anwender: Die VSE-Systemresidenz (IJSYSRS), also die Minidisk, auf die der VSE-IPL erfolgt, liegt grundsätzlich auf dem Zylinder 1. Meistens werden für VSE sogenannte "Full-Pack"-Minidisks verwendet, das sind Minidisks, die sich über eine ganze reale Platte erstrecken. Wenn das zutrifft, kommt die hochfrequentierte VSE-Residenz auf den Außenbereich der Platte zu liegen. Es ist zu vermeiden, daß andere I/Os auf dem Rest der Platte ausgeführt werden. Hier sollte geprüft werden, ob die VSE-Residenz nicht auf eine eigene Minidisk gelegt wird und diese Minidisk wieder an der Mitte einer realen Platte positioniert wird.

VSE hat noch einige andere Tücken, was die Performance angeht, z.B. das Lockfile für das Plattensharing, das POWER-Queue-File, eigenes Paging bei VAE, um nur einige Stichworte zu nennen. Darauf einzugehen, würde den Rahmen sprengen, obwohl es sehr interessant ist.

Kehren wir zum VM zurück und stellen wir die Bereiche fest, die die Performance beeinflussen.

12.6.1 Paging Bereiche

Die Effizienz wird davon beeinflußt, wieviele Bereiche für das Paging im System verfügbar sind, wie groß die einzelnen Bereiche sind und wie sie auf den Platten positioniert sind. Viele kleinere Bereiche sind günstiger als ein großer. Je größer ein Page Bereich ist, umso größer ist auch der Verwaltungsaufwand und damit die Suchzeit, bis eine bestimmte Page gefunden wird.

12.6.2 Spooling Bereiche

Wir haben im **Kapitel 6.5** das Spooling besprochen. Die UR-Einheiten sind heute nicht mehr physisch vorhanden, jede virtuelle CPU hat ihren eigenen Reader, Puncher und Printer. Die Datenbestände müssen natürlich auf Platten gespeichert werden. Das geschieht aber nicht auf den Minidisks der jeweiligen Userid, sondern das VM verwaltet diese Dateien für alle Userids gemeinsam in einem speziell reservierten Bereich. Ist viel Spooling zu erwarten, wird dieser Bereich zu einem hochfrequentierten Bereich und ist dementsprechend günstig zu positionieren. Besonders dann, wenn alle definierten Paging Bereiche voll werden, versucht das CP den Spooling Bereich zum Paging zu verwenden. Das sollte natürlich durch entsprechende Redefinition der Paging Bereiche vermieden werden.

Wenn es möglich ist, sollten Page- und Spool-Bereiche nicht zusammen auf einer Platte liegen, aber das wird nicht immer zu realisieren sein. Es muß wirklich analysiert werden, wie hoch der Spooling Bereich tatsächlich frequentiert ist. Einen Page- und einen Spool-Bereich zusammenzulegen, ist immer noch besser, als zwei Page Bereiche und zwei Spool Bereiche auf eine Platte zu positionieren.

12.6.3 Das VM Directory

Im Directory sind, wie wir bereits wissen, alle User mit allen Minidisks und allen permanenten LINKs verzeichnet. Beim LOGON, beim LINK etc. wird im Directory nach einem gültigen Eintrag für einen User gesucht. Je nach deren Häufigkeit, d.h. Anzahl der Userids, kann der Directory-Bereich hochfrequentiert sein. Seine Positionierung auf der Platte liegt auf der Hand. Mit dem Directory Bereich ist nicht die Minidisk mit dem Sourcefile des VM Verzeichnisses gemeint, sondern der Bereich, der beim Onlinesetzen des Verzeichnisses beschrieben wird. Es ist ein speziell für das Directory allokierter Bereich.

12.6.4 Der VM Checkpoint Bereich

Im Checkpoint Bereich merkt sich das CP den Zustand von Spoolfiles während der Bearbeitung. CP ist damit in der Lage, z.B. eine abgebrochene Übertragung eines Listfiles auf einen Drucker wiederaufzusetzen, es wird eine Spoolfile-Recovery durchgeführt. Je nach Spoolingindensität kann die Ckeckpoint Area zu einem hochfrequentierten Bereich werden.

12.6.5 Der VM Warmstart Bereich

In diesem Bereich werden systemabhängige Parameter bei einem ordnungsgemäßen Systemabschluß gespeichert (SHUTDOWN). Nur zu diesem Zeitpunkt wird die Warmstart Area beschrieben und kann auf der Platte an den Rand verbannt werden. Beim Warmstart des Systems (der Normalfall) wird dieser Bereich gelesen.

12.6.6 Der VM Nucleus Bereich

In diesen Plattenbereich wird der Nucleus zur Zeit der Generierung geschrieben und nur zum Zeitpunkt des Systemstarts gelesen. Während des Betriebs erfolgt kein Zugriff auf diesen Plattenbereich, er kann also auch an den Rand der Platte gelegt werden.

12.6.7 Die CMS System Minidisk und Help-Files

Die Userid MAINT ist Inhaber der CMS Systemplatte, einer Minidisk mit der Adresse X'190'. Jeder CMS Benutzer hat diese Minidisk im Zugriff, und jeder CMS User greift auch lesend auf diese Minidisk zu, ohne daß es ihm vielleicht bewußt ist. Je nach Anzahl der CMS Benutzer ist diese Minidisk stark frequentiert und verdient einen performancegünstigen Mittenplatz auf der realen Platte. Ähnliches gilt für die zentrale Minidisk mit allen Helpfiles, für das CP, CMS und alle Anwenderprogramme. Je nachdem wie häufig die Anwender vom Hilfesystem Gebrauch machen, kann sich eine solche Platte auch performancemindernd auswirken.

12.6.8 CMS Filedirectory im Speicher

Seit dem Release 5 des VM gibt es die Möglichkeit, das Dateiverzeichnis einer Minidisk im Speicher zu halten. Das ist für hochfrequentierte R/O Minidisks von Vorteil. Die Help-Minidisk ist ein diesbezüglicher Kandidat. Mit dem SAVEFD-Kommando (save Filedirectory) wird das Directory in ein Shared Segment geschrieben. Damit haben alle CMS Benutzer nach dem IPL Zugriff auf den festgelegten Speicherbereich. Das Auffinden des entsprechenden Hilfefiles wird dadurch um ein vielfaches beschleunigt.

12.7 Kanalbelegung

Nehmen wir an, Sie haben Ihre Dateien nach den obigen Regeln optimal verteilt, und dennoch bemerken Sie keine spürbare Verbesserung des Durchsatzes. Sie sollten sich von dem technisch Verantwortlichen einen Konfigurationsplan des Gesamtsystems aushändigen lassen. Achten Sie darauf, daß der Plan auch wirklich den letzten gültigen Stand hat und nicht etwa veraltet ist. Der richtige Konfigurationsplan ist unter anderem die Basis für die Performanceanalyse und einen sauberen Rechenzentrumsbetrieb.

Hat man an Plattensteuereinheiten gespart und im Laufe der Zeit immer mehr Platten an eine Steuereinheit angeschlossen, so kann dies ungünstig sein, denn die Steuereinheiten haben meist nur zwei Kanalanschlüsse (oder mit Zweikanalschalter 4 Anschlüsse). Alle I/Os laufen so nur über zwei oder vier Kanäle zu den Platten. Wenn eben sehr viele Platten hinter der Steuereinheit hängen, wird der Kanal zwischen CPU und Plattensteuereinheit zum Engpaß. Diese vertikale Plattenanordnung ist ungünstig. Besser ist die horizontale Organisation. Dies erfordert natürlich genügend freie Kanäle und mehr Plattensteuereinheiten. Eine reine Kostenfrage!

Betreibt man eine Zweiprozessormaschine, ist es ohnehin sinnvoll, auch zwei Plattensteuereinheiten einzusetzen. Jeder Prozessor betreibt einen eigenen Satz von Kanälen. Würde man dabei nur einen Prozessor an die Plattensteuereinheit anschließen, muß jeder I/O, der eigentlich vom anderen Prozessor ausgeführt werden könnte, zu dem Prozessor übertragen werden, der die Steuereinheit bedienen kann.

12.8 VM Queues und VSE

Über Performance zu reden und die VM Queues nicht zu erwähnen, ist eigentlich unmöglich. Denn wenn man eine genaue Erklärung versucht, muß man weit in die internen Vorgänge des Schedulers vordringen, und das ist nur für einen kleinen Kreis der Leser wirklich interessant. Geht man zu oberflächlich heran, sind diese interessierten Leser enttäuscht. Ich möchte einen Mittelweg versuchen. Wir sprechen in diesem Kapitel ja von Performance, und ich stelle mich auf den Standpunkt, das VM Queue Management nur soweit erklären zu müssen, wie es aus Performancesicht nötig ist.

Zudem möchte ich noch den Bezug zum VSE herstellen, weil nicht allgemein bekannt ist, wie sich die VM Queues gegenüber einer VSE Userid verhalten.

Doch was sind die VM Queues? Sehen wir uns dazu das **Bild 7** im Anhang G an. Sie sehen von oben nach unten in drei Stufen die internen VM Tabellen "Eligible List", "Run List" und "Dispatch List" skizziert. Die "Dispatch List" und die "Run List" zusammen ist im allgemeinen Jargon die VM Queue. Mit dem Befehl INDICATE QUEUES oder INDICATE POSITION kann der Inhalt dieser Queue abgefragt werden. Befindet sich eine Userid im "RUN"-Status, d.h. ein Prozessor führt Befehle für die Userid aus, wird die Userid in die "Dispatch List" eingereiht. In Monoprozessormaschinen gibt es eine "Dispatch List", in Dualprozessormaschinen gibt es zwei "Dispatch Lists", also eine pro Prozessor. Wenn eine Userid in den "Running"-Status übergeht, muß das CP entscheiden, in welche "Dispatch List" der User eingereiht wird. Per SET AFFINITY Befehl kann man eine Userid mit einem Prozessor fest verbinden (auch durch einen Eintrag im VM Directory). Dann wird diese Userid grundsätzlich nur von dem zugeordneten Prozessor bedient. Man kann so z.B. die I/Os, die diese Userid verursacht, fest an eine Kanalgruppe binden. Das kann sinnvoll sein, wenn die Platten unsymetrisch angeschlossen sind. Stellt man keine Prozessorbindung her, balanciert das HPO die beiden Prozessoren so aus, daß eine möglichst gleichmäßige Belastung der Prozessoren entsteht.

Von der "Dispatch List" gehen die Userids in eine Art Parkposition in die "Eligible List". Sie verweilen dort, bis der Scheduler wieder Zeit hat, die erforderlichen Daten für die Userid neu zu berechnen, um sie dann in die eigentliche "Run List" wieder einzureihen.

Statt "Run List" sprechen wir jetzt nur noch von der Queue, genauer von drei Queues, von drei Warteschlangen. Wir unterscheiden die Queue Q1, Q2 und Q3. In welche der drei Queues eine Userid einzureihen ist, berechnet der Scheduler nach einem komplizierten Algorithmus.

Userids in der Q1 werden als "interactive" betrachtet, sie bekommen den Prozessor im kürzestmöglichen Intervall, dafür aber auch sooft wie möglich. Stellen Sie sich die 1000 Bildschirme vor, die von einer CICS Anwendung bedient werden. Die CPU wird eigentlich nur dazu gebraucht, die Terminaldaten vom Bildschirm zur Anwendung und wieder zurück zu bringen. Eine interaktive Arbeitsweise bedeutet, der Prozessor wird nur kurz, aber relativ oft benötigt.

Userids in der Q2 sind "non-interactive", sie bekommen achtmal seltener die CPU, aber dafür achtmal länger. Für eine CICS Anwendung ist dies schon ein sehr ungünstiger Umstand.

Userids in der Q3 sind "super compute bound"-Maschinen, also reine Zahlen-fresser. Diese bekommen achtmal weniger die CPU zugeteilt als die Q2 User (oder 64 mal seltener als die Q1 User), aber dann achtmal länger als die Q2 User (oder 64 mal länger als die Q1 User).

Der Rechenalgorithmus des Schedulers zur Entscheidung, in welche Queue eine Userid nun eingeordnet wird, hat in Bezug auf eine VSE Userid einen schweren Fehler. Er betrachtet eine VSE Userid grundsätzlich als Q3-Kandidat. Es war in früheren Zeiten vielleicht richtig, als in VSE Maschinen fast nur Batchjobs liefen. Mittlerweile gibt es in VSE Userids aber auch viele interaktive Anwendungen, und man muß zwingend dafür sorgen, daß diese VSE Userids nicht in der Q3 landen. Die Antwortzeiten wären sonst katastrophal.

Erst seit dem Release 4 gibt es einen SET QDROP Befehl, mit dem man für eine bestimmte Userid anordnen kann, ob sie in alle drei Queues, in Q1 und Q2 oder nur in Q1 eingereiht werden kann. Der Parameter zum SET QDROP Befehl heißt NOQ3 oder NOQ2. In frühen Auslieferungen des Releases 4 funktioniert der Befehl nicht, kontrollieren Sie genau, ob der Befehl auch wirkt. Wenn man sich traut, kann man durch eine Source-Code-Änderung des Schedulers die Queue 3 komplett abschalten. Wenn man das Release 5 benutzt, ist diese Maßnahme aber etwas übertrieben.

Seien Sie aber vorsichtig, grundsätzlich alle VSE Userids, in denen eine CICS Anwendung läuft, in die Q1 zu verbannen. Denken Sie an VTAM oder andere hochaktive Userids, die unter Umständen noch Vorrang vor einer CICS Userid haben können. Ordnen Sie VTAM der Q1 zu und eventuell ein Produktions-CICS. Alle restlichen interaktiven User sind mit der Q2 gut bedient. Vermeiden Sie aber auf alle Fälle die Q3.

Durch wiederholte Eingabe des INDICATE POS Befehls können Sie sehr gut kontrollieren, in welchen Queues sich Ihre Userids aufhalten.

Normalerweise zeigt der INDICATE Befehl auch an, wenn sich eine Userid in der "Eligible List" befindet. Selbst bei voller Auslastung des Rechners ist es mir noch nicht gelungen, jemals eine Anzeige zu bekommen, daß sich ein User in der E-Queue befindet. Ich ziehe daraus den Schluß, daß entweder der INDICATE Befehl in dieser Beziehung fehlerhaft ist, oder das von mir beobachtete System, sprich der Scheduler, hat einen gravierenden Fehler. Der Hersteller IBM hat dieses Phänomen registriert, aber bisher nicht weiter kommentiert.

Wenn nie ein User in der E-Queue beobachtet wird, heißt das ja, daß der Scheduler immer genügend Zeit hat, die Daten zur Entscheidung, in welche

Queue (1,2 oder 3) die jeweilige Userid einzureihen ist, zu berechnen. In Zeiten, zu denen das System mit 200% (bei zwei Prozessoren) ausgelastet ist, bezweifle ich das sehr stark.

Alle Userids kämpfen dann zu sehr um die Q1-Q3, es findet ein brisanter Verdrängungswettbewerb statt, der zur Folge hat, daß die Stealing-Rate äußerst stark ansteigt. Genau dies habe ich beobachtet. Alle Anstrengungen, das Stealing zu senken bzw. ganz auszuschließen, scheiterten.

12.9 Performance-Messung

Mit diesem letzten Abschnitt schließe ich das Kapitel Performance ab. Das Buch soll nicht zu einem Leitfaden für Systemprogrammierer werden, eine breite Schicht von Lesern, die mit VM in irgendeiner Art zu tun haben, sollen die Adressaten sein. Sie sollen wissen, was unter dem wichtigen Begriff Performance zu verstehen ist. Sie sollen damit in die Lage versetzt werden, ihr Antwortzeitproblem sachlich und nicht nur gefühlsmäßig zu artikulieren. Die Verbindung von VSE und VM haben wir ein paarmal erwähnt, aber bei weitem nicht erklärt. Jeder Versuch, die eine oder andere Richtung weiter zu vertiefen, würde meine Zielsetzung überschreiten.

Ich schließe das Kapitel nicht ab, ohne auf den wichtigen Aspekt der Performancemessung einzugehen.

Performancemessung und Festhalten von Kennzahlen zur Abrechnung der Dienstleistung des Rechenzentrums sind zwei Paar Stiefel, das verwechseln viele. Der Wirtschaftler interessiert sich für die Kennzahlen, der Techniker für die rein technischen Meßdaten. Die Kennzahlen für die Abrechnung gehen meist aus einem Teil der technischen Daten hervor. Jeder Rechenzentrumsleiter legt andere Schwerpunkte für die Abrechnung. Dazu müssen die entsprechenden Nutzungsdaten, bezogen auf einen bestimmten Bildschirm, verfügbar sein. Wenn es sich um die Batchverarbeitung handelt, muß der Bezug zu einem Job hergestellt werden. Doch woher kommen diese Daten?

Hat man die Art der Abrechnung festgelegt, kann man spezifizieren, welche Meßmethode eingesetzt werden soll. Jedes Betriebssystem liefert in irgendeiner Form Meßdaten, nur muß man abwägen, ob man seine Kennzahlen daraus ableiten kann. Meist ist dies nicht der Fall, deshalb müssen geeignete Meßinstrumente eingesetzt werden. Das VM liefert auch Daten zur Abrechnung der Leistung (accounting records), nur sind diese Daten in den meisten Fällen zu pauschal. Nehmen wir an, unter dem VM laufen mehrere VSE User, und in diesen wiederum ein oder mehrere CICS-Anwendungen. Der Bildschirmnutzer, der die Rechenleistung bezahlen soll, kommuniziert natürlich mit dem CICS. Um Meßdaten für den Bildschirm zu bekommen, muß ein Meßinstrument innerhalb des CICS bemüht werden. Die globalen VM-Daten sind aber genauso wichtig, denn der Anteil, den das System für sich selbst benötigt, ist die Differenz der globalen Daten und der Summe der genauen Daten, bezogen auf die Bildschirme. Diese Differenzleistung muß allen Nutzern quasi als Grundgebühr auferlegt werden.

Die Meßinstrumente zur Erfassung der Kennzahlen laufen meist permanent im System mit und benötigen selbst auch die Leistung der CPU, sie erhöhen also die Belastung und sind dafür verantwortlich, daß die Performance beeinträchtigt sein kann. Solche Meßsysteme können manchmal sehr aktiv sein; je nach Parameterisierung müssen sie eine Unmenge von Daten sammeln. Man muß genau überlegen, welche Daten wichtig sind und welche unterdrückt werden können. Kennzahlen werden meistens im Monatsrythmus ausgewertet, die Meßinstrumente arbeiten den Monat über als reine Datensammler.

Anders sieht es aus, wenn wir reine Performancedaten gewinnen wollen. Hier sind die globalen Daten im ersten Schritt ausreichend, um Engpaßsituationen festzustellen. Stellt man fest, daß das Problem in einem Untersystem liegt, muß man dort weitermessen, wieder mit dem globalen Instrument, bezogen auf das jeweilige Subsystem, also z.B. zuerst das VSE und dann das CICS.

Bleiben wir aber beim VM und sehen uns an, welche Daten uns das System selbst liefern kann.

12.9.1 VM Meßdaten

Im VM gibt es drei Quellen, die Performancedaten liefern:

- INDICATE Befehl

- MONITOR Befehl

- QUERY Befehl

Diese drei Möglichkeiten sind im System fest implementiert und müssen nicht extra installiert werden. Beginnen wir mit dem QUERY Befehl. Mit diesem Befehl lassen sich eine Menge von Systemdaten anzeigen, u.a. eben auch Performancedaten, speziell mit der Abfrage QUERY SRM ... Zu jedem QUERY gibt es auch einen SET Befehl mit den entsprechenden Parametern. So kann man beispielsweise die Priorität einer Userid verändern, man kann für eine Userid eine Anzahl Speicherseiten reservieren, so daß diese nicht mehr dem Paging unterliegen, man kann dafür sorgen, daß eine Userid bevorzugt wird bei der Prozessorzuteilung usw. Sie merken, daß man performancebeeinflussend eingreifen und somit das Systemverhalten steuern kann.

Der INDICATE-Befehl ist eine besondere Art des QUERY. Damit lassen sich noch tiefergehende Systemdaten anzeigen, so z.B. die aktuelle Prozessorleistung in Prozent, die Anzahl I/Os für eine bestimmte Userid, die Pagingrate, die Swaprate, die Stealingrate. Der INDICATE-Befehl bringt eigentlich die Daten aus den verschieden Steuerblocks des Systems, bezogen auf einen bestimmten Anwender oder bezogen auf das Gesamtsystem zur Anzeige. Zum INDICATE-Befehl gibt es kein Gegenstück wie der SET beim QUERY.

Mit den beiden Befehlen QUERY und INDICATE lassen sich die Daten zu einem bestimmten Zeitpunkt abfragen, das Ergebnis erscheint auf dem Bildschirm. Man kann damit aber keine Trendanalyse, keine Langzeitmessung durchführen. Dazu benötigt man einen Datensammler, der für eine bestimmte Zeit eingeschaltet wird und der den Auftrag hat, ganz bestimmte Daten, die für die nachfolgende Analyse notwendig sind, auf einem Speichermedium, sei es ein Magnetband oder eine Spoolingdatei, abzulegen. Das VM liefert dazu den VM-Monitor. Er wird per Befehl (MONITOR-Befehl) aktiviert und wieder desaktiviert. Man kann auswählen, ob man Terminal I/Os oder SEEKS messen oder allgemeine Performancedaten gewinnen will. Der Monitor schreibt dann seine Datensätze meistens auf ein Magnetband. Hat man die Messung beendet, verweist die IBM auf ihr extra zu bezahlendes Auswerteinstrument der Monitordaten, den VMMAP. Unter Umständen ist der IBM-SE bereit, die Daten auszuwerten und die Protokolle zu liefern. Will man das nicht, denn Performancedaten können schützenswerte Firmendaten sein, bleibt dem Kunden keine andere Wahl, als das Produkt VMMAP zu kaufen oder zu mieten.

So fair war die IBM aber schon, die Monitorsätze detailliert in der Literatur zu beschreiben. Ein findiger REXX-Programmierer ist damit in der Lage, die Sätze zu lesen und die für ihn interessanten Datenfelder zu dekodieren und lesbar zu machen.

12.9.2 Perfromance Monitore als Ergänzung

Die im letzten Abschnitt genannten Datenquellen sind sicherlich ausreichend. Tritt aber eine Störung auf, benötigt man sehr schnell einen Gesamtüberblick über das Systemverhalten. Dieser Überblick ist mit den oben genannten Methoden nur sehr schwer zu bekommen. In fast jeder Installation

ist deshalb ein Performance Monitor anzutreffen. Mit seiner Hilfe ist es
möglich, meist in schönen bunten Grafiken, die verschiedensten Daten abzu-
rufen, vergleichbar der Fieberkurve eines Patienten im Krankenhaus. Obwohl sich viele vielleicht gegen den Vergleich sträuben, aber wie der Arzt bei
einem Akutpatienten alle möglichen technischen Meßinstrumente anschließt,
um an lebenswichtige Daten so schnell wie möglich zu kommen, so werden
bei einer Systemstörung an einem Rechner auch die "lebenswichtigen" Daten
abgerufen. In beiden Fällen können damit sehr schnell die "wiederbeleben-
den" Maßnahmen eingeleitet werden.

In einem verantwortlich geführten Rechenzentrum sind Performance Moni-
tore ein unabdingbare Notwendigkeit. Viele Manager sehen das zwar nicht
ein, denn der Nutzen läßt sich nicht so leicht in bare Münze umrechnen.

Ich möchte hier keine Hersteller nennen, aber es gibt sehr gute Produkte auf
dem Markt. Eine Empfehlung ist hier jedoch angebracht. Wenn Sie beabsich-
tigen, nicht nur einen Performance Monitor für das VM in Betrieb zu nehmen, sondern vielleicht auch einen Monitor für das CICS, so entscheiden Sie
sich bitte für *einen* Hersteller. Bei etwaigen Unstimmigkeiten in den gelieferten Zahlen haben Sie auf diese Weise einen Ansprechpartner, der sich nicht
darauf herausreden kann, das jeweilig andere System liefere falsche Daten,
nur das eigene sei fehlerfrei.

Kapitel 13

VM im Rechnerverbund

Hacker, Computernetze, Computerviren und die damit verbundene Wirtschaftskriminalität ist heute dank der Medien in aller Munde und erzeugt beim Computerlaien zumindest Unbehagen und eine negative Meinung zum elektronischen Rechner. Ich will hier nicht darüber diskutieren, inwieweit tatsächlich Schäden verursacht wurden, vielmehr sollen die populären Schlagworte die Aufmerksamkeit auf die Vernetzung der Computer richten.

Denn eines dürfte klar sein, ein Rechner, völlig von der Außenwelt abgeschottet (die Stromversorgung ausgenommen), kann unmöglich in irgendeiner Weise "angezapft" werden. Wie soll jemand von seinem Hacker-Zimmer, viele Kilometer von seinem Zielobjekt entfernt, Verbindung aufnehmen können? Die Voraussetzung ist eine Einrichtung, die dazu bestimmt ist, Daten von einem Rechner zu einem anderen zu übertragen oder mit einem Bildschirm weit entfernt vom Rechenzentrum, ein Anwendungsprogramm aufzurufen und damit z.B. einen Bestellvorgang auszulösen.

Sind mehrere Rechner eines Konzerns, einer Firma oder einer Organisation in dieser Art und Weise miteinander verbunden, spricht man von einem Computernetz oder einem Rechnerverbund. Es ist unbestreitbar, je größer diese Netze werden, umso unüberschaubarer werden sie und umso mehr Schlupflöcher für den unberechtigten Zugang zum Netz kann es geben. Besonders gefährlich wird es, wenn ein Rechenzentrum eines großen Konzerns Verbindungen zu Rechnern fremder Firmen hat. Denn die Rechnerverbindungen der Fremdfirmen sind erst recht nicht mehr kontrollierbar.

Wie ist nun so ein Rechnernetz aufgebaut? Jeder Rechnerhersteller bietet für den physikalischen Aufbau eines Rechnernetzes die entsprechenden Geräte wie Vorrechner (37xx bei IBM), Modems etc. an. Die Vorrechner gibt es meistens in zwei Ausführungen, einmal als Kanalgeräte und einmal mit Remoteanschluß, also über Datenleitung. Das Modem (ein Kunstwort aus MOdulator/DEModulator) ist der Übergabepunkt der Leitung an das öffentliche Netz, in Deutschland also an die Post.

Die Post ihrerseits bietet die verschiedensten Leitungsdienste an, um die Kundenanforderungen möglichst kostengünstig zu befriedigen. So werden

Rechnerverbindungen fast ausschließlich aus Standleitungen bestehen. Diese Leitungen werden von der Post fest verschaltet und können über das Wählleitungsnetz nicht erreicht werden. Die Leitungen können verschiedene Übertragungsgeschwindigkeiten (gemessen in Baud, also Bit pro Sekunde) haben, was sich natürlich in der Gebühr niederschlägt.

Wenn nur gelegentliche Datenübertragungen nötig sind, können Wählleitungen eingerichtet werden. Hier erfolgt die Datenübertragung über das normale Telefonnetz. Ein Außendienstmitarbeiter kann auf diese Weise z.B. seine den Tag über gesammelten Bestelldaten mit seinem tragbaren PC an die Zentrale übertragen. In wenigen Minuten ist die Sache erledigt, und der nächste Mitarbeiter kann dieselbe Leitung benutzen. Hier liegt natürlich die größte Gefahrenquelle für den unberechtigten Zugang zu einem Rechnersystem.

Aber dennoch sind dem Mißbrauch nicht Tür und Tor geöffnet, es gibt immer noch Passwörter. Auch wird man nicht alle Anwendungen an dieser Leitung zur Verfügung stellen, sondern eben nur diejenigen, die von den Mitarbeitern draußen benötigt werden. Wenn das nicht reicht, gibt es die Möglichkeit der Rückrufeinrichtung. Das heißt, die Leitung wird nur dann aktiviert, wenn der richtige Mitarbeiter am richtigen Telefon sitzt, beispielsweise in einem Außendienstbüro der Firma. Damit ist sichergestellt, daß nur von dem Telefon in diesem Büro die Verbindung zum Rechner aufgebaut werden kann. Der Benutzerkreis ist damit drastisch eingeschränkt, etwaiger Mißbrauch wird leichter nachweisbar.

Die genannten Leitungsarten bzw. Dienste der Post sind hier nicht komplett erwähnt. DATEX-P, DATEX-L und viele andere Arten der Leitungsverbindungen sind von der Post anmietbar. Es ist dabei darauf zu achten, daß die entsprechenden Anforderungen an die Software und an die Hardware geprüft werden, ob sie für den gewünschten Postdienst ausreichend installiert sind.

Aber es ist nicht nur Physik für ein Computernetz nötig, sondern auch Logik, sprich Software. Vor der Software allerdings mußten in den verschiedensten internationalen Gremien Regeln und Protokolle erarbeitet werden, damit eine Kommunikation der Rechner möglich wurde, auch zwischen Rechnern verschiedener Hersteller. Bis heute wird daran gearbeitet.

IBM als größter Rechneranbieter schafft es immer wieder, seine Ideen und damit auch Produkte als Quasistandards durchzusetzen. Die umsatzschwächeren haben dann das Problem, ihre Systeme an die IBM Systeme anzupassen, zumindest Schnittstellen zu schaffen. Das gilt nicht nur für das Netzwerkthema.

Dieses Buch beschäftigt sich mit der IBM Welt, und die IBM Idee zur Vereinheitlichung der Netzwerkstrukturen heißt SNA. Wenn ein IBM-Kürzel mit "A" endet, verbirgt sich dahinter meistens der Begriff "Architecture". Damit ist eine Art Gesetzbuch gemeint, in dem Regeln und Verfahrensweisen zur Verwirklichung eines bestimmten Themas festgeschrieben sind. Die IBM macht dieses Gesetzbuch öffentlich, und alle anderen Anbieter tun gut daran, sich danach zu richten, wenn sie im jeweiligen Markt mitmischen wollen.

SNA heißt Systems Network Architecture und ist kein Programmprodukt, sondern das IBM Gesetzbuch zur Regelung des Datenverkehrs zwischen (IBM)Rechnern. Die jüngste "Architecture" heißt SAA (Systems Application Architecture). In diesem Gesetzbuch ist fixiert, wie sich Anwendungsprogramme auf dem Bildschirm darzustellen haben und wie sie ggf. untereinander kommunizieren. Auch SAA ist kein Produkt, sondern ein Regelwerk. Viele Softwareanbieter preisen ihre Produkte mit dem Attribut "SAA-konform" an.

Mit Gesetzbüchern wird natürlich kein Geld verdient, die Regeln müssen sich in Produkten niederschlagen. Die SNA Regeln hat IBM in seinen Programmprodukten VTAM (Virtual Telecommunication Access Method) und NCP (Network Control Program) verwirklicht. Die SAA Programme stehen noch aus.

Will man also ein Netzwerk auf einem IBM Rechner installieren, benötigt man neben den bereits genannten Geräten auch die Programme VTAM und NCP. NCP nur dann, wenn man einen Vorrechner betreibt, denn das NCP ist das Betriebssystem im Netzwerkrechner 37xx. Das lediglich vorangestellte "N" vor "CP" soll auf keinen Fall eine Verwandschaft zum CP des VM darstellen, es sind grundsätzlich verschiedene Systeme. Das Programm VTAM wird auf dem Host installiert. Eine virtuelle VSE Userid unter VM ist im Netzwerksinn auch ein eigenständiger Host. Wir kommen noch darauf zurück, wie VTAM im VSE integriert ist. Bleiben wir zunächst aber beim VM.

13.1 VTAM im VM

VTAM wurde zuerst in den großen Betriebssystemen MVS und VSE implementiert. Mit groß sind hier eher die Installationszahlen gemeint. Zum anderen haben beide das Timesharingsystem CICS gemeinsam, und CICS-Bildschirme können unter VTAM-Steuerung angeschlossen werden. Sehr viele Anwendungen laufen eben im CICS unter MVS oder VSE.

Erst mit dem Release 4 wurde VM SNA-fähig, was heißt, daß erst ab diesem
Release ein VTAM für VM zur Verfügung stand. Bis es soweit war, kochte
lange Zeit die Gerüchteküche, VM sei tot, es gibt keine Weiterentwicklung.
Aber mittlerweile haben sich die Releasezahlen verdoppelt.

Nach dem aufmerksamen Studium der vorangegangenen Kapitel können wir
uns an fünf Fingern abzählen, wie das VTAM im VM eingebettet ist. Natürlich haben Sie richtig geraten: als virtueller Rechner, wie jeder andere CMS-
Rechner auch. Falls Sie Ihre Antwort genau so formuliert haben, ist nur der
erste Teil richtig. Ein virtueller Rechner wird im VM-Directory definiert.
Das IPL Statement hat aber nicht das CMS als Systemnamen, sondern das
GCS.

13.1.1 Das Trägersystem GCS

Mit dem VM Release 4 wurde das Group Control System (GCS) geschaffen
und ganz unabhängig von irgendwelchen Netzwerkprodukten beschrieben.
Das GCS stellt einen eigenen Supervisor dar, der eine Gruppe von virtuellen
Rechnern steuern kann. Diese Rechnergruppe ist in der Lage, im Speicher
sehr schnell Daten untereinander auszutauschen. Der GCS Supervisor setzt
sich hier gewissermaßen über die Reglementierung des CP hinweg. Dafür hat
das GCS eine eigene Speicherverwaltung für seine Gruppenmitglieder. Für
mich ist das GCS eine abgespeckte Version des MVS Supervisors und eindeutig darauf abgestimmt, die fehlenden SNA Netzwerkprodukte für VM
verfügbar zu machen. Auf diese Weise waren wahrscheinlich nur geringfü-
gige Änderungen im bestehenden VTAM Code nötig, um ihn mit Hilfe des
GCS im VM zu betreiben. Ein weiteres Indiz für die etwas halbherzige Im-
plementierung des VTAM im VM ist das VSCS (VM SNA Console Support)
der Nachfolger des VCNA (VTAM Communications Network Application).
Es ist ein eigenes Programm (das VSCS ist in der VTAM/VM Lieferung
enthalten) nötig, um das VM dem VTAM als Anwendung bekannt zu
machen. Ich frage mich, ob eine elegantere Verbindung von VM, GCS,
VTAM und VSCS in den nächsten Releases nicht angeraten wäre.

Das Spoolingsystem RSCS haben wir schon kennengelernt. Mit dem Release
4 wurde auch RSCS SNA-fähig und damit Gruppenmitglied in der GCS
Gruppe, in der VTAM beheimatet ist.

Halten wir also fest: Das GCS ist im Lieferumfang des VM enthalten und
muß nicht installiert werden, wenn kein Netzwerk betrieben werden soll. Die
Installation beschränkt sich auf die Bereitstellung der entsprechenden Minidisks für den Object- und Runtime-Code, sowie einen Bereich für das Shared
Segment. Mit der Installations-EXEC SPGEN kann dann der GCS Nucleus

gebildet, sprich das Shared Segment geladen werden, von dem aus dann mit IPL gestartet wird.

Die Shared Segment Grenze wird bei der Standard-Installation auf 8 Megabyte gelegt. Installiert man dann VTAM, bricht VTAM nach dem IPL mit häßlichen ABEND Codes (abnormal end codes) ab. Man verifiziert seine Parameter und findet eigentlich keinen brauchbaren Hinweis. Die Lösung des Problems liegt in der Speicheraufteilung. Die virtuelle Maschine für das VTAM wird mit 10 Megabyte definiert. Nachdem der GCS Nucleus bei 8 Megabyte liegt, kommt es zu einer Überlagerung im Speicher. Vor der VTAM Installation oder spätestens vor dem ersten IPL muß der GCS Nucleus auf 10 Megabyte verschoben werden. Wie das funktioniert, steht im Anhang des VM Installation Guide. Es sind lediglich zwei kleine CMS Dateien anzulegen, in denen die neuen Speichergrenzen stehen. Die neuen Dateinamen sind in der Lade-EXEC für die Nucleus-Generierung gegen die bestehenden Namen auszutauschen. Danach ist der Nucleus neu zu generieren.

Um den GCS Supervisor zu aktivieren, muß eine Userid zur Speicherwiederherstellung (Garbage collection) definiert und online sein. Beim VM-IPL kann diese Userid hochgefahren werden. Achten Sie darauf, daß dieser Userid nichts passiert, denn ein LOGOFF oder FORCE ist das Ende Ihres kompletten Netzes.

13.2 VTAM im VSE

Die grundsätzliche Aufteilung des VSE in Partitionen zur Aufnahme von Programmen, die parallel nebeneinander laufen können, dürfte klar sein. Ebenso, daß das VSE Spoolingsystem POWER zur Bedienung der einzelnen Partitionen in der ersten Foreground Partition F1 mit der höchsten Priorität läuft. Kommt nun VTAM hinzu, wird die VTAM Startphase einfach in der nächsten freien Partition (meistens im F2) gestartet. In einer Online-Maschine wird das POWER wenig zu tun haben, das VTAM wird hier natürlich mit der höchsten Priorität laufen.

So wie man an der VSE Konsole VSE Kommandos und POWER Kommandos eingibt, so kommuniziert man auch über die Konsole mit dem VTAM. Das VSE-VTAM ist viel enger mit dem VSE verknüpft als das VM-VTAM mit dem VM.

Beim VSE/VAE-Konzept liegt das VTAM, wie auch das POWER, außerhalb der Adreßräume. Eine VAE Maschine enthält also ein VTAM bei mehreren CICS in verschiedenen Adreßräumen.

Befindet sich in einer VSE Maschine ein CICS, ist auch kein weiteres Produkt (Programm) nötig, um beide miteinander bekannt zu machen, so wie zwischen dem VM-VTAM und VM das VSCS erforderlich ist. Stimmen die VTAM- und CICS-Definitionen, übernimmt das VTAM die Steuerung der Bildschirme und Drucker für das CICS, ungeachtet dessen, wo der Bildschirm oder Drucker physikalisch angeschlossen ist. Das kann in einem anderen Rechenzentrum, tausende Kilometer entfernt oder gar auf einem anderen Kontinent sein.

Der Anschluß von Geräten (Devices) an ein VSE System ist an die systemlogischen Einheiten gebunden, und deren Anzahl ist auf 256 begrenzt. Wenn man sich ein CICS System mit vielen Dateien vorstellt, bleibt der Rest von 256 minus der Anzahl Dateien als maximale Anzahl von Bildschirmen und Druckern übrig. VTAM sprengt diese Grenze. So ist es also möglich, in VSE Installationen ein VTAM anzutreffen, ohne daß das Rechenzentrum mit einem anderen Rechner verbunden ist. Der Vorrechner 37xx fehlt dann auch und damit auch das NCP.

Aber auch ohne Anschluß an das Postnetz kann eine 37xx installiert sein, denn wenn das Firmengelände groß ist, können die Terminalsteuereinheiten (z.B. 3174-xxx) verteilt sein, um die Koaxverkabelung klein zu halten. Die Verbindung von 37xx zu den Terminalsteuerungen kann dann über Inhouse Modemstrecken oder über Tokenring realisiert werden.

Sie sehen, es gibt viele Varianten, und es sollte gründlich geplant werden.

13.3 Die Verbindung VTAM/VM und VTAM/VSE

Aus der Netzwerksicht sind das VM mit einem VTAM und ein oder mehrere virtuelle VSE-Rechner mit jeweils einem VTAM auf der gleichen physikalischen CPU mehrere logische Hosts. Ein Medium zur Verbindung von mehreren physikalischen Rechnern in einem Rechenzentrum ist die Kanal-zu-Kanal-Einheit (Channel-to-Channel-Adapter oder CTCA). Es ist eine physische Kanalverbindung, die über VTAM gesteuert wird, der Datentransfer läuft dabei mit Kanalgeschwindigkeit. Remoteleitungen liegen im Bereich von 9600 Bit pro Sekunde (bis derzeit 64 kBit/s), die Kanalgeschwindigkeiten liegen bei 3 Megabit pro Sekunde - ein gewaltiger Unterschied.

Diese physische Verbindung ist im VM logisch abgebildet, es gibt den virtuellen CTCA zwischen Userids unter einem CP. Dafür wird lediglich im VM Directory einer jeden Userid, die über einen virtuellen CTCA kommunizieren sollen, eine virtuelle Adresse mit einem Gerätetyp 3088 (der Gerätetyp des physikalischen CTCA) definiert. Im VTAM wird auf jeder Seite ein

Majornode für einen CTCA mit den virtuellen Adressen hinterlegt. Aus VTAM Sicht verbirgt sich dahinter eine Leitung, die einer gewöhnlichen Remoteleitung über das NCP gleicht.

Voraussetzung für den Leitungsaufbau ist, daß natürlich die entsprechenden Userids angemeldet sind und die Betriebssysteme laufen. Einer der beiden Partner, die miteinander über den virtuellen CTCA reden sollen, muß das CP Kommando COUPLE abgeben. Mit diesem Kommando wird der virtuelle CTCA geschaltet. In der realen Welt würde das dem Einstecken des Kanalkabels in den Partnerrechner entsprechen.

Nach dem erfolgreichen COUPLE Kommando können die beiden VTAMs ihre Leitungen über den virtuellen CTCA aktivieren. Stimmen dazu noch die VTAM Pfade, gehen die beiden VTAM Subareas in Session. Damit ist der Kommunikationspfad zwischen zwei VTAM-Rechnern betriebsbereit. Auf der einen Seite kann dann z.B. das VTAM im VM stehen, und auf der anderen Seite das VTAM in einem virtuellen VSE-Rechner.

In den alten VSE Releases wird der virtuelle CTCA noch nicht unterstützt, im VSE/SP 3.1.1 läuft er. Inwieweit die Unterstützung im VSE/SP 2.x gegeben ist, entzieht sich meiner Kenntnis.

13.4 VTAM und NCP

Für den Anschluß des Rechenzentrums nach außen muß mindestens ein Netzwerkvorrechner vom Typ 37xx, also 3720, 3745 in den entsprechenden Modellierungen vorhanden sein, und zwar als Kanalgerät an einer bestimmten physischen Kanaladresse. Über diese Adresse erfolgt die Kommunikation zwischen einem VTAM auf der CPU. Das kann das VTAM im VM sein, aber auch ein VTAM in einem VSE-Rechner. Da das VM näher an der realen Welt ist als ein virtueller VSE-Rechner, wird man die physische Adresse dem VTAM im VM bekanntgeben.

Da eine 37xx ein eigenständiger Spezialrechner ist, der darauf getrimmt ist, VTAM-Informationsblöcke sehr schnell und sicher zu transportieren, benötigt er auch ein Betriebssystem. Wie wir aus früheren Betrachtungen wissen, verwalten Betriebssysteme die Ressourcen eines Rechners. Die Ressourcen eines 37xx-Rechners sind auf der Kanalseite die Kanalein- und -ausgabeeinheit und auf der Leitungsseite die Leitungsprozessoren. Zur Pufferung der Daten und für das Betriebssystem selbst hat der 37xx-Rechner natürlich auch noch einen Hauptspeicher. Das System, das diese Ressourcen verwaltet, heißt Network Control Program (NCP).

Jedes Betriebssystem muß installiert, angepaßt und generiert werden. Dies geschieht mit einem Hilfsprogramm, dem SSP (System Support Programs). In dieser extra kostenpflichtigen Programmsammlung ist der spezielle Assembler zur Umwandlung des NCP-Codes enthalten. Daneben gibt es Hilfsmittel zur Analyse der VTAM Traces.

Mit dem SSP werden also die NCP Definitionen generiert und als LOADLIB auf einer Minidisk zur Verfügung gestellt. Schließt man eine 37xx an das Stromnetz an, wird, wie bei anderen Rechnern auch, der Mikrocode geladen. Danach wartet die 37xx auf das NCP. Beim Aktivieren des VTAMs werden die gleichen NCP-Definitionen, nur nicht als Objekt- sondern als Quellencode, dem VTAM zur Verfügung gestellt. Über die physische Kanaladresse wird in der 37xx nachgefragt, ob ein NCP bereits geladen ist. Wir nehmen an, daß dies nicht der Fall ist. Demnach lädt das VTAM beim Aktiv-setzen des NCP-Majornodes den Objektcode aus der LOADLIB in die 37xx und dort in den Speicher. Dieser Vorgang kann etwas dauern. Bei neueren 37xx Modellen kann das NCP auch auf eine Festplatte in der 37xx gespeichert werden. Nach einem Stromausfall kann das NCP damit sofort wieder aktiviert werden. Der Ladevorgang durch das VTAM entfällt dadurch.

13.4.1 System Network Interconnection (SNI)

Alle VTAM Namen in einem Netzwerk müssen eindeutig sein. Diese Forderung kann bei großen Netzen mit vielen Rechnern (physischen wie virtuellen, denn sie sind ja aus Netzwerksicht gleichgestellt) unerfüllbar werden. Diese Unerfüllbarkeit hat zwei Gründe: Erstens ist es sehr schwierig, bei vielen beteiligten Rechenzentren Konfigurationsänderungen gleichzeitig durchzuführen und die eindeutigen Namen zu gewährleisten. Es handelt sich also um einen mehr organisatorischen Hinderungsgrund. Zweitens verbirgt sich hinter den VTAM Namen natürlich ein Adressierungsproblem. In Abhängigkeit davon, wieviel VTAM Subareas (sprich wieviel VTAMs und NCPs) im Netz beteiligt sind, kann die Adressierbarkeit eingeschränkt sein. Das bedeutet, daß die Anzahl der Bildschirme, Drucker, Leitungen, etc. limitiert sein kann.

Diese beiden gewaltigen Nachteile sind durch SNI (System Network Interconnection) aufgehoben worden. Nehmen wir einmal an, unser fiktiver Konzern betreibt 10 Rechenzentren, und in jedem sind im Schnitt 4 VTAM Subareas aktiv. 40 VTAM- und NCP-Definitionen sind an unterschiedlichen Orten absolut verträglich zu pflegen. Mit der SNI-Technik kann man nun die Subareas in jedem Rechenzentrum zu einem eigenständigen SNA-Netz erheben. So wie wir bisher mehrere VTAMs in einem SNA-Netz verbunden haben, können wir jetzt mehrere SNA-Netze zu einem SNI-Verbund zusammenschließen. Jetzt hat nicht jedes VTAM und NCP eine Subarea-Nummer, sondern nur noch jedes Netz. Welche und wieviele Subarea-Nummern dann in den einzelnen SNA-Netzen vergeben werden, ist für die anderen beteiligten Netze belanglos.

In einem SNA-Netz, das zu einem SNI-Verbund gehört, übernimmt <u>ein</u> VTAM und <u>ein</u> NCP die Gateway-Funktion, also eine Brückenfunktion vom eigenen SNA-Netz in den SNI-Verbund. Man spricht auch vom Gateway-NCP und vom Gateway-SSCP (SSCP = System Services Control Point). Das SSCP ist mit dem entsprechenden VTAM gleichzusetzen; oder sagen wir so: VTAM ist der laienhafte Ausdruck, SSCP ist die Fachsprache.

Was in einem SNI-Verbund über alle Standorte eindeutig sein muß, sind die Gateway-Definitionen. Dies ist aber nicht aufwendig, und Änderungen sind nur nötig, wenn ein weiteres SNA-Netz dazukommt. Wenn Ihr Chef nicht von der Manie befallen ist, eine Firma nach der anderen aufzukaufen, dürfte das nicht allzuoft vorkommen.

Achten Sie wieder auf die Release-Stände, denn nur die neueren VTAM Ausgaben sind SNI-fähig.

13.5 Ein Beispielnetzwerk

Nachdem Sie so geduldig waren und soviel Theorie über sich ergehen ließen, wollen wir jetzt in die Praxis einsteigen. Aber glauben Sie mir: das, was ich Ihnen an Theorie geboten habe, ist nicht einmal ein Zehntel dessen, was man beherrschen sollte, um ein VTAM- Netzwerk zu unterhalten.

In diesem fünften Abschnitt des Kapitels wollen wir ein Netzwerk beschreiben. Es enthält auch ein Gateway-SSCP und ein Gateway-NCP. Das Netz selbst ist auf zwei physische CPUs verteilt in dem ein NCP, zwei SSCPs im VM und vier SSCPs im VSE definiert sind. Eine CPU enthält nur VM-Anwendungen, die andere CPU betreibt die VSEs unter VM.

13.5.1 Zwei Rechner im Verbund

Betrachten wir die Bilder 8 und 9 im Anhang G. Sie zeigen die grundsätzliche Konfiguration der beiden physischen Rechner bezogen auf das Netzwerk. Führen Sie sich in beiden Bildern erst einmal das CP vor Augen. Es umschließt alle Softwarekomponenten und ist Bindeglied zur Peripherie (Kanäle).

Im linken Teil der beiden Bilder sehen Sie jeweils das Group Control System (GCS) als Betriebssystem für das VTAM und seine Komponenten. Im A-Rechner läuft unter Steuerung des GCS das Gateway SSCP. Zusammen mit dem Gateway NCP ist das VTAM im A-Rechner die Verbindung zu den anderen SNA-Netzen im SNI-Verbund.

Als Spoolingsystem für die Listenverteilung und den Filetransfer läuft auf beiden Rechnern jeweils ein RSCS.

Im rechten Teil von Bild 8 sehen Sie, stellvertretend für mehrere virtuelle VSE-Rechner, eine VSE-Userid eingetragen. Es ist die Speicheraufteilung in Partitionen angedeutet. Sie sehen, das VTAM im VSE und das CICS laufen in getrennten Partitions. Alle Partitionen zusammen mit dem Supervisor sind (virtuell) 16 Megabyte groß.

Die VSE/VTAMs kommunizieren mit dem VM/VTAM über virtuelle CTCs. Das CP sorgt hier für die Verbindung von getrennten virtuellen Rechnern.

Die Verbindung von A- und B-Rechner hingegen ist über einen physischen CTC realisiert. Die physischen Adressen des CTC sind im VM-Directory-Eintrag dem jeweiligen VM/VTAM zugeordnet. Über einen CTCA-Majornode gehen beide Subareas in Session.

Im B-Rechner existiert kein VSE. Dort gibt es nur VM-Anwendungen, wie z.B. SQL/DS. So reicht dort ein VTAM aus. Dieses VTAM hat die Aufgabe, über das VSCS, das im VTAM integriert ist, das VM netzwerkfähig zu machen.

13.5.2 Der Netzwerk-Vorrechner 37xx

Wie wir schon wissen, gibt es zur Bedienung der Datenfernleitungen einen Spezialrechner, bei der IBM vom Typ 37xx. Das xx steht für 05, 20, 25 und 45. In unserem Beispielnetzwerk wird der Typ 3720 als Kanalmaschine verwendet.

Wie wir im Bild 10 im Anhang G sehen, ist jeder Rechner mit einem Kanal an die 3720 angeschlossen. Die Kanaladressen kennt wiederum das jeweilige VTAM. Jedes VM/VTAM kann so direkt mit der Außenwelt kommunizieren. Sollte der physische CTCA einmal ausfallen, existiert damit auch eine Ersatzverbindung der beiden Rechner. Das NCP fungiert in diesem Fall als Brücke. Es schließt gewissermaßen die beiden Kanaleingänge der 3720 kurz.

Das NCP ist das Spezialbetriebssystem in einem 37xx-Rechner. Es regelt den Datenverkehr zwischen den Postleitungen und den entsprechenden VTAM-Anwendungen.

13.5.3 Die Terminalsteuereinheiten

Im Bild 8 ist links unten eine Einheit mit der Bezeichnung 3174 eingezeichnet. Dieser Kasten soll eine Terminalsteuereinheit symbolisieren. Ähnlich wie die 37xx-Einheiten Spezialrechner zur Bedienung der Postleitungen sind, so benötigt man zum Anschluß der Bildschirme an einen IBM-Host ebenfalls einen Vorrechner. In den 3174-Geräten läuft aber kein Betriebssystem vom Format eines NCP, jedoch Software, die man aber eher der Firmware zuordnet. Es ist ein konfigurierbares Mikroprogramm.

Jede 3174-Einheit kann 32 Bildschirme mit jeweils 5 Sessions parallel bedienen (MLT-Support, mehrfach logische Bildschirme). Mit einer Taste kann man am Bildschirm von einer Session zur anderen springen. Aus VTAM-Sicht ist ein MLT-Bildschirm nicht ein Bildschirm, sondern fünf getrennte Definitionen.

Der Anschluß der 3174-Einheiten an den Kanal ist eine Möglichkeit von vielen. Die Kanaladresse wird wieder dem VTAM bekannt gemacht, und es erhält die Definitionen für die Bildschirme an der Steuereinheit (LU-Definitionen).

Eine andere Möglichkeit des Anschlusses ist, die 3174-Einheit nicht als Kanalmaschine zu bestellen, sondern mit einem seriellen V.24-Stecker. So kann die Einheit über ein Modem mit einer Leitung der 37xx verbunden werden. Der Vorteil liegt darin, daß das 3174-Gerät irgendwo auf dem Betriebsgelände aufgestellt werden kann. Es kann auf diese Weise möglichst nah bei den Bildschirmen postiert werden. Die 32 Koaxkabel bleiben damit möglichst kurz.

Die nächste Variante der 3174-Anbindung ist, die 37xx Einheit mit einem Tokenring-Adapter auszurüsten. Die 3174-Geräte sind dann statt mit V.24-Stecker mit einem Tokenring-Anschluß zu bestellen. Die Tokenring-Verkabelung ist beliebig über das Firmengelände zu verlegen. Überall wo eine Bildschirmkonzentration auftritt, kann eine 3174 plaziert werden.

Noch eine Variante ist denkbar: Die Einspeisung in einen Tokenring kann nicht nur über eine 37xx erfolgen. Für die 3174 Kanalmaschine gibt es ebenfalls einen Tokenring-Adapter, über den andere 3174-Geräte mit Tokenring-Anschluß versorgt werden können. Man nennt dies ein 3174-Tokenring-

Gateway. Die Leistungsfähigkeit ist hier natürlich nicht so hoch wie bei einem 37xx-Tokenring-Adapter. Aber bei kleineren Netzen (5-7 3174 an einem Gateway) ist dies eine preislich sehr gute Alternative.

13.5.4 Die VTAM-Anwendungen

Wenn man sich über SNA unterhält, muß man wissen, was VTAM-Anwendungen (Applications) sind. Nicht jedes Programm kann ein VTAM-Programm sein. VTAM-Anwendungen haben die Eigenschaft, mit vielen Bildschirmen gleichzeitig kommunizieren zu wollen und, damit sie dies können, verwenden sie die Möglichkeiten der Zugriffsmethode VTAM.

Beispiele für VTAM-Anwendungen sind Systeme wie das CICS, das IMS, das TSO. Aber auch das VSCS ist ein VTAM-Programm. Wie wir wissen, wird das VM durch das VSCS SNA-fähig. Auch das RSCS verwendet für seine Spooling-Aufgaben VTAM-Dienste.

VTAM selbst erfährt von seinen Programmen, die es bedienen soll, durch einen Application-Majornode, durch die ACB-Definition (ACB = Application Control Block). Im Bild 8 kennt das VSE/VTAM z.B. den Namen des CICS in der benachbarten Partition. Will irgendein Bildschirm, eine LU (logical unit), eine Session zu diesem CICS aufbauen, unterhalten sich erst einmal alle beteiligten VTAMs untereinander, wer wohl das gewünschte CICS quasi als Eigentümer kennt. In unserem Beispiel wird sich das VSE/VTAM melden und die Session zur LU herstellen. Beim CICS ist dafür noch Voraussetzung, daß das CICS selbst den Namen der LU kennt; unbekannte LUs werden abgewiesen. Dem VSCS hingegen ist es gleichgültig, wer eine Session haben will, hier darf nur keine gleichnamige LU den Sessionaufbau versuchen.

13.6 Alle VM/VTAM Definitionen (A-Rechner)

In diesem Abschnitt möchte ich Ihnen alle Definitionen des Beispielnetzwerkes so vollständig wie möglich angeben. Die Beispiele sind ausgetestet und laufen so auch in der Wirklichkeit. Aus Datenschutzgründen habe ich lediglich Namen, die auf die Firma hinweisen, verändert. Eine Gewährleistung übernehme ich natürlich nicht. Die Definitionen sind lediglich als Beispiel zu Ihrer Anregung gedacht.

13.6.1 PROFILE GCS

Beginnen wir mit der Definitionsbeschreibung beim Start des Gateway-SSCPs, also des VM/VTAMs im Rechner A. Wir wissen, daß das VTAM unter dem Betriebssystem GCS läuft. VTAM selbst hat keine Betriebssystemfähigkeiten, kann also nicht mit IPL gestartet werden. Der virtuelle Rechner, in dem das VTAM laufen soll, wird mit IPL gestartet. Der IPL erfolgt auf das GCS. Danach ist die Userid in der Lage, GCS-Kommandos auszuführen. Alle Startanweisungen für das VTAM faßt man in einem REXX-Programm zusammen und nennt es PROFILE GCS, nicht PROFILE EXEC wie im CMS. Nach dem IPL sucht das GCS nach dem Profile und führt es aus, wenn es vorhanden ist. Zum Start des VTAMs kann es folgenden Inhalt haben:

```
/* ... */
'CP SET FAVORED VTAM 80'; /* Einige Performance Parameter */
'CP SET FAVORED VTAM';
'CP SET FAVORED VTAM 1';
'CP SET QDROP VTAM OFF';

'GLOBAL LOADLIB VTAM VSCS NCP USSTAB MODETAB';

'LOADCMD VTAM ISTINV00';
'LOADCMD VSCS DTISLCMD';

'VTAM START LIST=02';
'VSCS START';

'CP ENABLE SNA';
```

Zuerst werden für die Userid VTAM einige Performance Parameter gesetzt. Es ist klar, daß die VTAM-Userid bevorzugt behandelt werden muß. Der **GLOBAL LOADLIB** macht die einzelnen Ladebibliotheken bekannt. Die beiden **LOADCMD** Befehle sind GCS Befehle. Sie laden das angegebene Programm aus der Bibliothek und weisen für die weitere Kommunikation mit dem Programm einen "sprechenden", aussagekräftigen Namen zu. Alle VTAM Kommandos werden damit durch das Prefix **VTAM** und alle VSCS Kommandos durch das Prefix **VSCS** eingeleitet.

Der Zusatz **LIST=02** beim VTAM Start verweist auf die Startliste **ATCSTR02 VTAMLST**. Alle VTAM Definitionsfiles im VM haben den Filetype VTAMLST.

13.6.2 ATCSTR02 VTAMLST

```
* ******************************************************************
* VTAM Start List 02
* ******************************************************************
CONFIG=02,               DEFAULT LIST OF MAJOR NODES            +
CDRSCTI=480,             DEFAULT                                +
COLD,                    DEFAULT                                +
CSALIMIT=0,              DEFAULT (NO LIMIT)                     +
```

```
DLRTCB=8,                      DEFAULT                                      +
HOSTPU=PUMAN022,                                                           +
HOSTSA=22,                     SUBAREA-NR. VM/VTAM                          +
IOINT=0,                       DEACTIVATE THE FUNCTION                      +
ITLIM=250,                     SESSION NUMBER SIMULTANEOUSLY                +
MAXSUBA=31,                    HIGHEST SUBAREA VALUE                        +
MSGMOD=NO,                     DEFAULT                                      +
NETID=DEXYZ001,                SNI HOME NETWORK (GATEWAY)                   +
NOPROMPT,                      NO PROMPTING THE OPERATOR                    +
SSCPID=03722,                  037=NETZ MAN. 22=SUBAREA VM/VTAM            +
SSCPNAME=CD001022,             EIGENER CD-RESOURCE MANAGER                  +
SONLIM=(60,30),                DEFAULT MAX.FIXED I/O BUFFER FOR SON         +
SUPP=NOSUP,                    DEFAULT NO SUPPRESSION OF VTAM MESSAGES      +
NOTNSTAT,                      DEFAULT                                      +
USSTAB=ISTINCNO,               DEFAULT USSTAB FOR VTAM MESSAGES/COMMANDS +
CRPLBUF=(32,,3,,1,4),          RPL-COPY POOL IN VIRTUAL STORAGE            +
IOBUF=(500,192,8,,64,16),      MESSAGE POOL IN FIXED STORAGE               +
LFBUF=(10,,0,,1,1),            LARGE BUFFER POOL IN FIXED STORAGE          +
LPBUF=(10,,0,,6,1),            LARGE BUFFER POOL IN VIRTUAL STORAGE        +
SFBUF=(50,,0,,1,1),            SMALL BUFFER POOL IN FIXED STORAGE          +
SPBUF=(34,,0,,1,1),            SMALL BUFFER POOL IN VIRTUAL STORAGE        +
WPBUF=(24,,0,,1,1)             MESSAGE-CONTROL BUFFER POOL IN VIRT.STOR.
```

Die Anweisungen in der Startliste beschreiben das VTAM, das SSCP selbst.
So sind darin der Name der VTAM-PU (physical unit), der Name des Netzes
im SNI-Verbund und der Name des Cross-Domain-Resource-Managers gegenüber dem SNI-Netz angegeben. Weiterhin sind die VTAM Puffer beschrieben nach Größe, Anzahl und Möglichkeiten der Puffererweiterung.

In der Anweisung **CONFIG=02** wird auf die VTAM Konfiguration verwiesen. Es wird beim Start nach einer Liste mit dem Namen **ATCCON02**
VTAMLST gesucht.

13.6.3 ATCCON02 VTAMLST

```
* **********************************************************************
* VTAM Configuration 02
* **********************************************************************
ADJMAN,                        ADJ-SSCP-TABLE MAJORNODE                    *
APPLMAN,                       APPLICATION   MAJORNODE                     *
LNM50C00,                      LOCAL NON-SNA MAJORNODE                     *
LNM51C20,                      LOCAL NON-SNA MAJORNODE                     *
MLU003,                        Switched Majornode                         *
MLU060,                        LOCAL SNA MAJORNODE MIT TOKENRING           *
LNM61601,                      LOCAL SNA MAJORNODE                         *
LNM65500,                      LOCAL SNA MAJORNODE                         *
LNM66501,                      LOCAL SNA MAJORNODE                         *
LNM67502,                      LOCAL SNA MAJORNODE                         *
PATH022,                       PATH MAJORNODE DEXYZ001                     *
NCP23GW,                       NCP MAJORNODE                              *
CTCA022,                       CHANNEL TO CHANNEL ADAPTER MAJOR NODE       *
CDRMALL,                       CROSS DOMAIN RESOURCE MANAGER MAJORNODE     *
CDRSALL                        CROSS DOMAIN RESOURCEN
```

Die Konfigurationsliste enthält nur Namen von Majornodes. In der Reihenfolge, in der sie hier aufgeführt sind, werden sie aktiviert. Es wird dem
VTAM bekanntgegeben, welche Anwendungen es zu steuern hat, welche

Terminalsteuereinheiten angeschlossen sind, welche VTAM-Pfade vorhanden sind, wie das NCP definiert ist, ob CTCAs virtuell wie physisch vorhanden sind und wie die Anwendungen in anderen SNA-Netzen lauten, auf die ggf. zugegriffen werden soll.

13.6.4 ADJMAN VTAMLST

```
ADJMAN    VBUILD TYPE=ADJSSCP          <= SNI ADJACENT SSCP TABLE
*********************************************************************
*
* OWN NETWORK ADJACENT SSCPS
*
*********************************************************************
DEXYZ001 NETWORK NETID=DEXYZ001       <= lokaler Standort
CD001022 ADJCDRM                      GATEWAY CDRM HOST A
CD001024 ADJCDRM                              CDRM HOST B
CD001002 ADJCDRM                      VSE/SP 3   (VSP2)
CD001003 ADJCDRM                      VSE/SP 3   (VSP3)
CD001004 ADJCDRM                      VSE/SP 3   (VSP4)
CD001005 ADJCDRM                      VSE/SP 3   (VSP5)
*********************************************************************
*
* ADJACENT SSCPS IN DEXYZ000 NETWORK
*
*********************************************************************
*
DEXYZ002 NETWORK NETID=DEXYZ002
CD002014 ADJCDRM
*
XYZ003   NETWORK NETID=XYZ003
CD003001 ADJCDRM
*
DEXYZ004 NETWORK NETID=DEXYZ004
CD004001 ADJCDRM
*
DEXYZ005 NETWORK NETID=DEXYZ005
CD005026 ADJCDRM
*
DEXYZ006 NETWORK NETID=DEXYZ006
CD006004 ADJCDRM
*
DEXYZ007 NETWORK NETID=DEXYZ007
CD007019 ADJCDRM
*
XYZ008   NETWORK NETID=XYZ008
CD008021 ADJCDRM
*
DEXYZ009 NETWORK NETID=DEXYZ009
CD009005 ADJCDRM
*
XYZ010   NETWORK NETID=XYZ010
CD010043 ADJCDRM
*
DEXYZ011 NETWORK NETID=DEXYZ011
CD011009 ADJCDRM
*
DEXYZ012 NETWORK NETID=DEXYZ012
CD012014 ADJCDRM
*
DEXYZ013 NETWORK NETID=DEXYZ013
CD013022 ADJCDRM
*
DEXYZ014 NETWORK NETID=DEXYZ014
CD014002 ADJCDRM
```

```
*
*-------------------------------------------------------------------
* INTERNATIONAL NETWORK DEFINITIONS
*-------------------------------------------------------------------
*
PANNET    NETWORK NETID=PANNET
CD010043  ADJCDRM
*
BAENET    NETWORK NETID=BAENET
CD010043  ADJCDRM
CD008021  ADJCDRM
*
NETIABG   NETWORK NETID=NETIABG
CD010043  ADJCDRM
*
ASTO00    NETWORK NETID=ASTO00
CD010043  ADJCDRM
CD008021  ADJCDRM
*
ASSU00    NETWORK NETID=ASSU00
CD010043  ADJCDRM
CD008021  ADJCDRM
*
ASMA00    NETWORK NETID=ASMA00
CD010043  ADJCDRM
CD008021  ADJCDRM
*
DEDO0001  NETWORK NETID=DEDO0001
CD010043  ADJCDRM
*
*-------------------------------------------------------------------
* D I A L  -  I B M
*-------------------------------------------------------------------
*
DEIBMF4   NETWORK NETID=DEIBMF4
CD010043  ADJCDRM
*
DEIBMD1   NETWORK NETID=DEIBMD1
CD010043  ADJCDRM
*
DEIBMD2   NETWORK NETID=DEIBMD2
CD010043  ADJCDRM
*
NLIBM000  NETWORK NETID=NLIBM000
CD010043  ADJCDRM
*
GBIBM000  NETWORK NETID=GBIBM000
CD010043  ADJCDRM
```

In der **Adjacent Table** sind die Netze im SNI-Verbund beschrieben. Dort
wird bekanntgegeben, wie die benachbarten SNA-Netze heißen und wie der
Name des Cross-Domain-Resource-Managers ist. Über diese Tabelle können
sich die VTAMs verständigen, wenn sie nach einer Anwendung suchen.

13.6.5 APPLMAN VTAMLST

```
APPLMAN   VBUILD TYPE=APPL
VMMAN     APPL   AUTH=(BLOCK,PASS,ACQ),                             X
                 PARSESS=YES,                                       X
                 AUTHEXIT=YES
RSCSMAN   APPL   AUTH=(ACQ),                                        X
                 MODETAB=RSCSTAB,                                   X
```

```
        DLOGMOD=RSCSNJEO,                                     X
        VPACING=3,                                            X
        AUTHEXIT=YES
```

Mit diesen Statements werden dem VTAM die Anwendungen bekannt gemacht, die es zu bedienen hat. Dieses VTAM wird sozusagen der Eigentümer
der hier genannten Anwendungen. Als Anwendungen auf dem A-Rechner
gibt es nur das VM und das RSCS.

13.6.6 LNM50C00 VTAMLST

Wir kommen jetz zur ersten Terminalsteuereinheit. Diese Steuereinheit ist
keine SNA-Steuereinheit, d.h. das Gerät ist nicht SNA-fähig. Es wird aber
trotzdem unter der Steuerung von VTAM betrieben, aber nicht mit dem
VTAM-Vorteil, nur eine Adresse pro Steuereinheit zu benötigen. Hier belegt
jeder Bildschirm eine Adresse, die auch in der Beschreibung der realen Welt
(DMKRIO) enthalten sein muß.

```
***********************************************************************
* Local NON SNA Majornode LNM50C00                                   *
***********************************************************************
LNM50C00 LBUILD
OLM5000V LOCAL CUADDR=C00,                                    X
               TERM=3277,                                     X
               FEATUR2=MODEL2,                                X
               DLOGMOD=S3270,                                 X
               LOGAPPL=VTUBES,                                X
               USSTAB=USSMAN2,                                X
               ISTATUS=INACTIVE
OLM5001V LOCAL CUADDR=C01,                                    X
               TERM=3277,                                     X
               FEATUR2=MODEL2,                                X
               DLOGMOD=S3270,                                 X
               USSTAB=USSMAN2,                                X
               LOGAPPL=VTUBES,                                X
               ISTATUS=INACTIVE
               .
               .
               .
OLM5030I LOCAL CUADDR=C1E,                                    X
               MODETAB=RSCSTAB,                               X
               DLOGMOD=RSCSPRTO,                              X
               TERM=3286
OLM5031V LOCAL CUADDR=C1F,                                    X
               TERM=3277,                                     X
               FEATUR2=MODEL2,                                X
               DLOGMOD=S3270,                                 X
               USSTAB=USSMAN2,                                X
               LOGAPPL=VTUBES,                                X
               ISTATUS=INACTIVE
```

13.6.7 MLU003 VTAMLST

In unserem Beispielnetzwerk ist auch eine Wählleitung enthalten. Die Definitionen sind nicht unbedingt geläufig, ich will sie deshalb hier angeben.

```
******************************************************************
* VTAM Switched Majornode                                       *
******************************************************************
MLU003     VBUILD TYPE=SWNET,  SWITCHED MAJOR NODE FUER WAEHLLEITUNG
                  MAXGRP=1     ANZAHL DER NCP GROUP MACROS
MPU003     PU     ADDR=C1,          POLLING ADRESSE                     +
                  DISCNT=YES,       LEITUNGSKOSTEN SPAREN               +
                  IDBLK=017,        IDENTIFICATION BLOCK                +
                  IDNUM=A0001,      IDENTIFICATION NUMBER CUSTOM. 215   +
                  ISTATUS=ACTIVE,   ZUSTAND DER PU                      +
                  PUTYPE=2,         3174 IST PU-TYPE 2                  +
                  PACING=0,         KEIN PACING                         +
                  VPACING=0
ML00300V LU       LOCADDR=2,                                           +
                  PACING=0,                                            +
                  DLOGMOD=D4C32782,                                    +
                  USSTAB=USSMAN1,                   VTAM ONLY          +
                  LOGAPPL=VTUBES,                                      +
                  ISTATUS=INACTIVE,                                    +
                  VPACING=0
```

An dieser Leitung wird ein PC mit einem SDLC-Adapter betrieben.

13.6.8 MLU060 VTAMLST

Dieser Majornode ist ein Beispiel für einen SNA Terminal-Controller und gleichzeitig für ein 3174 Tokenring-Gateway.

```
******************************************************************
* Tokenring 3174 Gateway                                        *
******************************************************************
* MPU060   PU     CUADDR=620      3174-01L GATEWAY    4000 3174 000
*    OLM6000V LU
*    .
*    .
*    OLM6031V LU
* MPU100   PU     CUADDR=621      3174-03R            4000 3174 100
*    ML10000V LU
*    .
*    .
*    ML10031V LU
* MPU101   PU     CUADDR=622      3174-13R            4000 3174 101
*    ML10100V LU
*    .
*    .
*    ML10131V LU
* MPU102   PU     CUADDR=623      3174-13R            4000 3174 102
*    ML10200V LU
*    .
*    .
*    ML10231V LU
* MPU103   PU     CUADDR=624      3174-13R            4000 3270 103
*    ML10300V LU
*    .
```

```
*   .
*   ML10331I LU
* MPU104    PU    CUADDR=625        3174-13R                 4000 3270 104
*   ML10400V LU
*   .
*   .
*   ML10431I LU
* MPU105    PU    CUADDR=626        1.PC                     4000 3270 105
*   ML10500V LU
* MPU106    PU    CUADDR=627        2.PC                     4000 3270 106
*   ML10600V LU
* MPU107    PU    CUADDR=628        3.PC                     4000 3270 107
*   ML10700V LU
* MPU108    PU    CUADDR=629        4.PC                     4000 3270 108
*   ML10800V LU
* **********************************************************************
MLU060    VBUILD TYPE=LOCAL
*
MPU060    PU    CUADDR=620,            3174-01L "HOST GATEWAY"         X
                PUTYPE=2,              (Subchannel der 3174 selbst)    X
                SECNET=NO,             Primaer-Netz                    X
                MAXBFRU=6,                                             X
                DISCNT=NO,                                             X
                ISTATUS=ACTIVE
OLM6000V LU     LOCADDR=02,                                            X
                SSCPFM=USSSCS,                                         X
                DLOGMOD=D4A32782,                                      X
                USSTAB=USSMAN1,                                        X
                LOGAPPL=VTUBES,                                        X
                ISTATUS=INACTIVE
OLM6001V LU     LOCADDR=03,                                            X
                SSCPFM=USSSCS,                                         X
                DLOGMOD=D4A32782,                                      X
                USSTAB=USSMAN1,                                        X
                LOGAPPL=VTUBES,                                        X
                ISTATUS=INACTIVE
                  .
                  .
                  .
OLM6031I LU     LOCADDR=33,                                            X
                MODETAB=RSCSTAB,                                       X
                DLOGMOD=RSCSPRT3,   LOC SNA RSCS PRT                   X
                ISTATUS=ACTIVE
* **********************************************************************
* 1. Downstream PU 3174-03R
* **********************************************************************
MPU100    PU    CUADDR=621,            3174-03R                        X
                PUTYPE=2,              TR-ADR: 4000 3174 0100          X
                SECNET=YES,            Sekundaer-Netz                  X
                MAXBFRU=6,                                             X
                DISCNT=NO,                                             X
                ISTATUS=ACTIVE
* **********************************************************************
ML10000V LU     LOCADDR=02,                                            X
                SSCPFM=USSSCS,                                         X
                DLOGMOD=D4A32782,                                      X
                USSTAB=USSMAN1,                                        X
                LOGAPPL=VTUBES,                                        X
                ISTATUS=INACTIVE
ML10001V LU     LOCADDR=03,                                            X
                SSCPFM=USSSCS,                                         X
                DLOGMOD=D4A32782,                                      X
                USSTAB=USSMAN1,                                        X
                LOGAPPL=VTUBES,                                        X
                ISTATUS=INACTIVE
                  .
                  .
                  .
```

```
ML10031V LU      LOCADDR=33,                                              X
                 SSCPFM=USSSCS,                                           X
                 DLOGMOD=D4A32782,                                        X
                 USSTAB=USSMAN1,                                          X
                 LOGAPPL=VTUBES,                                          X
                 ISTATUS=INACTIVE
* *********************************************************************
* 2. Downstream PU 3174-13R
* *********************************************************************
MPU101   PU      CUADDR=622,              3174-13R                        X
                 PUTYPE=2,                TR-ADR: 4000 3174 0101          X
                 SECNET=YES,              Sekundaer-Netz                  X
                 MAXBFRU=6,                                               X
                 DISCNT=NO,                                               X
                 ISTATUS=ACTIVE
* *********************************************************************
ML10100V LU      LOCADDR=02,                                              X
                 SSCPFM=USSSCS,                                           X
                 DLOGMOD=D4A32782,                                        X
                 USSTAB=USSMAN1,                                          X
                 LOGAPPL=VTUBES,                                          X
                 ISTATUS=INACTIVE
ML10101V LU      LOCADDR=03,                                              X
                 SSCPFM=USSSCS,                                           X
                 DLOGMOD=D4A32782,                                        X
                 USSTAB=USSMAN1,                                          X
                 LOGAPPL=VTUBES,                                          X
                 ISTATUS=INACTIVE
ML10102V LU      LOCADDR=04,                                              X
                 SSCPFM=USSSCS,                                           X
                 DLOGMOD=D4A32782,                                        X
                 USSTAB=USSMAN1,                                          X
                 LOGAPPL=VTUBES,                                          X
                 ISTATUS=INACTIVE
                     .
                     .
                     .
ML10131I LU      LOCADDR=33,                                              X
                 MODETAB=RSCSTAB,                                         X
                 DLOGMOD=RSCSPRT3,                                        X
                 ISTATUS=ACTIVE
* *********************************************************************
* 3. Downstream PU 3174-13R
* *********************************************************************
MPU102   PU      CUADDR=623,              3174-13R                        X
                 PUTYPE=2,                TR-ADR: 4000 3174 0102          X
                 SECNET=YES,              Sekundaer-Netz                  X
                 MAXBFRU=6,                                               X
                 DISCNT=NO,                                               X
                 ISTATUS=ACTIVE
* *********************************************************************
ML10200V LU      LOCADDR=02,                                              X
                 SSCPFM=USSSCS,                                           X
                 DLOGMOD=D4A32782,                                        X
                 USSTAB=USSMAN1,                                          X
                 LOGAPPL=VTUBES,                                          X
                 ISTATUS=INACTIVE
ML10201V LU      LOCADDR=03,                                              X
                 SSCPFM=USSSCS,                                           X
                 DLOGMOD=D4A32783,                                        X
                 USSTAB=USSMAN1,                                          X
                 LOGAPPL=VTUBES,                                          X
                 ISTATUS=INACTIVE
                     .
                     .
                     .
```

```
ML10231I LU    LOCADDR=33,                                             X
               MODETAB=RSCSTAB,                                        X
               DLOGMOD=RSCSPRT3,                                       X
               ISTATUS=ACTIVE
* *********************************************************************
* Sekundäre logische Terminals zu ML10200V (MLT-Support)
* *********************************************************************
ML10232V LU    LOCADDR=34,                                             X
               SSCPFM=USSSCS,                                          X
               DLOGMOD=D4A32782,                                       X
               USSTAB=USSMAN1,                                         X
               LOGAPPL=VTUBES,                                         X
               ISTATUS=ACTIVE
ML10233V LU    LOCADDR=35,                                             X
               SSCPFM=USSSCS,                                          X
               DLOGMOD=D4A32782,                                       X
               USSTAB=USSMAN1,                                         X
               LOGAPPL=VTUBES,                                         X
               ISTATUS=ACTIVE
ML10234V LU    LOCADDR=36,                                             X
               SSCPFM=USSSCS,                                          X
               DLOGMOD=D4A32782,                                       X
               USSTAB=USSMAN1,                                         X
               LOGAPPL=VTUBES,                                         X
               ISTATUS=ACTIVE
ML10235V LU    LOCADDR=37,                                             X
               SSCPFM=USSSCS,                                          X
               DLOGMOD=D4A32782,                                       X
               USSTAB=USSMAN1,                                         X
               LOGAPPL=VTUBES,                                         X
               ISTATUS=ACTIVE
* *********************************************************************
* 4. DOWNSTREAM PU 3174-13R
* *********************************************************************
MPU103   PU    CUADDR=624,          3174-13R                          X
               PÜTYPE=2,            TR-ADR: 4000 3174 0103            X
               SECNET=YES,          Sekundaer-Netz                    X
               MAXBFRU=6,                                             X
               DISCNT=NO,                                             X
               ISTATUS=ACTIVE
* *********************************************************************
ML10300V LU    LOCADDR=02,                                            X
               SSCPFM=USSSCS,                                         X
               DLOGMOD=D4A32782,                                      X
               USSTAB=USSMAN1,                                        X
               LOGAPPL=VTUBES,                                        X
               ISTATUS=INACTIVE
ML10301V LU    LOCADDR=03,                                            X
               SSCPFM=USSSCS,                                         X
               DLOGMOD=D4A32783,                                      X
               USSTAB=USSMAN1,                                        X
               LOGAPPL=VTUBES,                                        X
               ISTATUS=INACTIVE

                 .
                 .
                 .
ML10331I LU    LOCADDR=33,                                            X
               MODETAB=RSCSTAB,                                       X
               DLOGMOD=RSCSPRT3,                                      X
               ISTATUS=ACTIVE
* *********************************************************************
* 5. DOWNSTREAM PU 3174-13R
* *********************************************************************
MPU104   PU    ...
```

```
*    *******************************************************************
*    6. DOWNSTREAM PU TOKEN-RING PC 1
*    *******************************************************************
MPU105    PU      CUADDR=626,                  PC 1                          X
                  PUTYPE=2,                    TR-ADR: 4000 3270 0105        X
                  SECNET=YES,                                                X
                  MAXBFRU=6,                                                 X
                  DISCNT=NO,                                                 X
                  ISTATUS=ACTIVE
*    *******************************************************************
ML10500V  LU      LOCADDR=02,                                                X
                  SSCPFM=USSSCS,                                             X
                  DLOGMOD=D4A32782,                                          X
                  USSTAB=USSMAN1,                                            X
                  LOGAPPL=VTUBES,                                            X
                  ISTATUS=INACTIVE
*    *******************************************************************
*    7. DOWNSTREAM PU TOKEN-RING PC 2
*    *******************************************************************
MPU106    PU      CUADDR=627,                  PC 2                          X
                  PUTYPE=2,                    TR-ADR: 4000 3270 0106        X
                  SECNET=YES,                                                X
                  MAXBFRU=6,                                                 X
                  DISCNT=NO,                                                 X
                  ISTATUS=ACTIVE
*    *******************************************************************
ML10600V  LU      LOCADDR=02,                                                X
                  SSCPFM=USSSCS,                                             X
                  DLOGMOD=D4A32782,                                          X
                  USSTAB=USSMAN1,                                            X
                  LOGAPPL=VTUBES,                                            X
                  ISTATUS=INACTIVE
*    *******************************************************************
*    8. DOWNSTREAM PU TOKEN-RING PC 3
*    *******************************************************************
MPU107    PU      CUADDR=628,                  PC 3                          X
                  PUTYPE=2,                    TR-ADR: 4000 3270 0107        X
                  SECNET=YES,                                                X
                  MAXBFRU=6,                                                 X
                  DISCNT=NO,                                                 X
                  ISTATUS=ACTIVE
*    *******************************************************************
ML10700V  LU      LOCADDR=02,                                                X
                  SSCPFM=USSSCS,                                             X
                  DLOGMOD=D4A32782,                                          X
                  USSTAB=USSMAN1,                                            X
                  LOGAPPL=VTUBES,                                            X
                  ISTATUS=INACTIVE
*    *******************************************************************
*    9. DOWNSTREAM PU TOKEN-RING PC 4
*    *******************************************************************
MPU108    PU      CUADDR=629,                  PC 4                          X
                  PUTYPE=2,                    TR-ADR: 4000 3270 0108        X
                  SECNET=YES,                                                X
                  MAXBFRU=6,                                                 X
                  DISCNT=NO,                                                 X
                  ISTATUS=ACTIVE
*    *******************************************************************
ML10800V  LU      LOCADDR=02,                                                X
                  SSCPFM=USSSCS,                                             X
                  DLOGMOD=D4A32782,                                          X
                  USSTAB=USSMAN1,                                            X
                  LOGAPPL=VTUBES,                                            X
                  ISTATUS=INACTIVE
*    *******************************************************************
```

13.6.9 PATH022 VTAMLST

Die schwierigste Definition bei der VTAM Generierung ist die Festlegung der Pfade. In komplizierten Netzen, zu diesen zählt auch unser Beispielnetz, ist es kaum mehr möglich, die Pfade von Hand zu bestimmen. Es gibt dafür PC-Programme.

Die Pfadbeschreibung enthält die Anweisungen an das VTAM, auf welchen Wegen die Daten von einer Subarea zu einer anderen gelangen können. Die Pfade beschreiben die Verbindungswege der VTAMs und NCPs in einem SNA-Netz.

Die Beschreibung der Pfade ist zweistufig. Ausgehend von der Subarea, für die die Pfade definiert werden sollen, wird zuerst die Ziel-Subarea benannt und dann die benachbarte Subarea auf dem Weg zum Ziel. Die Verbindung von zwei benachbarten Subareas ist die **ER** (explicit route).

Die Verbindung von der eigenen Subarea zur Ziel-Subarea, ohne Betrachtung der dazwischenliegenden Stationen, ist die **VR** (virtual route). Eine Kommunikation zwischen zwei VTAMs kann nur dann stattfinden, wenn die virtuellen Routen aktiv sind.

Die ER und VR werden beim ersten Aktivieren der physischen Verbindungen (oder auch der virtuellen CTCs) zwischen zwei VTAMs aktiv. Es gibt kein explizites VTAM-Kommando, um Routen zu aktivieren oder zu deaktivieren.

```
PATH022  PATH  DESTSA=2,                                               *
               ER0=(2,1),VR0=0,                                        *
               VRPWS00=(15,75),VRPWS01=(15,75),VRPWS02=(15,75),        *
               ER1=(2,1),VR1=1,                                        *
               VRPWS10=(15,75),VRPWS11=(15,75),VRPWS12=(15,75),        *
               ER3=(2,1),VR3=3,                                        *
               VRPWS30=(15,75),VRPWS31=(15,75),VRPWS32=(15,75)
         PATH  DESTSA=3,                                               *
               ER0=(3,1),VR0=0,                                        *
               VRPWS00=(15,75),VRPWS01=(15,75),VRPWS02=(15,75),        *
               ER1=(3,1),VR1=1,                                        *
               VRPWS10=(15,75),VRPWS11=(15,75),VRPWS12=(15,75),        *
               ER3=(3,1),VR3=3,                                        *
               VRPWS30=(15,75),VRPWS31=(15,75),VRPWS32=(15,75)
         PATH  DESTSA=4,                                               *
               ER0=(4,1),VR0=0,                                        *
               VRPWS00=(15,75),VRPWS01=(15,75),VRPWS02=(15,75),        *
               ER1=(4,1),VR1=1,                                        *
               VRPWS10=(15,75),VRPWS11=(15,75),VRPWS12=(15,75),        *
               ER3=(4,1),VR3=3,                                        *
               VRPWS30=(15,75),VRPWS31=(15,75),VRPWS32=(15,75)
         PATH  DESTSA=5,                                               *
               ER0=(5,1),VR0=0,                                        *
               VRPWS00=(15,75),VRPWS01=(15,75),VRPWS02=(15,75),        *
               ER1=(5,1),VR1=1,                                        *
```

```
                VRPWS10=(15,75),VRPWS11=(15,75),VRPWS12=(15,75),        *
                ER3=(5,1),VR3=3,                                        *
                VRPWS30=(15,75),VRPWS31=(15,75),VRPWS32=(15,75)
        PATH    DESTSA=7,                                               *
                ER0=(7,1),VR0=0,                                        *
                VRPWS00=(15,75),VRPWS01=(15,75),VRPWS02=(15,75),        *
                ER1=(7,1),VR1=1,                                        *
                VRPWS10=(15,75),VRPWS11=(15,75),VRPWS12=(15,75),        *
                ER3=(7,1),VR3=3,                                        *
                VRPWS30=(15,75),VRPWS31=(15,75),VRPWS32=(15,75)
        PATH    DESTSA=8,                                               *
                ER0=(8,1),VR0=0,                                        *
                VRPWS00=(15,75),VRPWS01=(15,75),VRPWS02=(15,75),        *
                ER1=(8,1),VR1=1,                                        *
                VRPWS10=(15,75),VRPWS11=(15,75),VRPWS12=(15,75),        *
                ER3=(8,1),VR3=3,                                        *
                VRPWS30=(15,75),VRPWS31=(15,75),VRPWS32=(15,75)
        PATH    DESTSA=23,                                              *
                ER0=(23,1),VR0=0,                                       *
                VRPWS00=(15,75),VRPWS01=(15,75),VRPWS02=(15,75),        *
                ER1=(23,1),VR1=1,                                       *
                VRPWS10=(15,75),VRPWS11=(15,75),VRPWS12=(15,75),        *
                ER2=(23,1),VR2=2,                                       *
                VRPWS20=(15,75),VRPWS21=(15,75),VRPWS22=(15,75),        *
                ER3=(24,1),VR3=3,                                       *
                VRPWS30=(15,75),VRPWS31=(15,75),VRPWS32=(15,75)
        PATH    DESTSA=24,                                              *
                ER0=(24,1),VR0=0,                                       *
                VRPWS00=(15,75),VRPWS01=(15,75),VRPWS02=(15,75),        *
                ER1=(23,1),VR1=1,                                       *
                VRPWS10=(15,75),VRPWS11=(15,75),VRPWS12=(15,75),        *
                ER2=(24,1),VR2=2,                                       *
                VRPWS20=(15,75),VRPWS21=(15,75),VRPWS22=(15,75),        *
                ER3=(24,1),VR3=3,                                       *
                VRPWS30=(15,75),VRPWS31=(15,75),VRPWS32=(15,75)
```

13.6.10 NCP23GW VTAMLST

Das NCP läuft als Spezialbetriebssystem im Vorrechner 37xx. Das haben wir
schon festgestellt. Was also soll das VTAM mit den NCP Definitionen? Beim
VTAM-Start nimmt das VTAM die Verbindung zur 37xx auf. Dazu muß das
VTAM schon einmal wissen, über welche Kanaladresse die Kommunikation
laufen soll. Stellt das VTAM fest, daß in der 37xx kein NCP Module vorhanden ist, muß es durch das VTAM geladen werden. Dazu muß es unter anderem auch die Ladebibliothek (siehe PROFILE GCS) für das NCP kennen.

Es ist also beides nötig: das Definitionsfile und der assemblierte und gebunde
NCP-Code aus der Bibliothek. Neben reinen NCP-Makros enthält die Source
auch Anweisungen, die nur das VTAM interessieren (z.B. das LOGAPPL
Statement bei einer LU-Definition. Mit LOGAPPL wird die VTAM-Anwendung benannt, mit der die LU sofort nach dem physischen aktivieren in Session gehen soll).

Sind NCP-Änderungen nötig, müssen immer zwei Schritte durchgeführt werden. Einmal muß mit Hilfe des SSP die Source assembliert und gebunden

werden. Zum anderen darf beim nächsten VTAM-Start das Laden des NCP-
Modules nicht vergessen werden.

```
          PRINT NOGEN
*********************************************************************
* 3720-001   NCP23
*
* - Rechner A  ==> SA 22    GATEWAY SSCP
* - 3720-NCP   ==> SA 23    GATAWAY NCP
* - SNI Netz   ==> TG 01
* - Rechner B  ==> SA 24
* ------------------------------------------------------------------
*
*                    S N I  -  Beispiel - Netzwerk
*
*         ##############################################
*         #                D E X Y Z M A N             #
*         #                   S A 1 1                  #
*         #                                            #
*         #                                            #
*         #           +---------+       +---------+ #
*         #           + GW-NCP  +--560--+VTAM SA22! #
*         #           +     !       !VM    GW! #
*  (Netzero) <----#--TG-01----------+ SA 23  +     +---------+ #
*  DEXYZ000 <----#--TG-01----------+       +                 #
*         #           +       +--540--+VTAM SA24! #
*         #           +     !       !VM     ! #
*         #           +---------+       +---------+ #
*         #                                            #
*         ##############################################
*
*********************************************************************
**         Verbindung zum Rechner A                            **
*********************************************************************
CHAN560  PCCU  CUADDR=560,       ** LADEADRESSE FUER DAS NCP        +
               AUTODMP=NO,       ** KEIN DUMP OHNE OPERATOR         +
               AUTOIPL=NO,       ** KEIN NCP-LOAD   NACH DUMP OD.FEHLER+
               AUTOSYN=YES,      ** KEIN OPERATOR PROMPTING B.NCP-LOAD+
               BACKUP=YES,       ** BACKUP HOST WENN EIGENER DOWN   +
               MAXDATA=6144,     ** GROESSTE PIU OUTBOUND ZUM NCP   +
               OWNER=VTAM22,     ** NUR SA 22 KANN AKTIVIEREN       +
               GWCTL=ONLY,       ** SNI                            +
               NETID=DEXYZ001,   ** SNI                            +
               SUBAREA=22,       ** POSTLEITZAHL DER HOST          +
               VFYLM=YES         ** BEI OPERATOR LOAD (LOAD=U)
*
*********************************************************************
**         Verbindung zum Rechner B                            **
*********************************************************************
CHAN540  PCCU  CUADDR=540,       ** LADEADRESSE FUER DAS NCP        +
               AUTODMP=NO,       ** KEIN DUMP OHNE OPERATOR         +
               AUTOIPL=NO,       ** KEIN NCP-LOAD   NACH DUMP OD.FEHLER+
               AUTOSYN=YES,      ** KEIN OPERATOR PROMPTING B.NCP-LOAD+
               BACKUP=YES,       ** BACKUP HOST WENN EIGENER DOWN   +
               MAXDATA=6144,     ** GROESSTE PIU OUTBOUND ZUM NCP   +
               OWNER=VTAM22,     ** NUR SA 22 KANN AKTIVIEREN       +
               GWCTL=ONLY,       ** SNI                            +
               NETID=DEXYZ001,   ** SNI                            +
               SUBAREA=24,       ** POSTLEITZAHL DER HOST          +
               VFYLM=YES         ** BEI OPERATOR LOAD (LOAD=U)
*
*********************************************************************
**         Hardwarebeschreibung der 37xx                       **
*********************************************************************
NCP3720  BUILD VERSION=V4R2,     ** NCP-VERSION 4 RELEASE 2         +
               BFRS=128,         ** GROESSE DER NCP-BUFFER          +
               CA=(TYPE5,TYPE5), ** 2 X CHANNEL ADAPTER TYPE 5      +
```

```
          CANETID=(DEXYZ001,),  ** SNI                                      +
          CATRACE=(YES,64),     ** CHAN. ADAPTER TRACE FACILITY             +
          COSTAB=ISTSDCOS,      ** SNI                                      +
          DELAY=(0.1,0.1),      ** DELAY F. ATTENTION INTERUPT             +
          DR3270=YES,           ** DYNAMIC RECONFIGURATION 3270            +
          ENABLTO=2.2,          ** 2,3 SEK. BIS DSR NACH ACT LINE          +
          HSBPOOL=512,          ** SNI                                      +
          LTRACE=2,             ** ANZAHL GLEICHZEITIGER LINE TRACES +
          LOADLIB=NCP23GW,      ** LOADLIBNAME FUER NCP LOAD               +
          MAXSSCP=8,            ** ANZAHL DER SSCPS IN DIESEM NETZ         +
          MAXSUBA=31,           ** ANZAHL DER POSTLEITZAHLBEREICHE         +
          MODEL=3720,           ** MODEL ANGABE ERFORDERLICH               +
          NCPCA=(ACTIVE,ACTIVE),  ** CHAN ADAPTER STATUS                   +
          NETID=DEXYZ001,       ** SNI                                      +
          NETLIM=5000,          ** SNI                                      +
          NEWNAME=NCP23GW,      ** SNI   (VORHER NCP23)                    +
          NUMHSAS=12,           ** ANZAHL HOST SUBAREAS                     +
          PRTGEN=NOGEN,         ** NOGEN FUER STAGE 1 ASSEMBLY             +
          PWROFF=NO,            ** REMOTE POWER OFF FEATURE                +
          SESSLIM=255,          ** SNI                                      +
          SLODOWN=12,           ** %-SCHWELLWERT DER BUFFER/SLOWDOWN +
          SUBAREA=23,           ** POSTLEITZAHL (SA) FUER DAS NCP          +
          TIMEOUT=(420,420),    ** WARTE 7 MINUTEN WENN HOST WEG           +
          TRACE=(YES,64),       ** 64 TRACE ENTRIES JE 16 BYTES            +
          TYPGEN=NCP,           ** DIES IST NCP GENERIERUNG                +
          TYPSYS=VM,            ** UNTER VM BETRIEBSSYSTEM                  +
          UCHAN=NO,             ** KEINE USER GESCHRIEBENES CHAN.HAND+
          VRPOOL=40             ** ANZAHL VR ZU DIESEM NCP
*
***********************************************************************
**        Welche dynamische Optionen werden benötigt?              **
***********************************************************************
          SYSCNTRL OPTIONS=(BACKUP,  ** SIE SIND GUT BERATEN, WENN SIE    +
          BHSASSC,                   ** S A E M T L I C H E DYNAMISCHEN +
          DLRID,                     ** KONTROLLMOEGLICHKEITEN ANGEBEN.  +
          DVSINIT,                   ** DAMIT KOENNEN SIE DANN DAS        +
          ENDCALL,                   ** SYSCNTRL MACRO VOELLIG VERGESSEN.+
          LNSTAT,                    ** ES IST NAEMLICH SO, DASS BEIM     +
          MODE,                      ** GENERIERUNGSPROZESS NUR           +
          NAKLIM,                    ** DIEJENIGEN PROGRAMM-MODULE        +
          RCNTRL,                    ** AUTOMATISCH AUSGEWAEHLT UND ZUM   +
          RCOND,                     ** NCP HINZUGELINKT WERDEN, DIE AUCH+
          RDEVQ,                     ** TATSAECHLICH BENOETIGT WERDEN.    +
          RECMD,                                                          +
          RIMM,                                                           +
          SESINIT,                                                        +
          SESSION,                                                        +
          SSPAUSE,                                                        +
          STORDSP,                                                        +
          XMTLMT)
*
***********************************************************************
**        NETWORK ADDRESSABILITY UNIT DEFINITION                     **
***********************************************************************
DEXYZ002   GWNAU NETID=DEXYZ002,            SNI                          +
           ELEMENT=1,                       SNI                          +
           NAME=CD002014,                   SNI                          +
           NUMSESS=1                        SNI
*
DEXYZ004 GWNAU NETID=DEXYZ004,              SNI                          +
           ELEMENT=2,                       SNI                          +
           NAME=CD004001,                   SNI                          +
           NUMSESS=1                        SNI
*
XYZ003   GWNAU NETID=XYZ003,                SNI                          +
           ELEMENT=3,                       SNI                          +
           NAME=CD003001,                   SNI                          +
           NUMSESS=1                        SNI
*
```

```
XYZ010    GWNAU NETID=XYZ010,              SNI                     +
                ELEMENT=4,                 SNI                     +
                NAME=CD010043,             SNI                     +
                NUMSESS=1                  SNI
*
XYZ008    GWNAU NETID=XYZ008,              SNI                     +
                ELEMENT=5,                 SNI                     +
                NAME=CD008021,             SNI                     +
                NUMSESS=1                  SNI
*
DEXYZ006 GWNAU NETID=DEXYZ006,             SNI                     +
                ELEMENT=6,                 SNI                     +
                NAME=CD006004,             SNI                     +
                NUMSESS=1                  SNI
*
DEXYZ012 GWNAU NETID=DEXYZ012,             SNI                     +
                ELEMENT=7,                 SNI                     +
                NAME=CD012014,             SNI                     +
                NUMSESS=1                  SNI
*
DEXYZ013 GWNAU NETID=DEXYZ013,             SNI                     +
                ELEMENT=8,                 SNI                     +
                NAME=CD013022,             SNI                     +
                NUMSESS=1                  SNI
*
DEXYZ014 GWNAU NETID=DEXYZ014,             SNI                     +
                ELEMENT=9,                 SNI                     +
                NAME=CD014010,             SNI                     +
                NUMSESS=1                  SNI
*
DEXYZ009 GWNAU NETID=DEXYZ009,             SNI                     +
                ELEMENT=10,                SNI                     +
                NAME=CD009005,             SNI                     +
                NUMSESS=1                  SNI
*
DEXYZ007 GWNAU NETID=DEXYZ007,             SNI                     +
                ELEMENT=11,                SNI                     +
                NAME=CD007019,             SNI                     +
                NUMSESS=1                  SNI
*
DEXYZ011 GWNAU NETID=DEXYZ011,             SNI                     +
                ELEMENT=12,                SNI                     +
                NAME=CD011009,             SNI                     +
                NUMSESS=1                  SNI
*
DEXYZ005 GWNAU NETID=DEXYZ005,             SNI                     +
                ELEMENT=13,                SNI                     +
                NAME=CD005026,             SNI                     +
                NUMSESS=1                  SNI
*
          GWNAU NUMADDR=256                SNI
*
***********************************************************************
**          WELCHE VERHAELTNISSE DARF DAS NCP IM HOST ERWARTEN ?    **
***********************************************************************
HOST22   HOST  INBFRS=10,       ** 10 NCP BUFFER PRE-ALLOC F.OUTBOUND+
                MAXBFRU=32,      ** 32 BUFFER PRE-ALLOC FUER INBOUND  +
                UNITSZ=192,      ** GLEICHER WERT ODER KLEINER IOBUF  +
                NETID=DEXYZ001,  ** SNI                              +
                BFRPAD=0,        ** ANZAHL VON PAD CHARACTERS         +
                SUBAREA=22       ** POSTLEITZAHL (SA) HOST-VTAM
HOST24   HOST  INBFRS=10,       ** 10 NCP BUFFER PRE-ALLOC F.OUTBOUND+
                MAXBFRU=32,      ** 32 BUFFER PRE-ALLOC FUER INBOUND  +
                UNITSZ=192,      ** GLEICHER WERT ODER KLEINER IOBUF  +
                NETID=DEXYZ001,  ** SNI                              +
                BFRPAD=0,        ** ANZAHL VON PAD CHARACTERS         +
                SUBAREA=24       ** POSTLEITZAHL (SA) HOST-VTAM
*
```

```
*********************************************************************
**        WELCHEN WEG SOLLEN DIE DATEN NEHMEN ?                    **
**        INNERHALB NETID : DEXYZ001                               **
**        PATH023  Gateway NCP                                     **
*********************************************************************
          PATH  DESTSA=2,                                           *
                ER0=(22,1),VR0=0,                                   *
                VRPWS00=(15,75),VRPWS01=(15,75),VRPWS02=(15,75),    *
                ER1=(22,1),VR1=1,                                   *
                VRPWS10=(15,75),VRPWS11=(15,75),VRPWS12=(15,75),    *
                ER3=(24,1),VR3=3,                                   *
                VRPWS30=(15,75),VRPWS31=(15,75),VRPWS32=(15,75)
          PATH  DESTSA=3,                                           *
                ER0=(22,1),VR0=0,                                   *
                VRPWS00=(15,75),VRPWS01=(15,75),VRPWS02=(15,75),    *
                ER1=(22,1),VR1=1,                                   *
                VRPWS10=(15,75),VRPWS11=(15,75),VRPWS12=(15,75),    *
                ER3=(24,1),VR3=3,                                   *
                VRPWS30=(15,75),VRPWS31=(15,75),VRPWS32=(15,75)
          PATH  DESTSA=4,                                           *
                ER0=(22,1),VR0=0,                                   *
                VRPWS00=(15,75),VRPWS01=(15,75),VRPWS02=(15,75),    *
                ER1=(22,1),VR1=1,                                   *
                VRPWS10=(15,75),VRPWS11=(15,75),VRPWS12=(15,75),    *
                ER3=(24,1),VR3=3,                                   *
                VRPWS30=(15,75),VRPWS31=(15,75),VRPWS32=(15,75)
          PATH  DESTSA=5,                                           *
                ER0=(22,1),VR0=0,                                   *
                VRPWS00=(15,75),VRPWS01=(15,75),VRPWS02=(15,75),    *
                ER1=(22,1),VR1=1,                                   *
                VRPWS10=(15,75),VRPWS11=(15,75),VRPWS12=(15,75),    *
                ER3=(24,1),VR3=3,                                   *
                VRPWS30=(15,75),VRPWS31=(15,75),VRPWS32=(15,75)
          PATH  DESTSA=7,                                           *
                ER0=(22,1),VR0=0,                                   *
                VRPWS00=(15,75),VRPWS01=(15,75),VRPWS02=(15,75),    *
                ER1=(22,1),VR1=1,                                   *
                VRPWS10=(15,75),VRPWS11=(15,75),VRPWS12=(15,75),    *
                ER3=(24,1),VR3=3,                                   *
                VRPWS30=(15,75),VRPWS31=(15,75),VRPWS32=(15,75)
          PATH  DESTSA=8,                                           *
                ER0=(22,1),VR0=0,                                   *
                VRPWS00=(15,75),VRPWS01=(15,75),VRPWS02=(15,75),    *
                ER1=(22,1),VR1=1,                                   *
                VRPWS10=(15,75),VRPWS11=(15,75),VRPWS12=(15,75),    *
                ER3=(24,1),VR3=3,                                   *
                VRPWS30=(15,75),VRPWS31=(15,75),VRPWS32=(15,75)
          PATH  DESTSA=22,                                          *
                ER0=(22,1),VR0=0,                                   *
                VRPWS00=(15,75),VRPWS01=(15,75),VRPWS02=(15,75),    *
                ER1=(22,1),VR1=1,                                   *
                VRPWS10=(15,75),VRPWS11=(15,75),VRPWS12=(15,75),    *
                ER2=(22,1),VR2=2,                                   *
                VRPWS20=(15,75),VRPWS21=(15,75),VRPWS22=(15,75),    *
                ER3=(24,1),VR3=3,                                   *
                VRPWS30=(15,75),VRPWS31=(15,75),VRPWS32=(15,75)
          PATH  DESTSA=24,                                          *
                ER0=(24,1),VR0=0,                                   *
                VRPWS00=(15,75),VRPWS01=(15,75),VRPWS02=(15,75),    *
                ER1=(24,1),VR1=1,                                   *
                VRPWS10=(15,75),VRPWS11=(15,75),VRPWS12=(15,75),    *
                ER2=(22,1),VR2=2,                                   *
                VRPWS20=(15,75),VRPWS21=(15,75),VRPWS22=(15,75),    *
                ER3=(24,1),VR3=3,                                   *
                VRPWS30=(15,75),VRPWS31=(15,75),VRPWS32=(15,75)
*
```

```
****************************************************************
* Definition fuer SDLC-Station Primary and Secondary fuer Trunk-Line  *
* NETID : DEXYZ000                                             *
****************************************************************
SDL11PRI SDLCST GROUP=G11PRI,     ** NAME DER GROUP                      +
                MAXOUT=7,         ** 7 PIU AN ADJAC.NCP, DANN RESP./PU +
                MODE=PRI,         ** PRIMARY DEVICE                     +
                PASSLIM=254,      ** MAX ANZ PIU AN ADJAC.NCP           +
                RETRIES=(7,3,10), ** 7 RETRIES,3 SEK PAUSE, 11-MAL      +
                SERVLIM=254       ** 254 REGULAR SCANS IN SERVICE ORDER
SDL11SEC SDLCST GROUP=G11SEC,     ** NAME DER GROUP                      +
                MAXOUT=7,         ** 7 PIU AN ADJAC.NCP, DANN RESP./PU +
                MODE=SEC,         ** SECONDARY DEVICE                   +
                PASSLIM=254,      ** MAX ANZ PIU AN ADJAC.NCP           +
                TADDR=C1          ** EBCDIC SDLC DEVICE ADRESSE
****************************************************************
         PUDRPOOL NUMBER=2,       ** 2 CUB'S (CONTROL UNIT BLOCKS)      +
                  MAXLU=32        ** BIS ZU 32 LU'S AN JEDER NEUEN PU
         LUDRPOOL NUMTYP1=5,      ** 05 LUB'S AN TYPE 1 PU'S            +
                  NUMTYP2=64      ** 64 LUB'S AN TYPE 2 PU'S
****************************************************************
*        S D L C - L E I T U N G E N   mit einer PU           *
****************************************************************
G23SDLC1 GROUP DIAL=NO,           ** NO SWITCHED LINE CONTROL PROCEDURE+
               LNCTL=SDLC,        ** LEITUNGSSTEUERUNG IST SDLC         +
               REPLYTO=3.0,       ** REPLY TIME OUT IN SEKUNDEN         +
               TYPE=NCP           ** NETWORK CONTROL MODE
* ****** ****** ****** ****** ****** ****** ******
* 3270-Anschluss VTAM/SDLC I
* ****** ****** ****** ****** ****** ****** ******
LNM00000 LINE  ADDRESS=(000,HALF), ** LINE ADDRESS                     +
               ATTACH=MODEM,      ** LEITUNG UEBER MODEM ANGESCHLOSSEN +
               CLOCKNG=EXT,       ** TAKTGEBER IST IM MODEM            +
               DUPLEX=FULL,       ** MODEM IST VOLLDUPLEX FAEHIG       +
               ETRATIO=10,        ** ERROR TO TRANSMISSION RATE 1 %    +
               MAXPU=2,           ** EINE ZUSAETZLICHE PU VIELLEICHT   +
               NRZI=YES,          ** MODEM NON-RETURN-TO-ZERO CHANGE   +
               OWNER=VTAM22,      ** NUR SA 22 KANN AKTIVIEREN         +
               PAUSE=0.2,         ** POOL WAIT 0.2 SEK FUER DIESE LINE +
               RETRIES=(7,3,10),  ** 7 RETRIES IN 3 SEC 10 TIMES       +
               SERVLIM=9,         ** ANZ VON SCANS SERV.ORDER TABLE    +
               SPEED=9600,        ** 9600 BITS/SEC. NUR ZUR INFO       +
               TRANSFR=41         ** NCP BUFFER RECEIVED IN 1 OPERATION
         SERVICE ORDER=(PNM00000), ** 1.ENTRY IN DER SERVICE ORDER TAB +
               MAXLIST=2          ** EIN WEITERER ENTRY FUER DYN. RECO.
PNM00000 PU    ADDR=C1,           ** POLLING ADRESSE A (C1) DER PU     +
               ANS=CONTINUE,      ** CONTINUES TO OPERATE AFTER SHUTD. +
               DISCNT=(NO),       ** NO DISCON WENN LETZTE LU LOGOFF   +
               ISTATUS=ACTIVE,    ** INITIAL STATUS DIESER PU          +
               MAXDATA=265,       ** SEGMENTGROESSE ( DATEN + HEADER ) +
               MAXOUT=7,          ** 7 SEGMENTE ZUR PU,DANN RESPONSE   +
               PASSLIM=254,       ** ANZ VON PIU'S GLEICHZ. ZUR PU     +
               PUDR=YES,          ** DIESE PU IST LOESCHBAR UEBER DR   +
               PUTYPE=2,          ** 3174 IST PU TYPE 2                +
               SSCPFM=USSSCS      ** ERFORDERLICH BEI 3174
*
ORM0000V LU    LOCADDR=2,                                              +
               PACING=0,                                              +
               DLOGMOD=D4C32782,                                      +
               USSTAB=USSMAN1,               VTAM ONLY                 +
               LOGAPPL=VTUBES,                                         +
               ISTATUS=INACTIVE,                                      +
               VPACING=0
*
```

```
ORM0001V LU    LOCADDR=3,                                               +
               PACING=0,                                                +
               DLOGMOD=D4C32782,                                        +
               USSTAB=USSMAN1,                      VTAM ONLY           +
               LOGAPPL=VTUBES,                      VTAM ONLY           +
               ISTATUS=INACTIVE,                                        +
               VPACING=0
                   .
                   .
                   .

* ****** ****** ****** ****** ****** ****** ******
* 3270-Anschluss VTAM/SDLC II
* ****** ****** ****** ****** ****** ****** ******
LNM01001 LINE  ADDRESS=(001,HALF), ** LINE ADDRESS                      +
               ATTACH=MODEM,       ** LEITUNG UEBER MODEM ANGESCHLOSSEN +
               CLOCKNG=EXT,        ** TAKTGEBER IST IM MODEM            +
               DUPLEX=FULL,        ** MODEM IST VOLLDUPLEX FAEHIG       +
               ETRATIO=10,         ** ERROR TO TRANSMISSION RATE 1 %    +
               MAXPU=2,            ** EINE ZUSAETZLICHE PU VIELLEICHT    +
               NRZI=YES,           ** MODEM NON-RETURN-TO-ZERO CHANGE   +
               OWNER=VTAM22,       ** NUR SA 22 KANN AKTIVIEREN         +
               PAUSE=0.2,          ** POOL WAIT 0.2 SEK FUER DIESE LINE +
               RETRIES=(7,3,10),   ** 7 RETRIES IN 3 SEC 10 TIMES       +
               SERVLIM=9,          ** ANZ VON SCANS SERV.ORDER TABLE    +
               SPEED=9600,         ** 9600 BITS/SEC. NUR ZUR INFO       +
               TRANSFR=41          ** NCP BUFFER RECEIVED IN 1 OPERATION
       SERVICE ORDER=(PNM01001), ** 1.ENTRY IN DER SERVICE ORDER TAB +
               MAXLIST=2           ** EIN WEITERER ENTRY FUER DYN. RECO.
PNM01001 PU    ADDR=C1,            ** POLLING ADRESSE A (C1) DER PU      +
               ANS=CONTINUE,       ** CONTINUES TO OPERATE AFTER SHUTD. +
               DISCNT=(NO),        ** NO DISCON WENN LETZTE LU LOGOFF    +
               ISTATUS=ACTIVE,     ** INITIAL STATUS DIESER PU          +
               MAXDATA=265,        ** SEGMENTGROESSE ( DATEN + HEADER ) +
               MAXOUT=7,           ** 7 SEGMENTE ZUR PU,DANN RESPONSE    +
               PASSLIM=254,        ** ANZ VON PIU'S GLEICHZ. ZUR PU      +
               PUDR=YES,           ** DIESE PU IST LOESCHBAR UEBER DR    +
               PUTYPE=2,           ** 3174 IST PU TYPE 2                 +
               SSCPFM=USSSCS       ** ERFORDERLICH BEI 3274/31C
*
ORM0100V LU    LOCADDR=2,                                               +
               PACING=0,                                                +
               DLOGMOD=D4C32782,                                        +
               USSTAB=USSMAN1,                      VTAM ONLY           +
               LOGAPPL=VTUBES,                      VTAM ONLY           +
               ISTATUS=INACTIVE,                                        +
               VPACING=0
*
ORM0101V LU    LOCADDR=3,                                               +
               PACING=0,                                                +
               DLOGMOD=D4C32782,                                        +
               USSTAB=USSMAN1,                      VTAM ONLY           +
               LOGAPPL=VTUBES,                                          +
               ISTATUS=INACTIVE,                                        +
               VPACING=0
                   .
                   .
                   .

********************************************************************
* WAEHL-LEITUNGEN                                                  *
********************************************************************
TEL05SDL GROUP CLOCKNG=EXT,        TAKTGEBER IST IM MODEM               +
               DIAL=YES,           KENNZ. EINER WAEHLLEITUNGS GRUPPE    +
               DUPLEX=HALF,        POSTMODEM IST HALF-DUPLEX FAEHIG     +
               LNCTL=SDLC,         LEITUNGSSTEUERUNG IST SDLC           +
               NRZI=YES,                                                +
               REPLYTO=5.0,                                             +
               TYPE=NCP
LNM05007 LINE  ADDRESS=(007,HALF), ** LINE ADDRESS AUF PORT 7 (WAEHLL) +
               ATTACH=MODEM,       ** LEITUNG UEBER MODEM ANGESCHLOSSEN +
```

```
                 CALL=INOUT,         **                                         +
                 AUTO=3,             ** CALL OUT SWITCHED LINE                  +
                 ISTATUS=ACTIVE,     ** ANFANGSZUSTAND DER LEITUNG              +
                 NEWSYNC=NO,         ** NEW-SYNC SIGNAL TO THE MODEM            +
                 PAUSE=0.2,          ** POLL WAIT 0.2 SEK FUER DIESE LINE +
                 RETRIES=(5,1,3),    5 RETRIES DANN 1 SEC. PAUSE (4MAL)    +
                 REDIAL=(,6,2,9),    WIE OFT VERSUCHEN LEITUNG HERZUSTELL.+
                 SPEED=2400          ** 2400 BIT/SEC. NUR ZUR INFO
PNM05007 PU      PUTYPE=(1,2),       ** BEIDE PU TYPEN SIND ZUGELASSEN     +
                 MAXLU=3
*
*********************************************************************
* TRUNK-LEITUNGEN                                                   *
*********************************************************************
G11PRI    GROUP  ACTIVTO=420.0,                                              +
                 DIAL=NO,                                                     +
                 LNCTL=SDLC,                                                  +
                 MODE=PRI,                                                    +
                 REPLYTO=1.0,                                                 +
                 TYPE=NCP
G11SEC    GROUP  ACTIVTO=420.0,                                              +
                 DIAL=NO,                                                     +
                 LNCTL=SDLC,                                                  +
                 MODE=SEC,                                                    +
                 REPLYTO=1.0,                                                 +
                 TYPE=NCP
G11LINK   GROUP  ACTIVTO=420.0,                                              +
                 DIAL=NO,                                                     +
                 LNCTL=SDLC,                                                  +
                 OWNER=VTAM22,                                                +
                 REPLYTO=1.0,                                                 +
                 TYPE=NCP
*********************************************************************
*              1 . T R U N K                                       *
*********************************************************************
LNM40004 LINE    ADDRESS=(004,FULL), ** LINE ADDRESS IN TG01               +
                 ATTACH=MODEM,       ** LEITUNG UEBER MODEM ANGESCHLOSSEN +
                 CLOCKNG=EXT,        ** TAKTGEBER IST IM MODEM             +
                 DATMODE=FULL,       ** NCP COMMUNICATES IN FULL DUPLEX    +
                 DATRATE=HIGH,       ** DUAL RATE MODEM HIGH               +
                 DUPLEX=FULL,        ** MODEM IST VOLL DUPLEX FAEHIG       +
                 ETRATIO=10,         ** ERROR TO TRANSMISSION RATE 1 %     +
                 MAXPU=1,            ** NUR 1 PU ZUGELASSEN (KEIN DR ADD) +
                 MONLINK=YES,        ** ?? MONITORED FOR AN ACTIVATE PU    +
                 NEWSYNC=NO,         ** NEW-SYNC SIGNAL TO THE MODEM       +
                 NRZI=YES,           ** MODEM NON-RETURN-TO-ZERO-CHANGE    +
                 PAUSE=0.2,          ** POLL WAIT 0.2 SEK FUER DIESE LINE +
                 RETRIES=(7,3,10),   7 RETRIES IN 3 SEC 10 TIMES           +
                 SDLCST=(SDL11PRI,SDL11SEC), ** NAMEN AUS SDLCST MACRO     +
                 SERVLIM=254,        ** ANZ VON SCANS SERV.ORDER TABLE     +
                 SPEED=9600,         ** 9600 BIT/SEC. NUR ZUR INFO         +
                 TADDR=C1,           ** SYMBOLIC LINK ST.ADR./SDLCST       +
                 TRANSFR=41          ** NCP BUFFER RECEIVED IN 1 OPERATION
PNM40004 PU      ANS=CONTINUE,       ** CONTINUES TO OPERATE AFTER SHUTD. +
                 DATMODE=FULL,       ** NCP COMMUNICATION IN FULL DUPLEX   +
                 MAXOUT=7,           ** 7 SEGMENTE ZUR PU, DANN RESPONSE   +
                 NETID=DEXYZ000,     ** SNI                                +
                 PASSLIM=254,        ** ANZ VON PIU'S GLEICHZ. ZUR PU      +
                 PUTYPE=4,           ** 3720 IST PU TYPE 4                 +
                 TGN=1,              ** TRANSMISSION GROUP NUMBER          +
                 ISTATUS=ACTIVE      ** INITIAL STATUS DIESER PU
*********************************************************************
*              2 . T R U N K                                       *
*********************************************************************
LNM41005 LINE    ADDRESS=(005,FULL), ** LINE ADDRESS IN TG01               +
                 ATTACH=MODEM,       ** LEITUNG UEBER MODEM ANGESCHLOSSEN +
                 CLOCKNG=EXT,        ** TAKTGEBER IST IM MODEM             +
                 DATMODE=FULL,       ** NCP COMMUNICATES IN FULL DUPLEX    +
                 DATRATE=HIGH,       ** DUAL RATE MODEM HIGH               +
```

```
              DUPLEX=FULL,         ** MODEM IST VOLL DUPLEX FAEHIG       +
              ETRATIO=10,          ** ERROR TO TRANSMISSION RATE 1 %     +
              MAXPU=1,             ** NUR 1 PU ZUGELASSEN (KEIN DR ADD)  +
              MONLINK=YES,         ** ?? MONITORED FOR AN ACTIVATE PU    +
              NEWSYNC=NO,          ** NEW-SYNC SIGNAL TO THE MODEM       +
              NRZI=YES,            ** MODEM NON-RETURN-TO-ZERO-CHANGE    +
              PAUSE=0.2,           ** POLL WAIT 0.2 SEK FUER DIESE LINE  +
              RETRIES=(7,3,10),    7 RETRIES IN 3 SEC 10 TIMES          +
              SDLCST=(SDL11PRI,SDL11SEC), ** NAMEN AUS SDLCST MACRO      +
              SERVLIM=254,         ** ANZ VON SCANS SERV.ORDER TABLE     +
              SPEED=9600,          ** 9600 BIT/SEC. NUR ZUR INFO         +
              TADDR=C1,            ** SYMBOLIC LINK ST.ADR./SDLCST       +
              TRANSFR=41           ** NCP BUFFER RECEIVED IN 1 OPERATION
PNM41005 PU   ANS=CONTINUE,        ** CONTINUES TO OPERATE AFTER SHUTD.  +
              DATMODE=FULL,        ** NCP COMMUNICATION IN FULL DUPLEX   +
              MAXOUT=7,            ** 7 SEGMENTE ZUR PU, DANN RESPONSE   +
              NETID=DEXYZ000,      ** SNI                                +
              PASSLIM=254,         ** ANZ VON PIU'S GLEICHZ. ZUR PU      +
              PUTYPE=4,            ** 3720 IST PU TYPE 4                 +
              TGN=1,               ** TRANSMISSION GROUP NUMBER          +
              ISTATUS=ACTIVE       ** INITIAL STATUS DIESER PU
*
********************************************************************
* N E T W O R K   D E X Y Z M A N  <==> D E X Y Z 0 0 0   (11)     *
********************************************************************
         NETWORK ACTPU=NO,             SNI                            X
                 COSTAB=ISTCDCOS,      SNI                            X
                 NETID=DEXYZ000,       SNI                            X
                 NETLIM=5000,          SNI                            X
                 NUMHSAS=63,           SNI                            X
                 SESSLIM=255,          SNI                            X
                 SUBAREA=11            SNI
*
DEXYZ001 GWNAU NETID=DEXYZ001,         SNI                            X
                ELEMENT=1,             SNI                            X
                NAME=CD001022,         SNI                            X
                NUMSESS=1              SNI
*
         GWNAU NUMADDR=256             SNI
* ****************************************************************
* ****     N E T W O R K   D E X Y Z 0 0 0   ( P A T H )     *****
* ****     DIE ANGEGEBENEN SUBAREAS SIND DIE VON DEXYZ000    *****
* ****************************************************************
PATH000  PATH  DESTSA=(1,3,6,10,51),                                 X
               ER0=(1,1),                                            X
               VR0=0
         PATH  DESTSA=2,                                             X
               ER0=(1,1),ER3=(1,1),ER4=(1,1),ER5=(1,1),              X
               ER7=(1,1),                                            X
               VR0=0,VR1=3,VR2=5,VR3=7,VR4=4
         PATH  DESTSA=4,                                             X
               ER0=(1,1),ER3=(1,1),                                  X
               VR0=0,VR1=3
         PATH  DESTSA=5,                                             X
               ER0=(1,1),ER2=(1,1),ER5=(1,1),ER6=(1,1),              X
               ER7=(1,1),                                            X
               VR0=0,VR1=2,VR2=5,VR3=7,VR4=6
         PATH  DESTSA=(7,33),                                        X
               ER0=(1,1),ER3=(1,1),ER4=(1,1),ER5=(1,1),              X
               ER6=(1,1),                                            X
               VR0=0,VR1=4,VR2=6,VR3=3,VR4=5
         PATH  DESTSA=8,                                             X
               ER0=(1,1),ER3=(1,1),ER5=(1,1),ER6=(1,1),              X
               ER7=(1,1),                                            X
               VR0=0,VR1=3,VR2=7,VR3=5,VR4=6
         PATH  DESTSA=9,                                             X
               ER0=(1,1),ER5=(1,1),ER6=(1,1),ER7=(1,1),              X
               VR0=0,VR1=5,VR2=6,VR3=7
         PATH  DESTSA=26,                                            X
```

```
                ERO=(1,1),ER3=(1,1),ER4=(1,1),ER5=(1,1),            X
                ER6=(1,1),                                          X
                VRO=0,VR1=3,VR2=4,VR3=6,VR4=5
        PATH    DESTSA=60,                                          X
                ERO=(1,1),ER6=(1,1),                               X
                VRO=0,VR1=6
        GENEND
```

13.6.11 CTCA022 VTAMLST

```
CTCA022   VBUILD TYPE=CA
          *******************************************************************
          ****       CHANNEL TO CHANNEL ADAPTER MAJOR NODE          *****
          *******************************************************************
G22CTCA   GROUP  LNCTL=CTCA,                                        X
                 MAXBFRU=(21,32),                                   X
                 MIH=NO,                                            X
                 DELAY=0
*
MLU090    LINE   ADDRESS=700         physical channel to channel
MPU090    PU     PUTYPE=4,                                          X
                 ISTATUS=ACTIVE
*
*
LNM00092  LINE   ADDRESS=092         VSP2
PNM00092  PU     PUTYPE=4,                                          X
                 ISTATUS=ACTIVE
*
LNM00093  LINE   ADDRESS=093         VSP3
PNM00093  PU     PUTYPE=4,                                          X
                 ISTATUS=ACTIVE
*
LNM00094  LINE   ADDRESS=094         VSP4
PNM00094  PU     PUTYPE=4,                                          X
                 ISTATUS=ACTIVE
*
LNM00095  LINE   ADDRESS=095         VSP5
PNM00095  PU     PUTYPE=4,                                          X
                 ISTATUS=ACTIVE
*
```

In diesem Majornode sind der physische CTC zum B-Rechner und alle virtuellen CTCs zu den VSE/VTAMs beschrieben.

13.6.12 CDRMALL VTAMLST

Jetzt ein Wort zur Domain. Im SNA Sprachgebrauch ist die Domäne ein fest
definierter Begriff. Die Domäne bezeichnet den Wirkungsbereich eines
SSCPs. Alle Elemente, sprich PUs, LUs, LINEs, etc., die für ein bestimmtes
VTAM definiert sind, gehören zur Domäne eines VTAMs.

Häufig ist es der Fall, daß z.B. eine LU, ein Terminal, auf eine Applikation
in einer anderen Domäne zugreifen möchte. Es muß daher einen Verwalter
geben, der für jedes VTAM über die Anwendungen Buch führt und - das ist
besonders wichtig, der die Verwalter der anderen VTAMs sehr gut kennt.

Kommt so eine Anforderung über Domänengrenzen hinweg, verständigen sich die Verwalter der Applikationen untereinander. Die von mir als Verwalter bezeichneten VTAM-Dienste nennt man Cross-Domain-Ressource-Manager (CDRM). Die Anwendungen in fremden Domänen sind die Cross-Domain-Ressources (CDRS).

Die Definition der CDRMs sieht wie folgt aus:

```
CDRMALL  VBUILD TYPE=CDRM                NO CONFIGURATION RESTART
********************************************************************
*****     Lokaler Standort                                   *****
********************************************************************
DEXYZ001 NETWORK NETID=DEXYZ001          <== SNI
*
CD001022 CDRM   SUBAREA=22,              HOST A GWSSCP VM-VTAM            *
                ISTATUS=ACTIVE,          INITIALLY ACTIVE                *
                CDRSC=OPT,               DYNAMICALLY DEFINE CDRSC        *
                CDRDYN=YES,              DYNAMICALLY DEFINE CDRSC        *
                ELEMENT=1,                                               *
                VPACING=63               PACING RESP. AFTER 63 REQUEST'S
*
CD001024 CDRM   SUBAREA=24,              HOST B VM-VTAM                  *
                ISTATUS=ACTIVE,          INITIAL STATUS                  *
                CDRSC=OPT,               DYNAMIC DEFINITION              *
                CDRDYN=YES,              DYNAMIC DEFINITION              *
                ELEMENT=1,               ACF/VTAM C333                   *
                SPAN=(SPANAUG),          NCCF                            *
                VPACING=63               PACING
*
CD001002 CDRM SUBAREA=2,                 HOST VSE/SP 3                   *
                ISTATUS=ACTIVE,          INITIAL STATUS                  *
                CDRSC=OPT,               DYNAMIC DEFINITION              *
                CDRDYN=YES,              DYNAMIC DEFINITION              *
                ELEMENT=1,               ACF/VTAM C333                   *
                SPAN=(SPANAUG),          NCCF                            *
                VPACING=63               PACING
*
CD001003 CDRM SUBAREA=3,                 HOST VSE/SP 3                   *
                ISTATUS=ACTIVE,          INITIAL STATUS                  *
                CDRSC=OPT,               DYNAMIC DEFINITION              *
                CDRDYN=YES,              DYNAMIC DEFINITION              *
                ELEMENT=1,               ACF/VTAM C333                   *
                SPAN=(SPANAUG),          NCCF                            *
                VPACING=63               PACING
*
CD001004 CDRM SUBAREA=4,                 HOST VSE/SP 3                   *
                ISTATUS=ACTIVE,          INITIAL STATUS                  *
                CDRSC=OPT,               DYNAMIC DEFINITION              *
                CDRDYN=YES,              DYNAMIC DEFINITION              *
                ELEMENT=1,               ACF/VTAM C333                   *
                SPAN=(SPANAUG),          NCCF                            *
                VPACING=63               PACING
*
CD001005 CDRM SUBAREA=5,                 HOST VSE/SP 3                   *
                ISTATUS=ACTIVE,          INITIAL STATUS                  *
                CDRSC=OPT,               DYNAMIC DEFINITION              *
                CDRDYN=YES,              DYNAMIC DEFINITION              *
                ELEMENT=1,               ACF/VTAM C333                   *
                SPAN=(SPANAUG),          NCCF                            *
                VPACING=63               PACING
```

```
*****************************************************************
*****    X Y Z  -  Standort 2                              *****
*****************************************************************
DEXYZ002 NETWORK NETID=DEXYZ002          <== SNI
*
CD002014 CDRM  CDRDYN=YES,               DYNAMICALLY DEFINE CDRSC       *
               CDRSC=OPT,                DYNAMICALLY DEFINE CDRSC       *
               VPACING=63,               PACING RESP. AFTER 63 REQUEST'S *
               ISTATUS=ACTIVE            INITIALLY ACTIVE
*
         GWPATH GWN=NCP23GW,             <== SNI GATEWAY NCP SUBAREA    *
                ADJNET=DEXYZ000,         <== SNI                        *
                ADJNETSA=01,             <== SNI                        *
                ADJNETEL=1
*****************************************************************
*****    X Y Z  -  Standort 3                              *****
*****************************************************************
XYZ003   NETWORK NETID=XYZ003            <== SNI
*
CD003001 CDRM  CDRDYN=YES,               DYNAMICALLY DEFINE CDRSC       *
               CDRSC=OPT,                DYNAMICALLY DEFINE CDRSC       *
               VPACING=63,               PACING RESP. AFTER 63 REQUEST'S *
               ISTATUS=ACTIVE            INITIALLY ACTIVE
*
         GWPATH GWN=NCP23GW,             <== SNI                        *
                ADJNET=DEXYZ000,         <== SNI                        *
                ADJNETSA=05,             <== SNI                        *
                ADJNETEL=1
*****************************************************************
*****    X Y Z  -  Standort 4                              *****
*****************************************************************
DEXYZ004 NETWORK NETID=DEXYZ004          <== SNI
*
CD004001 CDRM  CDRDYN=YES,               DYNAMICALLY DEFINE CDRSC       *
               CDRSC=OPT,                DYNAMICALLY DEFINE CDRSC       *
               VPACING=63,               PACING RESP. AFTER 63 REQUEST'S *
               ISTATUS=ACTIVE            INITIALLY ACTIVE
*
         GWPATH GWN=NCP23GW,             <== SNI GATEWAY NCP SUBAREA    *
                ADJNET=DEXYZ000,         <== SNI                        *
                ADJNETSA=06,             <== SNI                        *
                ADJNETEL=1
*****************************************************************
*****    X Y Z  -  Standort 5                              *****
*****************************************************************
DEXYZ005 NETWORK NETID=DEXYZ005          <== SNI
*
CD005026 CDRM  CDRDYN=YES,               DYNAMICALLY DEFINE CDRSC       *
               CDRSC=OPT,                DYNAMICALLY DEFINE CDRSC       *
               VPACING=63,               PACING RESP. AFTER 63 REQUEST'S *
               ISTATUS=ACTIVE            INITIALLY ACTIVE
*
         GWPATH GWN=NCP23GW,             <== SNI GATEWAY NCP SUBAREA    *
                ADJNET=DEXYZ000,         <== SNI                        *
                ADJNETSA=03,             <== SNI                        *
                ADJNETEL=1
*****************************************************************
*****    X Y Z  -  Standort 6                              *****
*****************************************************************
DEXYZ006 NETWORK NETID=DEXYZ006          <== SNI
*
CD006004 CDRM  CDRDYN=YES,               DYNAMICALLY DEFINE CDRSC       *
               CDRSC=OPT,                DYNAMICALLY DEFINE CDRSC       *
               VPACING=63,               PACING RESP. AFTER 63 REQUEST'S *
               ISTATUS=ACTIVE            INITIALLY ACTIVE
*
```

```
          GWPATH GWN=NCP23GW,            <== SNI GATEWAY NCP SUBAREA       *
                 ADJNET=DEXYZ000,        <== SNI                          *
                 ADJNETSA=08,            <== SNI                          *
                 ADJNETEL=1
***********************************************************************
*****      X Y Z  -  Standort 7                                 *****
***********************************************************************
DEXYZ007 NETWORK NETID=DEXYZ007         <== SNI
*
CD007019 CDRM  CDRDYN=YES,              DYNAMICALLY DEFINE CDRSC          *
               CDRSC=OPT,               DYNAMICALLY DEFINE CDRSC          *
               VPACING=63,              PACING RESP. AFTER 63 REQUEST'S   *
               ISTATUS=ACTIVE           INITIALLY ACTIVE
*
          GWPATH GWN=NCP23GW,            <== SNI GATEWAY NCP SUBAREA       *
                 ADJNET=DEXYZ000,        <== SNI                          *
                 ADJNETSA=26,            <== SNI                          *
                 ADJNETEL=1
***********************************************************************
*****      X Y Z  -  Standort 8                                 *****
***********************************************************************
XYZ008    NETWORK NETID=XYZ008          <== SNI
*
CD008021 CDRM  CDRDYN=YES,              DYNAMICALLY DEFINE CDRSC          *
               CDRSC=OPT,               DYNAMICALLY DEFINE CDRSC          *
               VPACING=63,              PACING RESP. AFTER 63 REQUEST'S   *
               ISTATUS=ACTIVE           INITIALLY ACTIVE
*
          GWPATH GWN=NCP23GW,            <== SNI                          *
                 ADJNET=DEXYZ000,        <== SNI                          *
                 ADJNETSA=33,            <== SNI                          *
                 ADJNETEL=1
***********************************************************************
*****      X Y Z  -  Standort 9                                 *****
***********************************************************************
DEXYZ009 NETWORK NETID=DEXYZ009         <== SNI
*
CD009005 CDRM  CDRDYN=YES,              DYNAMICALLY DEFINE CDRSC          *
               CDRSC=OPT,               DYNAMICALLY DEFINE CDRSC          *
               VPACING=63,              PACING RESP. AFTER 63 REQUEST'S   *
               ISTATUS=ACTIVE           INITIALLY ACTIVE
*
          GWPATH GWN=NCP23GW,            <== SNI GATEWAY NCP SUBAREA       *
                 ADJNET=DEXYZ000,        <== SNI                          *
                 ADJNETSA=60,            <== SNI                          *
                 ADJNETEL=1
***********************************************************************
*****      X Y Z  -  Standort 10                                *****
***********************************************************************
XYZ010    NETWORK NETID=XYZ010          <== SNI
*
CD010043 CDRM  CDRDYN=YES,              DYNAMICALLY DEFINE CDRSC          *
               CDRSC=OPT,               DYNAMICALLY DEFINE CDRSC          *
               VPACING=63,              PACING RESP. AFTER 63 REQUEST'S   *
               ISTATUS=ACTIVE           INITIALLY ACTIVE
*
          GWPATH GWN=NCP23GW,            <== SNI GATEWAY NCP SUBAREA       *
                 ADJNET=DEXYZ000,        <== SNI                          *
                 ADJNETSA=51,            <== SNI                          *
                 ADJNETEL=1
***********************************************************************
*****      X Y Z  -  Standort 11                                *****
***********************************************************************
DEXYZ011 NETWORK NETID=DEXYZ011         <== SNI
*
CD011009 CDRM  CDRDYN=YES,              DYNAMICALLY DEFINE CDRSC          *
               CDRSC=OPT,               DYNAMICALLY DEFINE CDRSC          *
               VPACING=63,              PACING RESP. AFTER 63 REQUEST'S   *
               ISTATUS=ACTIVE           INITIALLY ACTIVE
```

```
*
            GWPATH GWN=NCP23GW,           <== SNI GATEWAY NCP SUBAREA   *
                   ADJNET=DEXYZ000,       <== SNI                      *
                   ADJNETSA=4,            <== SNI                      *
                   ADJNETEL=1
*********************************************************************
*****     X Y Z  -  Standort 12                              *****
*********************************************************************
DEXYZ012 NETWORK NETID=DEXYZ012           <== SNI
*
CD012014 CDRM  CDRDYN=YES,                DYNAMICALLY DEFINE CDRSC     *
               CDRSC=OPT,                 DYNAMICALLY DEFINE CDRSC     *
               VPACING=63,                PACING RESP. AFTER 63 REQUEST'S *
               ISTATUS=ACTIVE             INITIALLY ACTIVE
    *
            GWPATH GWN=NCP23GW,           <== SNI GATEWAY NCP SUBAREA   *
                   ADJNET=DEXYZ000,       <== SNI                      *
                   ADJNETSA=09,           <== SNI                      *
                   ADJNETEL=1
*********************************************************************
*****     X Y Z  -  Standort 13                              *****
*********************************************************************
DEXYZ013 NETWORK NETID=DEXYZ013           <== SNI
*
CD013022 CDRM  CDRDYN=YES,                STABURG HOST                 *
               CDRSC=OPT,                 DYNAMICALLY DEFINE CDRSC     *
               VPACING=63,                PACING RESP. AFTER 63 REQUEST'S *
               ISTATUS=ACTIVE             INITIALLY ACTIVE
    *
            GWPATH GWN=NCP23GW,           <== SNI                      *
                   ADJNET=DEXYZ000,       <== SNI                      *
                   ADJNETSA=07,           <== SNI                      *
                   ADJNETEL=1
*********************************************************************
*****     X Y Z  -  Standort 14                              *****
*********************************************************************
DEXYZ014 NETWORK NETID=DEXYZ014           <== SNI
*
CD014010 CDRM  CDRDYN=YES,                DYNAMICALLY DEFINE CDRSC     *
               CDRSC=OPT,                 DYNAMICALLY DEFINE CDRSC     *
               VPACING=63,                PACING RESP. AFTER 63 REQUEST'S *
               ISTATUS=ACTIVE             INITIALLY ACTIVE
    *
            GWPATH GWN=NCP23GW,           <== SNI GATEWAY NCP SUBAREA   *
                   ADJNET=DEXYZ000,       <== SNI                      *
                   ADJNETSA=02,           <== SNI                      *
                   ADJNETEL=1
*********************************************************************
*****     E N D E   C D R M                                  *****
*********************************************************************
```

Zu Beginn der Definitionen sind die CDRM im eigenen Netz festgelegt und
anschließend alle CDRM der fremden Netze im SNI-Verbund.

13.6.13 CDRSALL VTAMLST

```
*********************************************************************
*****         V S E   H O S T  VSP3                          *****
*********************************************************************
CDRSALL  VBUILD TYPE=CDRSC
*
DEXYZ001 NETWORK NETID=DEXYZ001
*
```

```
CICMANP1 CDRSC  CDRM=CD001004
CICMANP2 CDRSC  CDRM=CD001004
DBDCCICS CDRSC  CDRM=CD001003
CICMANI1 CDRSC  CDRM=CD001002
CICMANT1 CDRSC  CDRM=CD001002
CICMANT2 CDRSC  CDRM=CD001002
CICMANP3 CDRSC  CDRM=CD001005
MVMHPO2  CDRSC  CDRM=CD001024
MRSCS2   CDRSC  CDRM=CD001024
MVTUBES  CDRSC  CDRM=CD001024
**********************************************************************
*****        Standort 2                                         *****
**********************************************************************
DEXYZ002    NETWORK NETID=DEXYZ002
*
SAMONAUG CDRSC
CICSAUG  CDRSC
CICSAUGB CDRSC
CICAUGIA CDRSC
CICAUGIB CDRSC
CICSAUGN CDRSC
CICSAUGT CDRSC
CICSAUGU CDRSC
AJES2    CDRSC
NAUGC    CDRSC
ARSCS    CDRSC
TSOAUG   CDRSC
VMAUGB   CDRSC
AL052201 CDRSC
**********************************************************************
*****        Standort 3                                         *****
**********************************************************************
XYZ003      NETWORK NETID=XYZ003
*
SAMON01     CDRSC
SAMON04     CDRSC
SAMON10     CDRSC
**********************************************************************
*****        Standort 5                                         *****
**********************************************************************
DEXYZ005    NETWORK NETID=DEXYZ005
*
CICDON      CDRSC
**********************************************************************
*****        Standort 8                                         *****
**********************************************************************
XYZ008      NETWORK NETID=XYZ008
*
SAMON21     CDRSC
**********************************************************************
*****        Standort 9                                         *****
**********************************************************************
DEXYZ009     NETWORK NETID=DEXYZ009
*
NABCIC01    CDRSC
NABCIC02    CDRSC
NABCIC03    CDRSC
NABCIC17    CDRSC
NABSAMON    CDRSC
NABTSO      CDRSC
NABTSO9     CDRSC
NABVM03     CDRSC
NABVM07     CDRSC
NABVM09     CDRSC
NF05        CDRSC
```

```
**********************************************************************
*****        Standort 10                                        *****
**********************************************************************
XYZ010        NETWORK NETID=XYZ010
*
 IMS46        CDRSC
 IMS46M       CDRSC
 IMS46T       CDRSC
 JES43        CDRSC
 JES46        CDRSC
 NOTNC        CDRSC
 NOTNCLUC     CDRSC
 NOTND        CDRSC
 NOTNDLUC     CDRSC
 SAMON43      CDRSC
 TSO43        CDRSC
 TSO45        CDRSC
 VM49         CDRSC
 VM04         CDRSC
 VMSEVA       CDRSC
 OVM19        CDRSC
 OLO8E30I     CDRSC
**********************************************************************
*****        Standort 12                                        *****
**********************************************************************
DEXYZ012      NETWORK NETID=DEXYZ012
*
 SPRSCS14     CDRSC
**********************************************************************
*****        I B M  -  D I A L                                  *****
**********************************************************************
NLIBM000 NETWORK NETID=NLIBM000
*
 INSOE    CDRSC
 VCNADIS  CDRSC
 VRNADIS  CDRSC
*
DEIBMD2  NETWORK NETID=DEIBMD2
*
 DD7ATS   CDRSC
 DD6ASM01 CDRSC
*
GBIBM000 NETWORK NETID=GBIBM000
*
 D77ZPEMS CDRSC
*
DEIBMF4  NETWORK NETID=DEIBMF4
*
 F4DADIAL CDRSC
 F4DARSSN CDRSC
 F4OYM    CDRSC
```

Hier sind auch wieder die Anwendungen am eigenen Standort zuerst definiert und darauf die Anwendungen in den fremden Netzen. Das NETWORK-Makro bezeichnet dabei das Netz und anschließend die Anwendungen in diesem Netz.

13.7 Alle VSE/VTAM Definitionen (A-Rechner)

Nachdem wir alle VTAM-Anweisungen für das VM/VTAM und NCP im A-Rechner gezeigt haben, wenden wir uns jetzt dem (einem) VSE/VTAM zu.

Im VM werden alle VTAM-Statements in 80-stellige CMS-Files mit dem Editor geschrieben. Die entsprechende Minidisk steht der VTAM-Userid lesend zur Verfügung.

Beim VSE müssen alle VTAM-Anweisungen in eine Source-Statement-Bibliothek als B-Books mittels LIBR "gestanzt" werden. Ein LIBDEF-Statement muß auf diese Bibliothek zeigen.

Beginnen wir auch beim VSE mit der Startanweisung. Wir wissen, daß das VSE/VTAM in einer Partition läuft. VTAM wird demnach wie ein normaler Batch-Job gestartet.

13.7.1 VTAMSTRT

In unserem Beispiel soll die Userid, in der das VSE läuft, stellvertretend für fünf andere VSE-Rechner die Userid VSP3 sein. Der Startjob ist ein POWER-Job, der in der Reader-Queue verbleibt und zum Start nur "released" werden muß. Ab dem VSE Release 3 ist es möglich, CP-Kommandos direkt in die Jobcontrol einzufügen. Was im Startjob wie ein Kommentar aussieht (* CP COUPLE ...), ist die Anweisung, das COUPLE Kommando auszuführen und so die virtuelle CTC-Verbindung herzustellen.

```
* $$ JOB JNM=VTAMVSP3,CLASS=2,DISP=L,SYSID=3
* $$ LST CLASS=Q,DISP=D
// JOB VTAMVSP3
* ******** CTCA VERBINDUNG MIT VTAM HERSTELLEN ********
* CP COUPLE 093 TO VTAM 093
* ***********************************************************
// ASSGN SYS000,UA
// ASSGN SYS001,DISK,VOL=SYSWK1,SHR
// ASSGN SYS004,DISK,VOL=SYSWK1,SHR
// DLBL VTAM,'VTAM.LIBRARY'
// EXTENT ,DOSRES
// LIBDEF *,SEARCH=(VTAM.VSP3,PRD1.BASE),TEMP
// LIBDEF DUMP,CATALOG=SYSDUMP.F2
// EXEC ISTINCVT,SIZE=AUTO
/*
/&
* $$ EOJ
```

Das EXEC-Statement startet schließlich das VTAM. Als erstes wird nach einer Startliste **ATCSTR00** in den B-Books gesucht. Sie sieht wie folgt aus:

13.7.2 ATCSTR00.B

```
// JOB ATCSTR00
// DLBL VTAM,'VTAM.LIBRARY',99/365
// EXTENT ,DOSRES
// EXEC LIBR
```

```
     ACCESS S=VTAM.VSP3
     CATALOG ATCSTR00.B                         REPLACE=YES
        SSCPID=03703,                                               *
        HOSTPU=PUMAN003,                                            *
        HOSTSA=3,                                                   *
        MAXSUBA=31,                                                 *
        CONFIG=00,                                                  *
        LIST=00,                                                    *
        NOPROMPT,                                                   *
        ITLIM=25,                                                   *
        IOINT=0,                                                    *
        LFBUF=(70,192,4,10,8),                                      *
        LPBUF=(54,,,6),                                             *
        SFBUF=(153,,,20),                                           *
        SPBUF=(210,,,20),                                           *
        VFBUF=61440,                                                *
        VPBUF=184320,                                               *
        WPBUF=(100,,,10)
     /+
     /*
     /&
```

Alle VSE/VTAM Definitionen sind LIBR-Jobs zur Katalogisierung. Ähnlich
wie die Startliste im VM/VTAM, sind auch hier wieder Angaben über die
verwendbaren Puffer, die Subarea-Nummer, den Namen des SSCPs etc. gemacht. Die Anweisung **CONFIG=00** verweist auf die Konfigurationsliste
ATCCON00.

13.7.3 ATCCON00.B

```
// JOB ATCCON00
// DLBL VTAM,'VTAM.LIBRARY',99/365
// EXTENT ,DOSRES
// EXEC LIBR
   ACCESS S=VTAM.VSP3
   CATALOG ATCCON00.B                         REPLACE=YES
           ADJ003,                                            *
           APPL003,                                           *
           PATH003,                                           *
           CTCA003,                                           *
           CDRM003,                                           *
           CDRS003
   /+
   /*
   /&
```

Entsprechend der Reihenfolge in dieser Liste werden die einzelnen Books
gesucht und aktiviert.

13.7.4 ADJ003.B

```
// JOB ADJ003
// DLBL VTAM,'VTAM.LIBRARY',99/365
// EXTENT ,DOSRES
// EXEC LIBR
   ACCESS S=VTAM.VSP3
   CATALOG ADJ003.B                           REPLACE=YES
```

```
ADJ003   VBUILD TYPE=ADJSSCP
CD001022 ADJCDRM
CD001002 ADJCDRM
CD001004 ADJCDRM
CD001005 ADJCDRM
/+
/*
/&
```

13.7.5 APPL003.B

```
// JOB APPL003
// DLBL VTAM,'VTAM.LIBRARY',99/365
// EXTENT ,DOSRES
// EXEC LIBR
ACCESS S=VTAM.VSP3
CATALOG APPL003.B                       REPLACE=YES
APPL003  VBUILD TYPE=APPL
***********************************************************************
*****       APPLICATION MAJOR NODE VSP3                         *****
***********************************************************************
CICMANT3 APPL  AUTH=(PASS,ACQ)
MPOWER1  APPL  AUTH=(PASS,ACQ),                                      X
               DLOGMOD=RSCSNJEO,                                     X
               VPACING=3,                                            X
               MODETAB=POWRTAB
MLOGVTAM APPL  AUTH=PASS,                                            X
               EAS=20,                                               X
               PARSESS=NO,                                           X
               PRTCT=PUMUCKEL,                                       X
               VPACING=0
DBDCCICS APPL  AUTH=(PASS,ACQ,VPACE),                                X
               VPACING=3,                                            X
               EAS=5,                                                X
               PARSESS=YES,                                          X
               SONSCIP=YES,                                          X
               MODETAB=IESINCLM
IESWAITT APPL  AUTH=(NOACQ)
/+
/*
/&
```

13.7.6 PATH003.B

```
// JOB PATH003
// DLBL VTAM,'VTAM.LIBRARY',99/365
// EXTENT ,DOSRES
// EXEC LIBR
  ACCESS S=VTAM.VSP3
CATALOG PATH003.B                       REPLACE=YES
PATH003  PATH  DESTSA=2,                                             *
               ER0=(22,1),VR0=0,                                     *
               ER1=(22,1),VR1=1,                                     *
               ER3=(22,1),VR3=3
         PATH  DESTSA=4,                                             *
               ER0=(22,1),VR0=0,                                     *
               ER1=(22,1),VR1=1,                                     *
               ER3=(22,1),VR3=3
         PATH  DESTSA=5,                                             *
               ER0=(22,1),VR0=0,                                     *
               ER1=(22,1),VR1=1,                                     *
               ER3=(22,1),VR3=3
```

```
              PATH  DESTSA=7,                                          *
                    ER0=(22,1),VR0=0,                                  *
                    ER1=(22,1),VR1=1,                                  *
                    ER3=(22,1),VR3=3
              PATH  DESTSA=8,                                          *
                    ER0=(22,1),VR0=0,                                  *
                    ER1=(22,1),VR1=1,                                  *
                    ER3=(22,1),VR3=3
              PATH  DESTSA=22,                                         *
                    ER0=(22,1),VR0=0,                                  *
                    VRPWS00=(15,75),VRPWS01=(15,75),VRPWS02=(15,75),   *
                    ER1=(22,1),VR1=1,                                  *
                    VRPWS10=(15,75),VRPWS11=(15,75),VRPWS12=(15,75),   *
                    ER3=(22,1),VR3=3,                                  *
                    VRPWS30=(15,75),VRPWS31=(15,75),VRPWS32=(15,75)
              PATH  DESTSA=23,                                         *
                    ER0=(22,1),VR0=0,                                  *
                    VRPWS00=(15,75),VRPWS01=(15,75),VRPWS02=(15,75),   *
                    ER1=(22,1),VR1=1,                                  *
                    VRPWS10=(15,75),VRPWS11=(15,75),VRPWS12=(15,75),   *
                    ER3=(22,1),VR3=3,                                  *
                    VRPWS30=(15,75),VRPWS31=(15,75),VRPWS32=(15,75)
              PATH  DESTSA=24,                                         *
                    ER0=(22,1),VR0=0,                                  *
                    VRPWS00=(15,75),VRPWS01=(15,75),VRPWS02=(15,75),   *
                    ER1=(22,1),VR1=1,                                  *
                    VRPWS10=(15,75),VRPWS11=(15,75),VRPWS12=(15,75),   *
                    ER3=(22,1),VR3=3,                                  *
                    VRPWS30=(15,75),VRPWS31=(15,75),VRPWS32=(15,75)
    /+
    /*
    /&
```

13.7.7 CTCA003.B

```
    // JOB CTCA003
    // DLBL VTAM,'VTAM.LIBRARY',99/365
    // EXTENT ,DOSRES
    // EXEC LIBR
      ACCESS S=VTAM.VSP3
    CATALOG CTCA003.B                        REPLACE=YES
    CTCA003  VBUILD TYPE=CA
    **********************************************************************
    *****     CHANNEL TO CHANNEL ADAPTER MAJOR NODE VSP3        *****
    **********************************************************************
    G03CTCA  GROUP LNCTL=CTCA,                                  X
                   MAXBFRU=(21,32),                             X
                   MIH=NO,                                      X
                   DELAY=0
    *
    LNM00092 LINE  ADDRESS=092        VSP2
    PNM00092 PU    PUTYPE=4,                                    X
                   ISTATUS=ACTIVE
    *
    LNM00093 LINE  ADDRESS=093        VM/VTAM
    PNM00093 PU    PUTYPE=4,                                    X
                   ISTATUS=ACTIVE
    *
    LNM00094 LINE  ADDRESS=094        VSP4
    PNM00094 PU    PUTYPE=4,                                    X
                   ISTATUS=ACTIVE
    *
```

```
LNM00095 LINE   ADDRESS=095          VSP5
PNM00095 PU     PUTYPE=4,                                              X
                ISTATUS=ACTIVE
*
/+
/*
/&
```

13.7.8 CDRM003.B

```
// JOB CDRM003
// DLBL VTAM,'VTAM.LIBRARY',99/365
// EXTENT ,DOSRES
// EXEC LIBR
  ACCESS S=VTAM.VSP3
CATALOG CDRM003.B                          REPLACE=YES
CDRM003  VBUILD TYPE=CDRM
CD001002 CDRM   SUBAREA=2,                                   *
                CDRDYN=YES,                                  *
                CDRSC=OPT,                                   *
                ISTATUS=ACTIVE,                              *
                VPACING=63
CD001003 CDRM   SUBAREA=3,                                   *
                CDRDYN=YES,                                  *
                CDRSC=OPT,                                   *
                ISTATUS=ACTIVE,                              *
                VPACING=63
CD001004 CDRM   SUBAREA=4,                                   *
                CDRDYN=YES,                                  *
                CDRSC=OPT,                                   *
                ISTATUS=ACTIVE,                              *
                VPACING=63
CD001005 CDRM   SUBAREA=5,                                   *
                CDRDYN=YES,                                  *
                CDRSC=OPT,                                   *
                ISTATUS=ACTIVE,                              *
                VPACING=63
CD001022 CDRM   SUBAREA=22,                                  *
                CDRDYN=YES,                                  *
                CDRSC=OPT,                                   *
                ISTATUS=ACTIVE,                              *
                VPACING=63
CD001024 CDRM   SUBAREA=24,                                  *
                CDRDYN=YES,                                  *
                CDRSC=OPT,                                   *
                ISTATUS=ACTIVE,                              *
                VPACING=63
/+
/*
/&
```

13.7.9 CDRS003.B

```
// JOB CDRS003
// DLBL VTAM,'VTAM.LIBRARY',99/365
// EXTENT ,DOSRES
// EXEC LIBR
  ACCESS S=VTAM.VSP3
```

```
CATALOG CDRS003.B                            REPLACE=YES
CDRS003    VBUILD TYPE=CDRSC
RSCSMAN    CDRSC CDRM=CD001022
MRSCS2     CDRSC CDRM=CD001024
/+
/*
/&
```

13.8 Alle VM/VTAM Definitionen (B-Rechner)

Die folgenden Definitionen bedürfen keiner großen Erklärung mehr. Der Vollständigkeit halber will ich aber alle VTAM Statements angeben, damit Sie den Zusammenhang verstehen. Die Besonderheit im B-Rechner ist das System VTUBES. Wir kommen im abschließenden Teil dieses Kapitels noch darauf zurück.

13.8.1 ATCSTR00 VTAMLST

```
CONFIG=00,                     DEFAULT LIST OF MAJOR NODES              +
CDRSCTI=480,                   DEFAULT                                 +
COLD,                          DEFAULT                                 +
CSALIMIT=0,                    DEFAULT (NO LIMIT)                       +
DLRTCB=8,                      DEFAULT                                 +
HOSTPU=PUMAN024,                                                       +
HOSTSA=24,                     SUBAREA-NR. VM/VTAM MAN                  +
IOINT=0,                       DEACTIVATE THE FUNCTION                  +
ITLIM=250,                     SESSION NUMBER SIMULTANEOUSLY            +
MAXSUBA=31,                    HIGHEST SUBAREA VALUE                    +
MSGMOD=NO,                     DEFAULT                                 +
NETID=DEXYZ001,                SNI HOME NETWORK                        +
NOPROMPT,                      NO PROMPTING THE OPERATOR               +
SSCPID=03724,                  037=NETZ MAN. 24=SUBAREA VM     Host B  +
SSCPNAME=CD001024,             EIGENER CD-RESOURCE MANAGER             +
SONLIM=(60,30),                DEFAULT MAX.FIXED I/O BUFFER FOR SON     +
SUPP=NOSUP,                    DEFAULT NO SUPPRESSION OF VTAM MESSAGES  +
NOTNSTAT,                      DEFAULT                                 +
USSTAB=ISTINCNO,               DEFAULT USSTAB FOR VTAM MESSAGES/COMMANDS +
CRPLBUF=(32,,3,,1,4),          RPL-COPY POOL IN VIRTUAL STORAGE        +
IOBUF=(500,192,8,,64,16),      MESSAGE POOL IN FIXED STORAGE           +
LFBUF=(10,,0,,1,1),            LARGE BUFFER POOL IN FIXED STORAGE      +
LPBUF=(10,,0,,6,1),            LARGE BUFFER POOL IN VIRTUAL STORAGE    +
SFBUF=(50,,0,,1,1),            SMALL BUFFER POOL IN FIXED STORAGE      +
SPBUF=(34,,0,,1,1),            SMALL BUFFER POOL IN VIRTUAL STORAGE    +
WPBUF=(24,,0,,1,1)             MESSAGE-CONTROL BUFFER POOL IN VIRT.STOR.
```

13.8.2 ATCCON00 VTAMLST

```
* *******************************************************************
* VTAM Configuration Rechner B 00
* *******************************************************************
ADJMAN,                        ADJ-SSCP-TABLE MAJORNODE              *
APPLMAN,                       APPLICATION   MAJORNODE               *
MVMACBS,                       VM ACB RANGE POOL                     *
TERMACBS,                      Terminal ACB's                       *
MLU052,                        LOCAL NON-SNA MAJORNODE               *
MLU054,                        LOCAL NON-SNA MAJORNODE FUER CADAM 5088 *
```

```
PATH024,                        PATH MAJORNODE DEXYZ001                    *
NCP23GW,                        NCP MAJORNODE                             *
CTCA024,                        CHANNEL TO CHANNEL ADAPTER MAJOR NODE     *
CDRMALL,                        CROSS DOMAIN RESOURCE MANAGER MAJORNODE   *
CDRSALL                         CROSS DOMAIN RESOURCEN MANCHING
```

13.8.3 ADJMAN VTAMLST

```
ADJMAN    VBUILD TYPE=ADJSSCP           <= SNI ADJACENT SSCP TABLE
**********************************************************************
*
* OWN NETWORK ADJACENT SSCPS
*
**********************************************************************
DEXYZ001 NETWORK NETID=DEXYZ001         <= Lokaler Standort
CD001022 ADJCDRM                        GATEWAY CDRM Host A
```

13.8.4 APPLMAN VTAMLST

```
APPLMAN   VBUILD TYPE=APPL
*
MVMHPO2   APPL   AUTH=(PASS,ACQ),                                         X
                 ACBNAME=MVMHPO2,                                         X
                 AUTHEXIT=YES
*
MRSCS2    APPL   AUTH=(ACQ),                                             X
                 MODETAB=RSCSTAB,                                        X
                 DLOGMOD=RSCSNJE0,                                       X
                 VPACING=3,                                             X
                 AUTHEXIT=YES
*
MVTUBES   APPL   ACBNAME=MVTUBES,                                        *
                 AUTH=(ACQ,PASS,NVPACE),                                *
                 EAS=250,                                               *
                 PARSESS=YES,                                           *
                 VPACING=0
*
```

13.8.5 MVMACBS VTAMLST

```
**********************************************************************
* MVMACBS - Range ACB's für VTUBES                                   *
* Generiert durch MVMGEN EXEC am 12/06/90                            *
**********************************************************************
*
MVMACBS   VBUILD TYPE=APPL
*
* ACBS's für A-Rechner: MVMA061 - MVMA120
*
MVMA061   APPL   ACBNAME=MVMA061,AUTH=(ACQ,NVPACE),PARSESS=YES,EAS=2,   X
                 MODETAB=VTUBMODE
MVMA062   APPL   ACBNAME=MVMA062,AUTH=(ACQ,NVPACE),PARSESS=YES,EAS=2,   X
                 MODETAB=VTUBMODE
MVMA063   APPL   ACBNAME=MVMA063,AUTH=(ACQ,NVPACE),PARSESS=YES,EAS=2,   X
                 MODETAB=VTUBMODE
                       .
                       .
                       .
```

```
MVMA119  APPL   ACBNAME=MVMA119,AUTH=(ACQ,NVPACE),PARSESS=YES,EAS=2,     X
                MODETAB=VTUBMODE
MVMA120  APPL   ACBNAME=MVMA120,AUTH=(ACQ,NVPACE),PARSESS=YES,EAS=2,     X
                MODETAB=VTUBMODE
*
* ACBS's für B-Rechner: MVMB001 - MVMB060
*
MVMB001  APPL   ACBNAME=MVMB001,AUTH=(ACQ,NVPACE),PARSESS=YES,EAS=2,     X
                MODETAB=VTUBMODE
MVMB002  APPL   ACBNAME=MVMB002,AUTH=(ACQ,NVPACE),PARSESS=YES,EAS=2,     X
                MODETAB=VTUBMODE
MVMB003  APPL   ACBNAME=MVMB003,AUTH=(ACQ,NVPACE),PARSESS=YES,EAS=2,     X
                MODETAB=VTUBMODE
                        .
                        .
                        .
MVMB060  APPL   ACBNAME=MVMB060,AUTH=(ACQ,NVPACE),PARSESS=YES,EAS=2,     X
                MODETAB=VTUBMODE
```

13.8.6 TERMACBS VTAMLST

```
**********************************************************************
* Terminal ACB's for VTUBES                                         *
**********************************************************************
         VBUILD TYPE=APPL
OLM5000A APPL   ACBNAME=OLM5000A,                                         *
                AUTH=(ACQ,NVPACE),                                       *
                PARSESS=YES,                                             *
                EAS=03,                                                  *
                MODETAB=VTUBMODE,                                        *
                VPACING=0
OLM5001A APPL   ACBNAME=OLM5001A,                                        *
                AUTH=(ACQ,NVPACE),                                       *
                PARSESS=YES,                                             *
                EAS=03,                                                  *
                MODETAB=VTUBMODE,                                        *
                VPACING=0
                        .
                        .
                        .
                        .
ML10426A APPL   ACBNAME=ML10426A,                                        *
                AUTH=(ACQ,NVPACE),                                       *
                PARSESS=YES,                                             *
                EAS=03,                                                  *
                MODETAB=VTUBMODE,                                        *
                VPACING=0
ML10427A APPL   ACBNAME=ML10427A,                                        *
                AUTH=(ACQ,NVPACE),                                       *
                PARSESS=YES,                                             *
                EAS=03,                                                  *
                MODETAB=VTUBMODE,                                        *
                VPACING=0
```

13.8.7 MLU052 VTAMLST

```
***********************************************************************
* Local NON SNA Majornode
***********************************************************************
MLU052     LBUILD
*
ML05200V LOCAL  CUADDR=660,                                           X
                TERM=3277,                                            X
                FEATUR2=MODEL2,                                       X
                DLOGMOD=S3270,                                        X
                LOGAPPL=VTUBES,                                       X
                USSTAB=USSMAN2,                                       X
                ISTATUS=INACTIVE
ML05201V LOCAL  CUADDR=661,                                           X
                TERM=3277,                                            X
                FEATUR2=MODEL2,                                       X
                DLOGMOD=S3270,                                        X
                USSTAB=USSMAN2,                                       X
                LOGAPPL=VTUBES,                                       X
                ISTATUS=INACTIVE
                    .
                    .
                    .
                    .
ML05231V LOCAL  CUADDR=67F,                                           X
                TERM=3277,                                            X
                FEATUR2=MODEL2,                                       X
                DLOGMOD=S3270,                                        X
                USSTAB=USSMAN2,                                       X
                LOGAPPL=VTUBES,                                       X
                ISTATUS=INACTIVE
```

13.8.8 PATH024 VTAMLST

```
PATH024  PATH  DESTSA=2,                                              *
               ER0=(22,1),VR0=0,                                      *
               VRPWS00=(15,75),VRPWS01=(15,75),VRPWS02=(15,75),       *
               ER1=(23,1),VR1=1,                                      *
               VRPWS10=(15,75),VRPWS11=(15,75),VRPWS12=(15,75),       *
               ER3=(22,1),VR3=3,                                      *
               VRPWS30=(15,75),VRPWS31=(15,75),VRPWS32=(15,75)
         PATH  DESTSA=3,                                              *
               ER0=(22,1),VR0=0,                                      *
               VRPWS00=(15,75),VRPWS01=(15,75),VRPWS02=(15,75),       *
               ER1=(23,1),VR1=1,                                      *
               VRPWS10=(15,75),VRPWS11=(15,75),VRPWS12=(15,75),       *
               ER3=(22,1),VR3=3,                                      *
               VRPWS30=(15,75),VRPWS31=(15,75),VRPWS32=(15,75)
         PATH  DESTSA=4,                                              *
               ER0=(22,1),VR0=0,                                      *
               VRPWS00=(15,75),VRPWS01=(15,75),VRPWS02=(15,75),       *
               ER1=(23,1),VR1=1,                                      *
               VRPWS10=(15,75),VRPWS11=(15,75),VRPWS12=(15,75),       *
               ER3=(22,1),VR3=3,                                      *
               VRPWS30=(15,75),VRPWS31=(15,75),VRPWS32=(15,75)
         PATH  DESTSA=5,                                              *
               ER0=(22,1),VR0=0,                                      *
               VRPWS00=(15,75),VRPWS01=(15,75),VRPWS02=(15,75),       *
               ER1=(23,1),VR1=1,                                      *
               VRPWS10=(15,75),VRPWS11=(15,75),VRPWS12=(15,75),       *
               ER3=(22,1),VR3=3,                                      *
               VRPWS30=(15,75),VRPWS31=(15,75),VRPWS32=(15,75)
         PATH  DESTSA=7,                                              *
               ER0=(22,1),VR0=0,                                      *
               VRPWS00=(15,75),VRPWS01=(15,75),VRPWS02=(15,75),       *
```

```
                ER1=(23,1),VR1=1,                                              *
                VRPWS10=(15,75),VRPWS11=(15,75),VRPWS12=(15,75),               *
                ER3=(22,1),VR3=3,                                              *
                VRPWS30=(15,75),VRPWS31=(15,75),VRPWS32=(15,75)
         PATH   DESTSA=8,                                                      *
                ERO=(22,1),VRO=0,                                             *
                VRPWS00=(15,75),VRPWS01=(15,75),VRPWS02=(15,75),              *
                ER1=(23,1),VR1=1,                                             *
                VRPWS10=(15,75),VRPWS11=(15,75),VRPWS12=(15,75),              *
                ER3=(22,1),VR3=3,                                             *
                VRPWS30=(15,75),VRPWS31=(15,75),VRPWS32=(15,75)
         PATH   DESTSA=22,                                                    *
                ERO=(22,1),VRO=0,                                             *
                VRPWS00=(15,75),VRPWS01=(15,75),VRPWS02=(15,75),              *
                ER1=(23,1),VR1=1,                                             *
                VRPWS10=(15,75),VRPWS11=(15,75),VRPWS12=(15,75),              *
                ER2=(22,1),VR2=2,                                             *
                VRPWS20=(15,75),VRPWS21=(15,75),VRPWS22=(15,75),              *
                ER3=(22,1),VR3=3,                                             *
                VRPWS30=(15,75),VRPWS31=(15,75),VRPWS32=(15,75)
         PATH   DESTSA=23,                                                    *
                ERO=(23,1),VRO=0,                                             *
                VRPWS00=(15,75),VRPWS01=(15,75),VRPWS02=(15,75),              *
                ER1=(23,1),VR1=1,                                             *
                VRPWS10=(15,75),VRPWS11=(15,75),VRPWS12=(15,75),              *
                ER2=(22,1),VR2=2,                                             *
                VRPWS20=(15,75),VRPWS21=(15,75),VRPWS22=(15,75),              *
                ER3=(23,1),VR3=3,                                             *
                VRPWS30=(15,75),VRPWS31=(15,75),VRPWS32=(15,75)
```

13.8.9 NCP23GW VTAMLST

```
**********************************************************************
* NCP Definitionen für Rechner B
**********************************************************************
**         WIE SOLL DIE HOST MIT DER 3720 UMGEHEN ?                   **
**********************************************************************
CHAN560  PCCU  CUADDR=560,      ** LADEADRESSE FUER DAS NCP           +
               AUTODMP=NO,      ** KEIN DUMP OHNE OPERATOR            +
               AUTOIPL=NO,      ** KEIN NCP-LOAD  NACH DUMP OD.FEHLER+
               AUTOSYN=YES,     ** KEIN OPERATOR PROMPTING B.NCP-LOAD+
               BACKUP=YES,      ** BACKUP HOST WENN EIGENER DOWN      +
               MAXDATA=6144,    ** GROESSTE PIU OUTBOUND ZUM NCP      +
               OWNER=VTAM22,    ** NUR SA 22 KANN AKTIVIEREN          +
               GWCTL=ONLY,      ** SNI                                +
               NETID=DEMBBBMAN, ** SNI                                +
               SUBAREA=22,      ** POSTLEITZAHL DER HOST              +
               VFYLM=YES        ** BEI OPERATOR LOAD (LOAD=U)
*
CHAN540  PCCU  CUADDR=540,      ** LADEADRESSE FUER DAS NCP           +
               AUTODMP=NO,      ** KEIN DUMP OHNE OPERATOR            +
               AUTOIPL=NO,      ** KEIN NCP-LOAD  NACH DUMP OD.FEHLER+
               AUTOSYN=YES,     ** KEIN OPERATOR PROMPTING B.NCP-LOAD+
               BACKUP=YES,      ** BACKUP HOST WENN EIGENER DOWN      +
               MAXDATA=6144,    ** GROESSTE PIU OUTBOUND ZUM NCP      +
               OWNER=VTAM22,    ** NUR SA 22 KANN AKTIVIEREN          +
               GWCTL=ONLY,      ** SNI                                +
               NETID=DEXYZ001,  ** SNI                                +
               SUBAREA=24,      ** POSTLEITZAHL DER HOST              +
               VFYLM=YES        ** BEI OPERATOR LOAD (LOAD=U)
```

```
***********************************************************************
**                                                                 **
***********************************************************************
NCP3720  BUILD VERSION=V4R2,        ** NCP-VERSION 4 RELEASE 2         +
               BFRS=128,            ** GROESSE DER NCP-BUFFER          +
               CA=(TYPE5,TYPE5),    ** 2 X CHANNEL ADAPTER TYPE 5      +
               CANETID=(DEXYZ001,), ** SNI                            +
               CATRACE=(YES,64),    ** CHAN. ADAPTER TRACE FACILITY    +
               COSTAB=ISTSDCOS,     ** SNI                             +
               DELAY=(0.1,0.1),     ** DELAY F. ATTENTION INTERUPT     +
               DR3270=YES,          ** DYNAMIC RECONFIGURATION 3270    +
               ENABLTO=2.2,         ** 2,3 SEK. BIS DSR NACH ACT LINE  +
               HSBPOOL=512,         ** SNI                             +
               LTRACE=2,            ** ANZAHL GLEICHZEITIGER LINE TRACES +
               LOADLIB=NCP23GW,     ** LOADLIBNAME FUER NCP LOAD       +
               MAXSSCP=8,           ** ANZAHL DER SSCPS IN DIESEM NETZ +
               MAXSUBA=31,          ** ANZAHL DER POSTLEITZAHLBEREICHE +
               MODEL=3720,          ** MODEL ANGABE ERFORDERLICH       +
               NCPCA=(ACTIVE,ACTIVE),  ** CHAN ADAPTER STATUS          +
               NETID=DEXYZ001,      ** SNI                             +
               NETLIM=5000,         ** SNI                             +
               NEWNAME=NCP23GW,     ** SNI   (VORHER NCP23)            +
               NUMHSAS=12,          ** ANZAHL HOST SUBAREAS            +
               PRTGEN=NOGEN,        ** NOGEN FUER STAGE 1 ASSEMBLY     +
               PWROFF=NO,           ** REMOTE POWER OFF FEATURE        +
               SESSLIM=255,         ** SNI                             +
               SLODOWN=12,          ** %-SCHWELLWERT DER BUFFER/SLOWDOWN +
               SUBAREA=23,          ** POSTLEITZAHL (SA) FUER DAS NCP  +
               TIMEOUT=(420,420),   ** WARTE 7 MINUTEN WENN HOST WEG   +
               TRACE=(YES,64),      ** 64 TRACE ENTRIES JE 16 BYTES    +
               TYPGEN=NCP,          ** DIES IST NCP GENERIERUNG        +
               TYPSYS=VM,           ** UNTER VM BETRIEBSSYSTEM         +
               UCHAN=NO,            ** KEINE USER GESCHRIEBENES CHAN.HAND+
               VRPOOL=40            ** ANZAHL VR ZU DIESEM NCP
***********************************************************************
**                                                                 **
***********************************************************************
         SYSCNTRL OPTIONS=(BACKUP,  ** SIE SIND GUT BERATEN, WENN SIE   +
               BHSASSC,             ** S A E M T L I C H E  DYNAMISCHEN +
               DLRID,               ** KONTROLLMOEGLICHKEITEN ANGEBEN.  +
               DVSINIT,             ** DAMIT KOENNEN SIE DANN DAS       +
               ENDCALL,             ** SYSCNTRL MACRO VOELLIG VERGESSEN.+
               LNSTAT,              ** ES IST NAEMLICH SO, DASS BEIM    +
               MODE,                ** GENERIERUNGSPROZESS NUR          +
               NAKLIM,              ** DIEJENIGEN PROGRAMM-MODULE       +
               RCNTRL,              ** AUTOMATISCH AUSGEWAEHLT UND ZUM  +
               RCOND,               ** NCP HINZUGELINKT WERDEN, DIE AUCH+
               RDEVQ,               ** TATSAECHLICH BENOETIGT WERDEN.   +
               RECMD,                                                  +
               RIMM,                                                   +
               SESINIT,                                               +
               SESSION,                                               +
               SSPAUSE,                                               +
               STORDSP,                                               +
               XMTLMT)
***********************************************************************
**                                                                 **
***********************************************************************
HOST22   HOST INBFRS=10,           ** 10 NCP BUFFER PRE-ALLOC F.OUTBOUND+
               MAXBFRU=32,          ** 32 BUFFER PRE-ALLOC FUER INBOUND  +
               UNITSZ=192,          ** GLEICHER WERT ODER KLEINER IOBUF  +
               NETID=DEXYZ001,      ** SNI                              +
               BFRPAD=0,            ** ANZAHL VON PAD CHARACTERS         +
               SUBAREA=22           ** POSTLEITZAHL (SA) HOST-VTAM
HOST24   HOST INBFRS=10,           ** 10 NCP BUFFER PRE-ALLOC F.OUTBOUND+
               MAXBFRU=32,          ** 32 BUFFER PRE-ALLOC FUER INBOUND  +
               UNITSZ=192,          ** GLEICHER WERT ODER KLEINER IOBUF  +
               NETID=DEXYZ001,      ** SNI                              +
```

```
                        BFRPAD=0,          ** ANZAHL VON PAD CHARACTERS        +
                        SUBAREA=24         ** POSTLEITZAHL (SA) HOST-VTAM
************************************************************************
**        Pfade im Nullnetz                                          **
************************************************************************
            PATH  DESTSA=2,                                           *
                  ER0=(22,1),VR0=0,                                   *
                  VRPWS00=(15,75),VRPWS01=(15,75),VRPWS02=(15,75),    *
                  ER1=(22,1),VR1=1,                                   *
                  VRPWS10=(15,75),VRPWS11=(15,75),VRPWS12=(15,75),    *
                  ER3=(24,1),VR3=3,                                   *
                  VRPWS30=(15,75),VRPWS31=(15,75),VRPWS32=(15,75)
            PATH  DESTSA=3,                                           *
                  ER0=(22,1),VR0=0,                                   *
                  VRPWS00=(15,75),VRPWS01=(15,75),VRPWS02=(15,75),    *
                  ER1=(22,1),VR1=1,                                   *
                  VRPWS10=(15,75),VRPWS11=(15,75),VRPWS12=(15,75),    *
                  ER3=(24,1),VR3=3,                                   *
                  VRPWS30=(15,75),VRPWS31=(15,75),VRPWS32=(15,75)
            PATH  DESTSA=4,                                           *
                  ER0=(22,1),VR0=0,                                   *
                  VRPWS00=(15,75),VRPWS01=(15,75),VRPWS02=(15,75),    *
                  ER1=(22,1),VR1=1,                                   *
                  VRPWS10=(15,75),VRPWS11=(15,75),VRPWS12=(15,75),    *
                  ER3=(24,1),VR3=3,                                   *
                  VRPWS30=(15,75),VRPWS31=(15,75),VRPWS32=(15,75)
            PATH  DESTSA=5,                                           *
                  ER0=(22,1),VR0=0,                                   *
                  VRPWS00=(15,75),VRPWS01=(15,75),VRPWS02=(15,75),    *
                  ER1=(22,1),VR1=1,                                   *
                  VRPWS10=(15,75),VRPWS11=(15,75),VRPWS12=(15,75),    *
                  ER3=(24,1),VR3=3,                                   *
                  VRPWS30=(15,75),VRPWS31=(15,75),VRPWS32=(15,75)
            PATH  DESTSA=7,                                           *
                  ER0=(22,1),VR0=0,                                   *
                  VRPWS00=(15,75),VRPWS01=(15,75),VRPWS02=(15,75),    *
                  ER1=(22,1),VR1=1,                                   *
                  VRPWS10=(15,75),VRPWS11=(15,75),VRPWS12=(15,75),    *
                  ER3=(24,1),VR3=3,                                   *
                  VRPWS30=(15,75),VRPWS31=(15,75),VRPWS32=(15,75)
            PATH  DESTSA=8,                                           *
                  ER0=(22,1),VR0=0,                                   *
                  VRPWS00=(15,75),VRPWS01=(15,75),VRPWS02=(15,75),    *
                  ER1=(22,1),VR1=1,                                   *
                  VRPWS10=(15,75),VRPWS11=(15,75),VRPWS12=(15,75),    *
                  ER3=(24,1),VR3=3,                                   *
                  VRPWS30=(15,75),VRPWS31=(15,75),VRPWS32=(15,75)
            PATH  DESTSA=22,                                          *
                  ER0=(22,1),VR0=0,                                   *
                  VRPWS00=(15,75),VRPWS01=(15,75),VRPWS02=(15,75),    *
                  ER1=(22,1),VR1=1,                                   *
                  VRPWS10=(15,75),VRPWS11=(15,75),VRPWS12=(15,75),    *
                  ER2=(22,1),VR2=2,                                   *
                  VRPWS20=(15,75),VRPWS21=(15,75),VRPWS22=(15,75),    *
                  ER3=(24,1),VR3=3,                                   *
                  VRPWS30=(15,75),VRPWS31=(15,75),VRPWS32=(15,75)
            PATH  DESTSA=24,                                          *
                  ER0=(24,1),VR0=0,                                   *
                  VRPWS00=(15,75),VRPWS01=(15,75),VRPWS02=(15,75),    *
                  ER1=(24,1),VR1=1,                                   *
                  VRPWS10=(15,75),VRPWS11=(15,75),VRPWS12=(15,75),    *
                  ER2=(22,1),VR2=2,                                   *
                  VRPWS20=(15,75),VRPWS21=(15,75),VRPWS22=(15,75),    *
                  ER3=(24,1),VR3=3,                                   *
                  VRPWS30=(15,75),VRPWS31=(15,75),VRPWS32=(15,75)
```

```
***********************************************************************
* Definition fuer SDLC-Station Primary and Secondary fuer Trunk-Line  *
***********************************************************************
SDL11PRI SDLCST GROUP=G11PRI,     ** NAME DER GROUP                   +
                MAXOUT=7,         ** 7 PIU AN ADJAC.NCP, DANN RESP./PU +
                MODE=PRI,         ** PRIMARY DEVICE                   +
                PASSLIM=254,      ** MAX ANZ PIU AN ADJAC.NCP         +
                RETRIES=(7,3,10), ** 7 RETRIES,3 SEK PAUSE, 11-MAL    +
                SERVLIM=254       ** 254 REGULAR SCANS IN SERVICE ORDER
SDL11SEC SDLCST GROUP=G11SEC,     ** NAME DER GROUP                   +
                MAXOUT=7,         ** 7 PIU AN ADJAC.NCP, DANN RESP./PU +
                MODE=SEC,         ** SECONDARY DEVICE                 +
                PASSLIM=254,      ** MAX ANZ PIU AN ADJAC.NCP         +
                TADDR=C1          ** EBCDIC SDLC DEVICE ADRESSE
***********************************************************************
         PUDRPOOL NUMBER=2,       ** 2 CUB'S (CONTROL UNIT BLOCKS)    +
                  MAXLU=32        ** BIS ZU 32 LU'S AN JEDER NEUEN PU
         LUDRPOOL NUMTYP1=0,      ** 00 LUB'S AN TYPE 1 PU'S          +
                  NUMTYP2=64      ** 64 LUB'S AN TYPE 2 PU'S
***********************************************************************
* Trunk-Leitungen                                                     *
***********************************************************************
G11PRI   GROUP ACTIVTO=420.0,                                        +
               DIAL=NO,                                              +
               LNCTL=SDLC,                                           +
               MODE=PRI,                                             +
               REPLYTO=1.0,                                          +
               TYPE=NCP
G11SEC   GROUP ACTIVTO=420.0,                                        +
               DIAL=NO,                                              +
               LNCTL=SDLC,                                           +
               MODE=SEC,                                             +
               REPLYTO=1.0,                                          +
               TYPE=NCP
G11LINK  GROUP ACTIVTO=420.0,                                        +
               DIAL=NO,                                              +
               LNCTL=SDLC,                                           +
               OWNER=VTAM22,                                         +
               REPLYTO=1.0,                                          +
               TYPE=NCP
***********************************************************************
*              1 . T R U N K                                          *
***********************************************************************
LNM40004 LINE ADDRESS=(004,FULL), ** LINE ADDRESS IN TG01            +
              ATTACH=MODEM,       ** LEITUNG UEBER MODEM ANGESCHLOSSEN +
              CLOCKNG=EXT,        ** TAKTGEBER IST IM MODEM           +
              DATMODE=FULL,       ** NCP COMMUNICATES IN FULL DUPLEX  +
              DATRATE=HIGH,       ** DUAL RATE MODEM HIGH             +
              DUPLEX=FULL,        ** MODEM IST VOLL DUPLEX FAEHIG     +
              ETRATIO=10,         ** ERROR TO TRANSMISSION RATE 1 %   +
              MAXPU=1,            ** NUR 1 PU ZUGELASSEN (KEIN DR ADD) +
              MONLINK=YES,        ** ?? MONITORED FOR AN ACTIVATE PU  +
              NEWSYNC=NO,         ** NEW-SYNC SIGNAL TO THE MODEM     +
              NRZI=YES,           ** MODEM NON-RETURN-TO-ZERO-CHANGE  +
              PAUSE=0.2,          ** POLL WAIT 0.2 SEK FUER DIESE LINE +
              RETRIES=(7,3,10),   7 RETRIES IN 3 SEC 10 TIMES         +
              SDLCST=(SDL11PRI,SDL11SEC), ** NAMEN AUS SDLCST MACRO   +
              SERVLIM=254,        ** ANZ VON SCANS SERV.ORDER TABLE   +
              SPEED=9600,         ** 9600 BIT/SEC. NUR ZUR INFO       +
              TADDR=C1,           ** SYMBOLIC LINK ST.ADR./SDLCST     +
              TRANSFR=41          ** NCP BUFFER RECEIVED IN 1 OPERATION
PNM40004 PU   ANS=CONTINUE,       ** CONTINUES TO OPERATE AFTER SHUTD. +
              DATMODE=FULL,       ** NCP COMMUNICATION IN FULL DUPLEX +
              MAXOUT=7,           ** 7 SEGMENTE ZUR PU, DANN RESPONSE +
              NETID=DEXYZ000,     ** SNI                              +
              PASSLIM=254,        ** ANZ VON PIU'S GLEICHZ. ZUR PU    +
              PUTYPE=4,           ** 3720 IST PU TYPE 4               +
              TGN=1,              ** TRANSMISSION GROUP NUMBER        +
              ISTATUS=ACTIVE      ** INITIAL STATUS DIESER PU
```

```
         *****************************************************************
         *             2 . T R U N K                                     *
         *****************************************************************
         LNM41005 LINE  ADDRESS=(005,FULL), ** LINE ADDRESS IN TG01            +
                        ATTACH=MODEM,       ** LEITUNG UEBER MODEM ANGESCHLOSSEN +
                        CLOCKNG=EXT,        ** TAKTGEBER IST IM MODEM           +
                        DATMODE=FULL,       ** NCP COMMUNICATES IN FULL DUPLEX  +
                        DATRATE=HIGH,       ** DUAL RATE MODEM HIGH             +
                        DUPLEX=FULL,        ** MODEM IST VOLL DUPLEX FAEHIG     +
                        ETRATIO=10,         ** ERROR TO TRANSMISSION RATE 1 %   +
                        MAXPU=1,            ** NUR 1 PU ZUGELASSEN (KEIN DR ADD) +
                        MONLINK=YES,        ** ?? MONITORED FOR AN ACTIVATE PU  +
                        NEWSYNC=NO,         ** NEW-SYNC SIGNAL TO THE MODEM     +
                        NRZI=YES,           ** MODEM NON-RETURN-TO-ZERO-CHANGE  +
                        PAUSE=0.2,          ** POLL WAIT 0.2 SEK FUER DIESE LINE +
                        RETRIES=(7,3,10),   7 RETRIES IN 3 SEC 10 TIMES         +
                        SDLCST=(SDL11PRI,SDL11SEC), ** NAMEN AUS SDLCST MACRO   +
                        SERVLIM=254,        ** ANZ VON SCANS SERV.ORDER TABLE   +
                        SPEED=9600,         ** 9600 BIT/SEC. NUR ZUR INFO       +
                        TADDR=C1,           ** SYMBOLIC LINK ST.ADR./SDLCST     +
                        TRANSFR=41          ** NCP BUFFER RECEIVED IN 1 OPERATION
         PNM41005 PU    ANS=CONTINUE,       ** CONTINUES TO OPERATE AFTER SHUTD. +
                        DATMODE=FULL,       ** NCP COMMUNICATION IN FULL DUPLEX +
                        MAXOUT=7,           ** 7 SEGMENTE ZUR PU, DANN RESPONSE +
                        NETID=DEXYZ000,     ** SNI                             +
                        PASSLIM=254,        ** ANZ VON PIU'S GLEICHZ. ZUR PU    +
                        PUTYPE=4,           ** 3720 IST PU TYPE 4               +
                        TGN=1,              ** TRANSMISSION GROUP NUMBER        +
                        ISTATUS=ACTIVE      ** INITIAL STATUS DIESER PU
         *****************************************************************
         * N E T W O R K   D E X Y Z M A N  <==> D E X Y Z 0 0 0   (11)   *
         *****************************************************************
                  NETWORK ACTPU=NO,           SNI                              X
                          COSTAB=ISTCDCOS,     SNI                              X
                          NETID=DEXYZ000,      SNI                              X
                          NETLIM=5000,         SNI                              X
                          NUMHSAS=63,          SNI                              X
                          SESSLIM=255,         SNI                              X
                          SUBAREA=11           SNI
         *
         DEXYZ001 GWNAU NETID=DEXYZ001,        SNI                             X
                        ELEMENT=1,             SNI                             X
                        NAME=CD001022,         SNI                             X
                        NUMSESS=1              SNI
         *
                  GWNAU NUMADDR=256            SNI
                  GENEND
```

13.8.10 CTCA024 VTAMLST

```
         CTCA024  VBUILD TYPE=CA
         *****************************************************************
         *****     CHANNEL TO CHANNEL ADAPTER MAJOR NODE           *****
         *****************************************************************
         G24CTCA  GROUP LNCTL=CTCA,                                           X
                        MAXBFRU=(21,32),                                      X
                        MIH=NO,                                               X
                        DELAY=0
         *
         MLU090   LINE  ADDRESS=700       physical channel to channel
         MPU090   PU    PUTYPE=4,                                             X
                        ISTATUS=ACTIVE
         *
```

13.8.11 CDRMALL VTAMLST

```
CDRMALL  VBUILD TYPE=CDRM             NO CONFIGURATION RESTART
*********************************************************************
*****    X Y Z  -  Standort 1                               *****
*********************************************************************
DEXYZ001 NETWORK NETID=DEXYZ001       <== SNI
*
CD001022 CDRM  SUBAREA=22,            Host A              /VTAM GWSSCP *
               ISTATUS=ACTIVE,        INITIALLY ACTIVE                *
               CDRSC=OPT,             DYNAMICALLY DEFINE CDRSC        *
               CDRDYN=YES,            DYNAMICALLY DEFINE CDRSC        *
               ELEMENT=1,             Element part of network address *
               VPACING=63             PACING RESP. AFTER 63 REQUEST'S
*
CD001024 CDRM  SUBAREA=24,            Host B VM/VTAM                  *
               ISTATUS=ACTIVE,        INITIALLY ACTIVE                *
               CDRSC=OPT,             DYNAMICALLY DEFINE CDRSC        *
               CDRDYN=YES,            DYNAMICALLY DEFINE CDRSC        *
               ELEMENT=1,             Element part of network address *
               VPACING=63             PACING RESP. AFTER 63 REQUEST'S
*
CD001002 CDRM SUBAREA=2,              HOST VSE/SP 3                   *
               ISTATUS=ACTIVE,        INITIAL STATUS                  *
               CDRSC=OPT,             DYNAMIC DEFINITION              *
               CDRDYN=YES,            DYNAMIC DEFINITION              *
               ELEMENT=1,             ACF/VTAM C333                   *
               SPAN=(SPANAUG),        NCCF                            *
               VPACING=63             PACING
*
CD001003 CDRM SUBAREA=3,              HOST VSE/SP 3                   *
               ISTATUS=ACTIVE,        INITIAL STATUS                  *
               CDRSC=OPT,             DYNAMIC DEFINITION              *
               CDRDYN=YES,            DYNAMIC DEFINITION              *
               ELEMENT=1,             ACF/VTAM C333                   *
               SPAN=(SPANAUG),        NCCF                            *
               VPACING=63             PACING
*
CD001004 CDRM SUBAREA=4,              HOST VSE/SP 3                   *
               ISTATUS=ACTIVE,        INITIAL STATUS                  *
               CDRSC=OPT,             DYNAMIC DEFINITION              *
               CDRDYN=YES,            DYNAMIC DEFINITION              *
               ELEMENT=1,             ACF/VTAM C333                   *
               SPAN=(SPANAUG),        NCCF                            *
               VPACING=63             PACING
*
CD001005 CDRM SUBAREA=5,              HOST VSE/SP 3                   *
               ISTATUS=ACTIVE,        INITIAL STATUS                  *
               CDRSC=OPT,             DYNAMIC DEFINITION              *
               CDRDYN=YES,            DYNAMIC DEFINITION              *
               ELEMENT=1,             ACF/VTAM C333                   *
               SPAN=(SPANAUG),        NCCF                            *
               VPACING=63             PACING
```

13.8.12 CDRSALL VTAMLST

```
CDRSALL   VBUILD TYPE=CDRSC
*********************************************************************
*****     Standort 1        V S E   H O S T                 *****
*********************************************************************
DEXYZ001   NETWORK NETID=DEXYZ001
*
CICMANP1   CDRSC CDRM=CD001004
*                STATOPT='CICMANP1  MAN '
```

```
CICMANP2   CDRSC CDRM=CD001004
*               STATOPT='CICMANP2  MAN '
DBDCCICS   CDRSC CDRM=CD001003
*               STATOPT='DBDCCICS  MAN '
CICMANI1   CDRSC CDRM=CD001002
*               STATOPT='CICMANI1  MAN '
CICMANT1   CDRSC CDRM=CD001002
*               STATOPT='CICMANT1  MAN '
CICMANT2   CDRSC CDRM=CD001002
*               STATOPT='CICMANT2  MAN '
CICMANP3   CDRSC CDRM=CD001005
*               STATOPT='CICMANP3  MAN '
VMMAN      CDRSC CDRM=CD001022
*               STATOPT='VMMAN HOST A  '
RSCSMAN    CDRSC CDRM=CD001022
*               STATOPT='RSCSMAN HOST A'
VTUBES     CDRSC CDRM=CD001022
*               STATOPT='VTUBES  HOST A'
MPOWER1    CDRSC CDRM=CD001003
*               STATOPT='POWER VSP3    '
***********************************************************************
*****     Standort 2                                            *****
***********************************************************************
DEXYZ002   NETWORK NETID=DEXYZ002
*
SAMONAUG   CDRSC
*               STATOPT='SAMON     AUG '
CICSAUG    CDRSC
*               STATOPT='Prod-CICS AUG '
CICSAUGB   CDRSC
*               STATOPT='FEPS-CICS AUG '
CICAUGIA   CDRSC
*               STATOPT='NatA-CICS AUG '
CICAUGIB   CDRSC
*               STATOPT='NatB-CICS AUG '
CICSAUGN   CDRSC
*               STATOPT='Nat.-CICS AUG '
CICSAUGT   CDRSC
*               STATOPT='Test-CICS AUG '
CICSAUGU   CDRSC
*               STATOPT='Test-CICS AUG '
AJES2      CDRSC
*               STATOPT='JES2      AUGC'
NAUGC      CDRSC
*               STATOPT='Netview   AUGC'
ARSCS      CDRSC
*               STATOPT='RSCS      MAN '
TSOAUG     CDRSC
*               STATOPT='TSO       AUG '
VMAUGB     CDRSC
*               STATOPT='VM        AUGB'
AL052201   CDRSC
*               STATOPT='PRINTER   AUG '
***********************************************************************
*****     Standort 3                                            *****
***********************************************************************
XYZ010     NETWORK NETID=XYZ010
*
IMS46      CDRSC
*               STATOPT='IMS       OTN '
IMS46M     CDRSC
*               STATOPT='IMS-TEST  OTN '
IMS46T     CDRSC
*               STATOPT='IMS-TEST  OTN '
JES43      CDRSC
*               STATOPT='JES       OTN '
JES46      CDRSC
*               STATOPT='JES       OTN '
NOTNC      CDRSC
```

```
*                  STATOPT='NLDM      OTN '
NOTNCLUC  CDRSC
*                  STATOPT='NLDM      OTN '
NOTND     CDRSC
*                  STATOPT='NLDM      OTN '
NOTNDLUC  CDRSC
*                  STATOPT='NLDM      OTN '
SAMON43   CDRSC CDRM=CD010043
*                  STATOPT='Samon     OTN '
TSO43     CDRSC
*                  STATOPT='TSO       OTN '
TSO45     CDRSC
*                  STATOPT='TSO/AS    OTN '
VM49      CDRSC
*                  STATOPT='VM        OTN '
VM04      CDRSC
*                  STATOPT='VMANZ     OTN '
VMSEVA    CDRSC
*                  STATOPT='VMSEVA    OTN '
OVM19     CDRSC
*                  STATOPT='OVM19     OTN '
OLO8E3OI  CDRSC
*                  STATOPT='PRINTER   OTN '
*********************************************************************
*****     Standort 4                                           *****
*********************************************************************
DEXYZ005    NETWORK NETID=DEXYZ005
*
CICDON    CDRSC
*                  STATOPT='CICS      DON '
RSCSDONB  CDRSC
*                  STATOPT='RSCS      DONB'
*********************************************************************
*****     Standort 5                                           *****
*********************************************************************
XYZ003      NETWORK NETID=XYZ003
*
SAMON01   CDRSC
*                  STATOPT='Samon     BRE '
SAMON04   CDRSC
*                  STATOPT='Samon     EIN '
SAMON10   CDRSC
*                  STATOPT='Samon     VAR '
*********************************************************************
*****     Standort 6                                           *****
*********************************************************************
XYZ008      NETWORK NETID=XYZ008
*
SAMON21   CDRSC
*                  STATOPT='Samon     HAM '
*********************************************************************
*****     Standort 7                                           *****
*********************************************************************
DEXYZ009     NETWORK NETID=DEXYZ009
*
NABCICO1  CDRSC
*                  STATOPT='CICS      NAB '
NABCICO2  CDRSC
*                  STATOPT='CICS      NAB '
NABCICO3  CDRSC
*                  STATOPT='CICS      NAB '
NABCIC17  CDRSC
*                  STATOPT='CICS      NAB '
NABSAMON  CDRSC
*                  STATOPT='Samon     NAB '
NABTSO    CDRSC
*                  STATOPT='TSO       NAB '
NABTSO9   CDRSC
*                  STATOPT='TSO       NAB '
```

```
NABVM03    CDRSC
*                  STATOPT='VM         NAB '
NABVM07    CDRSC
*                  STATOPT='VM         NAB '
NABVM09    CDRSC
*                  STATOPT='VM         SOB '
NF05       CDRSC
*                  STATOPT='NCCF       NAB '
*********************************************************************
*****      Standort 8                                          *****
*********************************************************************
PANNET     NETWORK NETID=PANNET
*
SAMONPAN   CDRSC
*                  STATOPT='Samon      PAN '
CICSNSSP   CDRSC
*                  STATOPT='NSSP       PAN '
*********************************************************************
*****      I B M  -  D I A L                                   *****
*********************************************************************
* CNRSIBMA VBUILD TYPE=CDRSC
*
NLIBM000 NETWORK NETID=NLIBM000
*
INSOE      CDRSC
*                  STATOPT='TSO IBM NL'
VCNADIS    CDRSC
*                  STATOPT='DIAL IBM APPL'
VRNADIS    CDRSC
*                  STATOPT='DIAL IBM APPL'
*
DEIBMD2    NETWORK NETID=DEIBMD2
*
DD7ATS     CDRSC
*
DD6ASM01 CDRSC
*
GBIBM000 NETWORK NETID=GBIBM000
*
D77ZPEMS CDRSC
*
DEIBMF4    NETWORK NETID=DEIBMF4
*
F4DADIAL CDRSC
*                  STATOPT='DIAL IBM FFM'
F4DARSSN CDRSC
*                  STATOPT='RSCS IBM FFM'
F40YM      CDRSC
*********************************************************************
*****      Standort 9                                          *****
*********************************************************************
DEXYZ012   NETWORK NETID=DEXYZ012
*
SPRSCS14   CDRSC
*                  STATOPT='RSCS       SPE '
```

Soweit zu den Definitionen unseres Beispielnetzwerkes. Die Vielzahl der
Anweisungen sind bestimmt nicht auf den ersten Blick durchschaubar. Versuchen Sie sich anhand der Bilder 8, 9 und 10 vorzustellen, wie das System
implementiert ist. Die Bilder 11 und 12 im Anhang G sollen noch einmal die
Komplexität und die Fülle der Komponenten darstellen, die notwendig sind,
damit ein Bildschirm die Kommunikation mit einer VTAM-Anwendung aufnehmen kann.

13.9 Multisessionmonitore

In den großen Firmen hat die EDV mittlerweile soweit Einzug gehalten, daß
eine Organisation, ein Fertigungsablauf ohne EDV eigentlich nicht mehr
denkbar ist. Da erzähle ich Ihnen keine Neuigkeiten. Viele Sachbearbeiter
benötigen mehrere Anwendungen, die u.U. an verschiedenen Standorten des
Konzerns beheimatet sind. Der SNA-Netzverbund macht den Zugriff möglich.

Nur ist das VTAM bis heute so schwerfällig, daß es nur eine Session zu einer
Zeit zuläßt. Das heißt für den Sachbearbeiter, daß er sich beispielsweise am
Personalsystem anmeldet und seine Arbeit verrichtet. Benötigt er aber dazwischen vielleicht die kontierten Fertigungsstunden aus dem Produktions-
steuerungssystem für einen bestimmten Mitarbeiter, bleibt dem Anwender
nichts anderes übrig, als sich an dem einen System abzumelden, am anderen
System anzumelden, die Daten abzulesen und sich am ersten System zur
Weiterarbeit wieder anzumelden. Denken Sie an die für den Datenschutz
wichtigen Hürden wie Passworte etc., dann kann diese Arbeitsweise sehr ner-
venaufreibend sein.

Es gibt aber verschiedene Hersteller von Multisession-Monitoren, die diesen
großen Nachteil ausgleichen. Mit diesen Zusatzsystemen zum VTAM ist es
möglich, an einem Bildschirm mehrere Sessions zu verschiedenen VTAM-
Anwendungen zu unterhalten. Nach meiner Erfahrung sind die Bildschirme
mit durchschnittlich drei VTAM-Applikationen belegt. Der Anwender meldet sich in der Regel einmal am Tag an, und kann dann zwischen den Anwendungen durch eine speziell vereinbarte Taste oder Zeichenkombination
wechseln. Die Systeme erlauben sogar, sich am Bildschirm abzumelden, ohne
daß die bestehenden Sessions abgebaut werden. Der Sachbearbeiter kann
beruhigt zur Mittagspause gehen, ohne sich von seinen Anwendungen ab-
melden zu müssen. Er meldet lediglich seinen Bildschirm vom Sessionmonitor ab. Kommt er zurück, kann er an der gleichen Stelle fortfahren, an der er
zur Mittagspause unterbrochen hat.

Es ist klar, daß diese Systeme den Datenschutzrichtlinien genügen und die
Anmeldung über ein Passwort schützen. Passworte für die Anwendungssy-
steme können ggf. vorgegeben werden. Der Anwender muß sich nur einmal
ausweisen und kann dann mit den Anwendungen arbeiten. Jeder Bildschirm-
benutzer erhält ein Auswahlmenue für "seine" Anwendungen. Er bekommt
nicht eine Gesamtübersicht über alle verfügbaren Anwendungen, er erhält
nur das zur Auswahl, was er für seine Arbeit benötigt.

Was auch immer wieder von großer Bedeutung ist, ist der Hardcopy-Druck.
Ein Sessionmonitor ist das übergeordnete System über alle VTAM-Anwen-

dungen. Mit so einem System ist es leicht möglich, über eine bestimmte Taste eine Bildschirmkopie auszulösen und an einen beliebigen Drucker im Netz zu schicken oder auch an den virtuellen Reader einer CMS-Userid.

Ich möchte hier keine Werbung machen und die eine oder andere Firma mit ihrem Produkt nennen. Einen Monitor betreue ich seit einigen Jahren zu voller Zufriedenheit, die Anwender sind begeistert und das System läßt sich relativ leicht implementieren. Interessenten können sich ggf. an mich für eine erste Information wenden.

Anhang A.1

Die CMS Befehle mit Kurzbeschreibung

Die in der Tabelle mit einem Stern versehenen Befehle sind die wohl am meisten benutzten Befehle. Insgesamt sind im Release 4 135 Befehle implementiert. Die 27 markierten Befehle sollten Sie auswendig beherschen.

Die Syntax der Befehle finden Sie in (5). Die genaue Beschreibung der Befehle in (6).

CMS-Befehl	Kurzbeschreibung
ACCESS *	Virtuelle DASD in die Suchreihenfolge aufnehmen
AMSERV	Access method services (AMS) ausführen
ASMGEND	Assembler generieren
ASM3705	3705 Assembler aufrufen
ASSEMBLE	Assembler aufrufen
ASSGN	Im CMS/DOS System- oder programmierlogische Einheit zuweisen
CATCHECK	VSAM Katalogstruktur prüfen
CMDCALL	Konvertiert EXEC2 PLIST's in CMS PLIST's
CMSBATCH	CMS Batch Funktion aufrufen
CMSGEND	CMS Module aus einem TEXT File generieren
COMPARE	Zwei CMS Files vergleichen
CONWAIT	Versetzt ein Programm in den Wartezustand, bis alle Terminal I/O's abgearbeitet sind
COPYFILE *	CMS Files kopieren
CP	CP Kommandos aus der CMS Umgebung abschicken
DDR	Sichern, wiederherstellen und kopieren von CMS Disks
DEBUG	Verzweigen in die DEBUG Umgebung
DEFAULTS	Optionen für bestimmte CMS Kommandos anzeigen oder setzen
DESBUF	Löscht den Program Stack und Terminal Input Buffer
DIRECT	Aktiviert das VM Directory
DISK	CMS Files im Kartenformat (80 stellig) "stanzen" und wieder einlesen
DLBL	VSE oder VSAM Filenamen definieren
DOSLIB	CMS/DOS Phasen-Bibliothek bearbeiten
DOSLKED	TEXT Decks in eine DOSLIB linken
DROPBUF	Program Stack aufgeben

DSERV	Directory einer VSE Bibliothek anzeigen
EDIT	Zeileneditor aufrufen
ERASE *	CMS File löschen
ESERV	Anzeigen, Stanzen oder Drucken eines VSE E-Makros
EXEC *	REXX, EXEC oder EXEC2 Prozeduren starten
EXECDROP	Speicherresidente Prozeduren löschen
EXECIO *	I/O Funktionen zwischen dem Program Stack und einem Gerät durchführen
EXECLOAD	Prozeduren in den Speicher laden
EXECMAP	Speicherresidente Prozeduren anzeigen
EXECOS	Zurücksetzen der OS- und VSAM-Umgebung im CMS
EXECSTAT	Zeigt an, ob eine Prozedur im Speicher oder auf der Disk ist
EXECUPDT	Geänderte Prozedur zur Ausführung erstellen
EXPAND	Objekt Deck erweitern
FETCH	Eine CMS/DOS- oder VSE-Phase in den Speicher laden
FILEDEF	OS Filenamen definieren und einem CMS Gerät zuordnen
FILELIST *	CMS Files anzeigen und Kommandos aus der Liste heraus eingeben
FINIS	CMS File schließen
FORMAT	Minidisk formatieren
GENMOD	CMS Module generieren
GLOBAL	Suchreihenfolge für CSM Bibliotheken festlegen
GLOBALV	Variablen zwischen Prozeduren austauschen
HB	CMS Batch anhalten
HELP	Hilfesystem aufrufen
HELPCONV	Ein SCRIPT File für das Hilfesystem aufbereiten
HI	Interpreter anhalten
HO	Trace anhalten
HT	Bildschirmausgabe unterdrücken
HX	Programmausführung anhalten
IDENTIFY *	Userid, Node-Id, RSCS-Id, Zeit und Datum anzeigen
IMMCMD	Immediate Kommandos in Prozeduren zulassen
INCLUDE	Zusätzliche TEXT Files in den Speicher laden
LABELDEF	HDR1 und EOF1 Band Label definieren
LISTDS	Belegung von OS, DOS und VSAM Disks anzeigen
LISTFILE *	CMS Files anzeigen
LISTIO	System- und programmierlogische Einheiten im CMS/DOS anzeigen
LKED	TEXT Files in eine LOADLIB linken
LOAD	TEXT File zur Ausführung in Speicher laden
LOADLIB	LOADLIB bearbeiten
LOADMOD	Module in Speicher laden
MACLIB	MACLIB bearbeiten
MACLIST	Inhalt einer MACLIB anzeigen und editieren
MAKEBUF	Neuen Program Stack einrichten
MODMAP	Map eines Modules anzeigen
MOVEFILE *	Daten von einem Gerät zu einem anderen kopieren
NAMEFIND	NAMES-File-Einträge anzeigen

NAMES	NAMES File editieren
NOTE *	Eine NOTE aufbereiten
NUCXDROP	CMS Nucleus-Erweiterung löschen
NUCXLOAD	CMS Nucleus-Erweiterung in den Speicher laden
NUCXMAP	CMS Nucleus-Erweiterungen anzeigen
OPTION	DOS/VS COBOL Optionen ändern
OSRUN	Laden und Ausführen eines Modules
PEEK *	READER File anzeigen
PRINT *	CMS File drucken
PSERV	VSE JCL-Prozedur anzeigen, stanzen oder drucken
PUNCH *	CMS File stanzen
QUERY *	Status der CMS Userid anzeigen
RDR	Characteristik des nächsten READER Files anzeigen
RDRLIST *	READER Files anzeigen
READCARD	Gestanztes READER File auf CMS Disk einlesen
RECEIVE *	READER File auf CMS Disk einlesen
RELEASE *	Minidisk aus der Suchreihenfolge entfernen
RENAME *	CMS Filenamen ändern
RESERVE	Ganze Minidisk als File reservieren
RO	Trace wieder aufnehmen
RSERV	VSE Objekt Deck anzeigen oder stanzen
RT	Bildschirmanzeige wieder aktivieren
RUN	Compile-Link-Go abhängig vom Filetype
SENDFILE *	CMS Files oder Notes an andere CMS-User lokal oder remote versenden
SENTRIES	Anzahl Zeilen im Program Stack feststellen
SET *	CMS Userid Charakteristik festlegen
SETPRT	Virtuellen 3800 Drucker laden
SO	Trace unterdrücken
SORT	CMS File sortieren
SSERV	VSE Source Book anzeigen, stanzen oder drucken
START	Ein zuvor geladenes Programm starten
STATE	Existenz eines CMS Files feststellen
STATEW	Feststellen, ob ein CMS File im R/W Modus verfügbar ist
SVCTRACE	Supervisor-Aufrufe protokollieren
SYNONYM	CMS Kommando Synonyme festlegen
TAPE *	CMS Files von Band laden oder auf Band speichern
TAPEMAC	CMS MACLIB aus IEHMOVE partitioned data set bilden
TAPPDS	OS partitioned data set von Band auf CMS Disk laden
TE	Trace beenden
TELL *	Message mittels NICK-Name versenden
TS	Trace starten
TXTLIB	TEXTLIB bearbeiten
TYPE	CMS File anzeigen
UPDATE	Source gemäß Steuerfile verändern
VMFASM	UPDATE mit anschließendem ASSEMBLE
VMFDOS	VSE SYSIN Bänder im CMS installieren
VMFLKED	LKED aufrufen
VMFLOAD	CP Nucleus generieren

VMFMAC	MACLIB mittels Steuerfile ändern
VMFMERGE	PTFs von DELTA- zur MERGE-Disk kopieren
VMFPLC2	wie TAPE
VMFREMOV	Mit VMFMERGE installierte PTFs entfernen
VMFTXT	TEXTLIB mittels Steuerfile generieren
VMFZAP	ZAPs auf ZAP Disk installieren
XEDIT *	CMS Files editieren
ZAP	Modules, LOADLIB- oder TXTLIB-Files ändern

Anhang A.2

Die CMS Befehle in alphabetischer Reihenfolge

Die nachfolgende Tabelle enthält alle CMS Befehle nach VM Release 4. Die
Release 5 Befehle sind noch nicht berücksichtigt, weil ich sie noch nicht aus-
probieren konnte. Ich habe versucht, den Befehlen Gruppenbezeichnungen
zuzuordnen, um den Einsatz der Kommandos etwas abzugrenzen.

Gruppe	Bedeutung
BATCH	CMS Batchverarbeitung
CMSIMM	CMS Immediate Befehle
COMM	Kommunikation mit anderen Userids
DOS	CMS/DOS Verarbeitung
FILE	Filebehandlung
MDISK	Minidiskbehandlung
OP	Operating der Userid
PROG	Programmentwicklung
SPOOL	Datentransfer über die UR-Einheiten
SYSPROG	Systemprogrammierung
VSAM	CMS/VSAM Verarbeitung in der CMS/DOS Umgebung

CMS Befehl	Gruppe
ACCESS	MDISK
AMSERV	VSAM
ASMGEND	SYSPROG
ASM3705	SYSPROG
ASSEMBLE	PROG
ASSGN	DOS
CATCHECK	VSAM
CMDCALL	PROG
CMSBATCH	BATCH
CMSGEND	PROG
COMPARE	FILE
CONWAIT	PROG
COPYFILE	FILE
CP	OP

DDR	MDISK
DEBUG	PROG
DEFAULTS	OP
DESBUF	PROG
DIRECT	SYSPROG
DISK	FILE
DLBL	DOS
DOSLIB	FILE
DOSLKED	PROG
DROPBUF	PROG
DSERV	DOS
EDIT	FILE
ERASE	FILE
ESERV	DOS
EXEC	PROG
EXECDROP	OP
EXECIO	PROG
EXECLOAD	OP
EXECMAP	OP
EXECOS	PROG
EXECSTAT	OP
EXECUPDT	FILE
EXPAND	PROG
FETCH	PROG
FILEDEF	OS
FILELIST	FILE
FINIS	FILE
FORMAT	MDISK
GENDIRT	PROG
GENIMAGE	PROG
GENMOD	PROG
GEN3705	SYSPROG
GLOBAL	PROG
GLOBALV	PROG
HB	CMSIMM
HELP	OP
HELPCONV	OP
HI	CMSIMM
HO	CMSIMM
HT	CMSIMM
HX	CMSIMM
IDENTIFY	OP
IMAGELIB	PROG
IMAGEMOD	PROG
IMMCMD	OP
INCLUDE	PROG
LABELDEF	PROG
LISTDS	DOS
LISTFILE	FILE
LISTIO	DOS
LKED	PROG

LOAD	PROG
LOADLIB	PROG
LOADMOD	PROG
MACLIB	FILE
MACLIST	FILE
MAKEBUF	PROG
MODMAP	PROG
MOVEFILE	FILE
NAMEFIND	COMM
NAMES	COMM
NCPDUMP	SYSPROG
NOTE	COMM
NUCXDROP	PROG
NUCXLOAD	PROG
NUCXMAP	PROG
OPTION	DOS
OSRUN	PROG
OVERRIDE	SYSPROG
PEEK	SPOOL
PRINT	FILE
PSERV	DOS
PUNCH	SPOOL
QUERY	OP 59 Parameter
RDR	SPOOL
RDRLIST	SPOOL
READCARD	COMM
RECEIVE	COMM
RELEASE	MDISK
RENAME	FILE
RESERVE	FILE
RO	CMSIMM
RSERV	DOS
RT	CMSIMM
RUN	PROG
SAVENCP	SYSPROG
SENDFILE	COMM
SENTRIES	PROG
SET	OP 40 Parameter
SETKEY	SYSPROG
SETPRT	OP
SNTMAP	SYSPROG
SO	CMSIMM
SORT	FILE
SSERV	DOS
START	PROG
STATE	FILE
STATEW	FILE
SVCTRACE	PROG
SYNONYM	OP
TAPE	FILE
TAPEMAC	FILE

TAPPDS	FILE
TE	CMSIMM
TELL	COMM
TS	CMSIMM
TXTLIB	PROG
TYPE	FILE
UPDATE	FILE
VMFASM	PROG
VMFDOS	SYSPROG
VMFLKED	PROG
VMFLOAD	SYSPROG
VMFMAC	PROG
VMFMERGE	SYSPROG
VMFPLC2	FILE
VMFREMOV	SYSPROG
VMFTXT	PROG
VMFZAP	SYSPROG
XEDIT	FILE
ZAP	PROG

Anhang A.3

Die CMS Befehlsgruppen

Die nachfolgende Tabelle enthält dieselben Befehle wie der Anhang A.2, nur sind hier alle Befehle in Gruppen zusammengefaßt.

Gruppe	CMS Befehl
BATCH	CMSBATCH
CMSIMM	HB
CMSIMM	HI
CMSIMM	HO
CMSIMM	HT
CMSIMM	HX
CMSIMM	RO
CMSIMM	RT
CMSIMM	SO
CMSIMM	TE
CMSIMM	TS
COMM	NAMEFIND
COMM	NAMES
COMM	NOTE
COMM	READCARD
COMM	RECEIVE
COMM	SENDFILE
COMM	TELL
DOS	ASSGN
DOS	DLBL
DOS	DSERV
DOS	ESERV
DOS	LISTDS
DOS	LISTIO
DOS	OPTION
DOS	PSERV
DOS	RSERV
DOS	SSERV
FILE	COMPARE

FILE	COPYFILE
FILE	DISK
FILE	DOSLIB
FILE	EDIT
FILE	ERASE
FILE	EXECUPDT
FILE	FILELIST
FILE	FINIS
FILE	LISTFILE
FILE	MACLIB
FILE	MACLIST
FILE	MOVEFILE
FILE	PRINT
FILE	RENAME
FILE	RESERVE
FILE	SORT
FILE	STATE
FILE	STATEW
FILE	TAPE
FILE	TAPEMAC
FILE	TAPPDS
FILE	TYPE
FILE	UPDATE
FILE	VMFPLC2
FILE	XEDIT
MDISK	ACCESS
MDISK	DDR
MDISK	FORMAT
MDISK	RELEASE
OP	CP
OP	DEFAULTS
OP	EXECDROP
OP	EXECLOAD
OP	EXECMAP
OP	EXECSTAT
OP	HELP
OP	HELPCONV
OP	IDENTIFY
OP	IMMCMD
OP	QUERY ca. 59 Parameter!
OP	SET ca. 40 Parameter!
OP	SETPRT
OP	SYNONYM
OS	FILEDEF
PROG	ASSEMBLE
PROG	CMDCALL
PROG	CMSGEND

PROG	CONWAIT
PROG	DEBUG
PROG	DESBUF
PROG	DOSLKED
PROG	DROPBUF
PROG	EXEC
PROG	EXECIO
PROG	EXECOS
PROG	EXPAND
PROG	FETCH
PROG	GENDIRT
PROG	GENIMAGE
PROG	GENMOD
PROG	GLOBAL
PROG	GLOBALV
PROG	IMAGELIB
PROG	IMAGEMOD
PROG	INCLUDE
PROG	LABELDEF
PROG	LKED
PROG	LOAD
PROG	LOADLIB
PROG	LOADMOD
PROG	MAKEBUF
PROG	MODMAP
PROG	NUCXDROP
PROG	NUCXLOAD
PROG	NUCXMAP
PROG	OSRUN
PROG	RUN
PROG	SENTRIES
PROG	START
PROG	SVCTRACE
PROG	TXTLIB
PROG	VMFASM
PROG	VMFLKED
PROG	VMFMAC
PROG	VMFTXT
PROG	ZAP
SPOOL	PEEK
SPOOL	PUNCH
SPOOL	RDR
SPOOL	RDRLIST
SYSPROG	ASM3705
SYSPROG	ASMGEND
SYSPROG	DIRECT
SYSPROG	GEN3705
SYSPROG	NCPDUMP
SYSPROG	OVERRIDE

SYSPROG	SAVENCP
SYSPROG	SETKEY
SYSPROG	SNTMAP
SYSPROG	VMFDOS
SYSPROG	VMFLOAD
SYSPROG	VMFMERGE
SYSPROG	VMFREMOV
SYSPROG	VMFZAP
VSAM	AMSERV
VSAM	CATCHECK

Anhang B.1

Die CP Befehle mit Kurzbeschreibung

Die nachfolgende Tabelle enthält die CP Befehle des Releases 4. Wie schon im Anhang A1, sind auch hier die meistbenutzten Befehle mit einem Stern gekennzeichnet. Im Release 4 sind 101 CP Befehle implementiert, 24 sollten Sie gut beherrschen.

CP-Befehl	Kurzbeschreibung
#CP *	CP Kommando aus jeder Umgebung heraus aktivieren
ACNT	Accounting Sätze erzeugen
ADSTOP	Virtuellen Prozessor anhalten
ATTACH	Reales Gerät einer Userid zuordnen
ATTN	Attention Interrupt erzeugen
AUTOLOG	Virtuelle Maschine anmelden
BACKSPAC	Spoolfile neu aufsetzen (z.B. zum drucken)
BEGIN *	Virtuellen Prozessor starten
CACHE	3880 Cache steuern
CHANGE *	Spoolfile Attribute ändern
CLOSE *	READER, PRINT, PUNCH abschließen
COMMANDS	Erlaubte Kommandos anzeigen
COUPLE	Virtuellen Channel-to-channel Adapter verbinden
CP *	Befehl direkt an das CP leiten
CPTRAP	VM Tracetable File erzeugen
DCP	Realen Speicher anzeigen
DEFINE *	Virtuellen Rechner (re-)konfigurieren
DETACH	Reales Gerät von einem virtuellem Rechner entfernen
DIAL	Bildschirm an einem Mehrfachzugriffssystem anmelden
DISABLE	Kommunikationspfad zum CP deaktivieren
DISCONN *	Konsole vom virtuellen Rechner abmelden
DISPLAY	Virtuellen Speicher anzeigen

DMCP	Dump des realen Speichers
DRAIN	Spooling Aktivität beenden (z.B. Druck)
DUMP	Dump des virtuellen Speichers
ECHO	Echo der Terminaleingaben (1 mal oder mehrfach)
ENABLE	Kommunikationspfad zum CP aktivieren
EXTERNAL	Externen Interrupt simulieren
FLUSH	Spoolaktivität sofort unterbrechen
FORCE	LOGOFF für eine Userid durchführen
FREE	Spoolfile freigeben
HALT	Kanalprogramm für ein reales Gerät anhalten
HOLD	Spooloutput vorübergehend unterdrücken
INDICATE	System Resourcenverbrauch anzeigen
IPL *	Initial Program Load simulieren
LINK *	Fremde Minidisk in Zugriff nehmen
LOADBUF	UCS oder FCB in real Drucker laden
LOADFCB	FCB in virtuellen Drucker laden
LOCATE	Adresse des CP Steuerblocks für eine Userid anzeigen
LOCK	Speicherseiten für eine Userid festhalten
LOGOFF *	Virtuellen Rechner beenden
LOGON *	Virtuellen Rechner anmelden
MESSAGE *	Meldung an andere Userid's versenden
MONITOR	Ereignisse der realen Maschine aufzeichnen
MSGNOH	Meldungen ohne Absender verschicken
NETWORK	370x Steuerprogramm bedienen
NOTREADY	Not Ready Status eines virtuellen Geräts simulieren
ORDER *	Spollfile Reihenfolge auf READER, PUNCH, PRINT festlegen
PER	Ereignisse der virtuellen Maschine aufzeichnen
PURGE *	READER-, PRINT-, PUNCH-File(s) löschen
QUERY *	CP Parameter anzeigen
READY	Simuliert Device-End Interrupt Pending
REPEAT	Spoolfile Kopien erhöhen
REQUEST	Simuliert Attention Interrupt Pending
RESET	Setzt 'pending Interrupts' zurück
REWIND	Band zurückspulen

SAVESYS	Shared Segment sichern
SCREEN	Farben der Terminalanzeigebereiche festlegen
SEND	Kommandos an 'disconnected' virtuellen Rechner schicken
SET *	Virtuelle Rechnerfunktionen aktivieren oder deaktivieren
SHUTDOWN	CP beenden
SLEEP	Virtuelle Rechnerfunktion für eine bestimmte Zeit unterbrechen
SMSG	'Special Message' an eine Userid senden
SPACE	Leerzeilen auf einem realen Drucker ausgeben
SPMODE	Auf einen Prozessor umschalten
SPOOL *	Spooling Optionen festlegen
SPTAPE	Spoolfiles auf Band sichern oder von Band lesen
START	Spool Device starten
STCP	Realen Speicher ändern
STORE	Virtuellen Speicher ändern
SYSTEM	Speicher löschen oder virtuellen Rechner neu starten
TAG	Textattribut mit Spoolfile verbinden
TERMINAL	Virtuelle Konsoleattribute festlegen
TRACE	Trace eines Programms
TRANSFER *	Spoolfiles zwischen UR-Einheiten und/oder Userid's austauschen
UNLOCK	Speicherseiten freigeben
VARY	Reale Geräte für CP verfügbar machen
VMDUMP	Virtuellen Speicher für IPCS 'dumpen'
WARNING	Vorrangmeldung versenden

Anhang B.2

Die CP Befehle in alphabetischer Reihenfolge

Die nachfolgende Befehlstabelle enthält alle Befehle in alphabetischer Reihenfolge. Auch den CP Befehlen habe ich die gleichen Gruppen wie im Anhang A zugeordnet. In der dritten Spalte habe ich die CP-Klasse angegeben. Die Bedeutung ist der Klassentabelle zu entnehmen. Der Schrägstrich bei einer Klassenangabe ist als "oder" zu lesen. A/B bedeutet beispielsweise, der Befehl kann von einer Userid ausgeführt werden, wenn sie Klasse A oder Klasse B hat.

Klassentabelle

CP-Klasse	Ibm-Definition
A	Primary System Operator
B	System Resource Operator
C	System Programmer
D	Spooling Operator
E	System Analyst
F	Service Representative
G	General User
Any	CP Befehl mit allg. Berechtigung
H	Für IBM reserviert

Befehlstabelle

CP-Befehl	Gruppe	Klasse
#CP	OP	Any
ACNT	OP	A
ADSTOP	PROG	G
ATTACH	OP	B
ATTN	OP	G
AUTOLOG	OP	A/B
BACKSPAC	SPOOL	D
BEGIN	PROG/OP	G
CACHE	OP	B
CHANGE	SPOOL	D
CHANGE	SPOOL	G
CLOSE	SPOOL	G

COMMANDS	OP	Any
COUPLE	OP	G
CP	OP	Any
CPTRAP	OP	C
DCP	OP	C/E
DEFINE	OP	A/B
DEFINE	OP	G
DETACH	OP	B
DETACH	OP	G
DIAL	OP	Any
DISABLE	OP	A/B
DISCONN	OP	Any
DISPLAY	OP	G
DMCP	OP	C/E
DRAIN	SPOOL	D
DUMP	OP	G
ECHO	OP	G
ENABLE	OP	A/B
EXTERNAL	OP	G
FLUSH	SPOOL	D
FORCE	OP	A
FREE	SPOOL	D
HALT	OP	A
HOLD	SPOOL	D
INDICATE	OP	A
INDICATE	OP	E
INDICATE	OP	G
IPL	OP	G
LINK	MDISK	G
LOADBUF	SPOOL	D
LOADFCB	SPOOL	G
LOCATE	OP	C/E
LOCK	OP	A
LOGOFF	OP	Any
LOGON	OP	Any
MESSAGE	COMM	A/B
MESSAGE	COMM	Any
MIGRATE	OP	A
MONITOR	OP	A/E
MSGNOH	OP	A/B
NETWORK	OP	A
NETWORK	OP	B
NOTREADY	OP	G
ORDER	SPOOL	D
ORDER	SPOOL	G
PER	OP	A..G
PURGE	SPOOL	D
PURGE	SPOOL	G
QUERY	OP	A
QUERY	OP	B
QUERY	OP	C

QUERY	SPOOL	D
QUERY	OP	E
QUERY	OP	F
QUERY	OP	G
QVM	OP	A
READY	OP	G
REPEAT	SPOOL	D
REQUEST	OP	G
RESET	OP	G
REWIND	OP	G
SAVESYS	OP	E
SCREEN	OP	G
SEND	OP	G
SET	OP	A
SET	OP	B
SET	OP	E
SET	OP	F
SET	OP	G
SHUTDOWN	OP	A
SLEEP	OP	Any
SMSG	OP	G
SPACE	SPOOL	D
SPMODE	OP	A
SPOOL	SPOOL	G
SPTAPE	SPOOL	D
START	SPOOL	D
STCP	OP	C
STORE	OP	G
SYSTEM	OP	G
TAG	SPOOL	G
TERMINAL	OP	G
TRACE	OP	G
TRANSFER	SPOOL	D
TRANSFER	SPOOL	G
UNLOCK	OP	A
VARY	OP	B
VMDUMP	OP	G
WARNING	COMM	A/B

Anhang B.3

Die CP Befehle in Gruppeneinteilung

CP-Befehl	Gruppe	Klasse
MESSAGE	COMM	A/B
MESSAGE	COMM	Any
WARNING	COMM	A/B
LINK	MDISK	G
#CP	OP	Any
ACNT	OP	A
ATTACH	OP	B
ATTN	OP	G
AUTOLOG	OP	A/B
CACHE	OP	B
COMMANDS	OP	Any
COUPLE	OP	G
CP	OP	Any
CPTRAP	OP	C
DCP	OP	C/E
DEFINE	OP	A/B
DEFINE	OP	G
DETACH	OP	B
DETACH	OP	G
DIAL	OP	Any
DISABLE	OP	A/B
DISCONN	OP	Any
DISPLAY	OP	G
DMCP	OP	C/E
DUMP	OP	G
ECHO	OP	G
ENABLE	OP	A/B
EXTERNAL	OP	G
FORCE	OP	A
HALT	OP	A
INDICATE	OP	A
INDICATE	OP	E

INDICATE	OP	G
IPL	OP	G
LOADFCB	SPOOL	G
LOCATE	OP	C/E
LOCK	OP	A
LOGOFF	OP	Any
LOGON	OP	Any
MIGRATE	OP	A
MONITOR	OP	A/E
MSGNOH	OP	A/B
NETWORK	OP	A
NETWORK	OP	B
NOTREADY	OP	G
PER	OP	A..G
QUERY	OP	A
QUERY	OP	B
QUERY	OP	C
QUERY	OP	E
QUERY	OP	F
QUERY	OP	G
QVM	OP	A
READY	OP	G
REQUEST	OP	G
RESET	OP	G
REWIND	OP	G
SAVESYS	OP	E
SCREEN	OP	G
SEND	OP	G
SET	OP	A
SET	OP	B
SET	OP	E
SET	OP	F
SET	OP	G
SHUTDOWN	OP	A
SLEEP	OP	Any
SMSG	OP	G
SPMODE	OP	A
STCP	OP	C
STORE	OP	G
SYSTEM	OP	G
TERMINAL	OP	G
TRACE	OP	G
UNLOCK	OP	A
VARY	OP	B
VMDUMP	OP	G
ADSTOP	PROG	G
BEGIN	PROG	G
BACKSPAC	SPOOL	D
CHANGE	SPOOL	D

CHANGE	SPOOL	G
CLOSE	SPOOL	G
DRAIN	SPOOL	D
FLUSH	SPOOL	D
FREE	SPOOL	D
HOLD	SPOOL	D
LOADBUF	SPOOL	D
ORDER	SPOOL	D
ORDER	SPOOL	G
PURGE	SPOOL	D
PURGE	SPOOL	G
QUERY	SPOOL	D
REPEAT	SPOOL	D
SPACE	SPOOL	D
SPOOL	SPOOL	G
SPTAPE	SPOOL	D
START	SPOOL	D
TAG	SPOOL	G
TRANSFER	SPOOL	D
TRANSFER	SPOOL	G

Anhang C

Ein IUCV Bespielprogramm

C.1 Inter User Communication Vehicle, der Versuch einer Erklärung

Als Programmierer in der kommerziellen Datenverarbeitung schreibt man Programme, die einen Anfang und im fehlerfreien Verlauf ein Ende haben. Es ist ein sequentieller Ablauf (selbstverständlich haben die Programme Verzweigungen, Schleifen, Fallunterscheidungen etc., aber der Programmlauf wird durch nichts von außen unterbrochen, abgesehen von den Betriebsunterbrechungen).

Die Erstellung von IUCV-Programmen erfordert eine ganz andere Programmierweise ähnlich der in der Prozessdatenverarbeitung. Die Rede ist hier von der Synchronisation zweier oder mehrerer Programme mittels Interrupt. Hier hat ein Programm mindestens zwei Eingänge und unter Umständen sehr viele Ausgänge. Ein Eingang ist der normale Programmanfang, der zweite Eingang ist die Adresse der Interruptroutine, die jedes IUCV Programm besitzen muß. Die vielen Ausgänge sind in der Regel durch ein WAITECB-Makro realisiert, das den Rechner (die virtuelle Maschine) in den WAIT-Zustand versetzt. Das Programm (die virtuelle Maschine) erwacht erst durch einen externen Interrupt wieder zum Leben, den IUCV Interrupt mit dem Code X'4000'.

Die beiden Beispielprogramme SNDIUCV und RECIUCV lösen ein einfaches Problem, nämlich das Transportieren von Daten aus dem Speicher einer virtuellen Maschine direkt in den Speicher einer anderen Maschine ohne die vom Betriebssystem kontrollierten Speicherschutzmechanismen zu umgehen.

Es ist klar, daß der Programmierer alleine dies nicht bewerkstelligen kann, er muß Dienste des Betriebssystems in Anspruch nehmen können. VM bietet mit der IUCV-Einrichtung diese Betriebssystemfunktionen.

Wie auch bei technischen Sende- und Empfangseinrichtungen, muß der Empfänger zuerst betriebsbereit sein, bevor der Sender Nachrichten ordnungsgemäß abschicken kann. So muß auch ein IUCV Empfangsprogramm vor dem Sendeprogramm aktiviert werden. Beginnen wir mit der Beschreibung also zunächst beim Empfängerprogramm RECIUCV.

Die ersten Befehle sind in beiden Programmen gleich, sie entsprechen den üblichen Konventionen bei CMS Programmen; ausgenommen der SSM Befehl, er schaltet den Interrupt vorerst ab. In beiden Programmen erfolgt danach die IUCV-Initialisierung, d.h. IUCV erhält Kenntnis von einer bestimmten virtuellen Maschine und von einem bestimmten Programm. Mit dem HNDIUCV Makro werden die entsprechenden Parameter gesetzt. Die EXIT-Anweisung im Makro gibt außerdem die Adresse der Interruptroutine für den "PENDING CONNECT"-Interrupt bekannt.

Das Empfängerprogramm läuft danach auf ein WAITECB, d.h. die virtuelle Maschine geht in den Wait-Status. Das Programm läuft erst weiter, wenn der im Makro angegebene ECB (Event Control Block) "gepostet" wird (Bit 1 geht von "0" auf "1").

Das Sendeprogramm nimmt mittels der CONNECT Funktion Kontakt mit dem Empfängerprogramm auf und geht danach in den Wait.

Die Interruptroutine des Empfängers erhält die Steuerung, sie sichert die IUCV Pfadidentifikation (Pathid) und "postet" den ECB. Das Programm läuft mit der nächsten Anweisung nach dem WAITECB weiter und setzt die ACCEPT Funktion auf. Der Sender erhält einen Interrupt, der Empfänger wartet auf die erste Nachricht (wieder WAITECB). Die Interruptroutine des Senders sichert seinerseits die Pathid und "postet" den entsprechenden ECB. Das Sendeprogramm erhält nach dem WAITECB wieder die Steuerung und bereitet die zu sendenden Nachrichten auf. (Im Beispielprogramm ein FSREAD). Danach erfolgt die SEND Funktion mit einem Interrupt für die Empfängermaschine.

Das Senden kann auf zwei Arten erfolgen: in einem 1-Weg-Verfahren oder in einem 2-Wege-Verfahren. Beim Einwegverfahren schickt der Sender seine Daten an den Empfänger ohne sich darum zu kümmern, wie und wann der Empfänger bereit ist, neue Daten zu empfangen. Es erfolgt zwar eine Rückmeldung, daß die Daten angekommen sind, der Empfänger kann den Sender aber nicht "bremsen". Das Zweiwegeverfahren liefert dagegen eine Synchronisation von Empfänger und Sender. Der Empfänger teilt dem Sender durch die REPLY Funktion den Empfang und die ordnungsgemäße Verarbeitung der Nachricht mit. Das 2-Wegeverfahren wurde auch in den Beispielprogrammen verwendet.

Nach dem SEND erhält also die Interruptroutine des Empfängers die Steuerung. Noch in der Routine wird der RECEIVE aufgesetzt, die Nachricht in den Puffer eingelesen und der ECB "gepostet". Das Empfängerprogramm läuft also nach dem WAITECB weiter und verarbeitet die Daten aus dem Puffer. Im Beispiel ein FSWRITE. Nach der Verarbeitung der Pufferdaten erfolgt mittels REPLY die Mitteilung an den Sender, daß die Verarbeitung der Nachricht beendet ist und neue Daten empfangen werden können. Mit dem REPLY können Antwortdaten an den Sender geschickt werden, entweder im Parameterblock selbst (max. 8 Byte) oder in einem eigenen Puffer.

Hat der Sender alle Nachrichten verschickt, muß er dem Empfänger mitteilen, daß die Übertragung beendet wird. Die Funktion dafür heißt SEVER. Im Beispielprogramm verzweigt der FSREAD nach dem letzten Satz zum CMSIUCV SEVER Makro. Die Interruptroutine des Empfängers erkennt den SEVER-Interrupt. Hier werden zwei ECB's "gepostet". Einmal der ECB für eingehende Nachrichten, zum zweiten, der ECB, der den SEVER symbolisiert. Statt zur normalen Nachrichtenverarbeitung überzugehen, wird ebenfalls ein CMSIUCV SEVER Makro ausgeführt.

Schließlich erfolgt in beiden Programmen das HNDIUCV Makro mit dem Parameter CLR. Mit diesem Makro verabschiedet sich das Sende- und Empfangsprogramm von der IUCV-Einrichtung des Control Programs.

Reihenfolge der IUCV Befehle:

```
Zeit SENDER                              EMPFÄNGER
----------------------------------------------------------------
1                                        HNDIUCV SET,NAME=...,EXIT=e1
2      HNDIUCV SET,NAME=...,EXIT=s1      WAITECB ECB=ecb1
3      CMSIUCV CONNECT,NAME=...,EXIT=s2
4                    ---------
       WAITECB ECB=ecb1        /
                               ------> EXIT e1: post ecb1
5                                        CMSIUCV ACCEPT,NAME=...,EXIT=e2
6                                                  ----------
                                                   / WAITECB ECB=ecb2
       EXIT s2: post ecb1               <--------
7      IUCV SEND,...
8                    ---------
       WAITECB ECB=ecb2        /
                               ------> EXIT e2: post ecb2 und
9                                                IUCV RECEIVE
10                                       IUCV REPLY
11                                                 ----------
                                                   / WAITECB ECB=ecb2
       EXIT s2: post ecb2               <--------
       .
       .
       . SEND, RECEIVE, REPLY
       . wiederholen bis alle Nachrichten übertragen sind
       .
       .
12     CMSIUCV SEVER,NAME=...
13                   ---------
                               /
                               ------> EXIT e2: post ecb2,ecb3
                                        CMSIUCV SEVER,NAME=...
14     HNCIUCV CLR,NAME=...
15                                       HNDIUCV CLR,NAME=...
```

Anmerkung: ecb3 wird nicht mit WAITECB geprüft, sondern direkt zur En-
deerkennung verwendet.

C.2 Das IUCV Sendeprogramm

```
**********************************************************************
* CMS IUCV SEND PROGRAM
* --------------------
* DRIEGER 14.12.1988
*
* MACROLIBRARY
* GLOBAL MACLIB DMSSP CMSLIB DMKSP
**********************************************************************
          PRINT GEN
SNDIUCV   CSECT
          BALR  R12,0                 R12 = LOAD ADDRESS
          USING *,R12
          USING NUCON,R0              R0  = CMS LOW CORE
          SSM   DISABLE               DISABLE EXT INT
          LR    R11,R14               LOAD CMS RETURN ADDRESS
*
* DEBUG
*         WRTERM 'SEND ACTIVATION ...'
* DEBUG
*         TURN IUCV ON FOR PROGRAM NAME
*         CONPEND = EXT INT HANDLER ROUTINE
*
          HNDIUCV SET,NAME=NAME,EXIT=CONPEND
*
          LA    R2,IUCVPLST           R2 ADDRESS OF OWN IUCV PARAMLIST
          USING IPARML,R2             IPARML DSECT
*
          IUCV  CONNECT,              SETUP CONNECT PARAMLIST       *
                PRMLIST=(R2),         R2 POINTS TO PARAMLIST        *
                USERID=USER,          TARGET USERID = USER          *
                USERDTA=NAME,         CONNECT FOR PROGRAM NAME      *
                MF=L                  LIST FORMAT
*
          CMSIUCV CONNECT,            EXECUTE CMS IUCV CONNECT      *
                PRMLIST=(R2),         FOR PROGRAM NAME              *
                NAME=NAME,                                          *
                EXIT=MSGPATH
*
* DEBUG
*         LR    R10,R15
*         LINEDIT TEXT='CMSIUCV RC= ....',SUB=(DEC,(10))
*         WRTERM 'WAIT CONNECTION'
* DEBUG
*
          WAITECB ECB=CONCOMP,FORMAT=OS WAIT FOR CONNECTION COMPLETE
*
READLOOP  EQU   *                     MAIN LOOP
*
          PRINT NOGEN
          FSREAD 'IN FILE A',FORM=E,BUFFER=MSGAREA,RECFM=F,BSIZE=80,  *
                ERROR=CLEANUP
* DEBUG
*         LINEDIT TEXT='BUFFER=...............',SUB=(CHARA,MSGAREA)
* DEBUG
          PRINT GEN
          XC    IUCVPLST(40),IUCVPLST CLEAR OWN IUCV PARAMLIST
          IUCV  SEND,                 EXECUTE IUCV SEND FUNCTION    *
                PRMLIST=(R2),         R2 POINTS TO OWN PARAMLIST    *
                PATHID=PATHID,        PATH ID                       *
                TRGCLS=MSGCLASS,      MESSAGE CLASS                 *
                DATA=BUFFER,          DATA IN BUFFER                *
                BUFFER=MSGAREA,       BUFFER ADDRESS                *
                BUFLEN=BUFERLEN,      ADDRESS OF BUFFER LENGTH      *
                TYPE=2WAY,            2 WAY MODE                    *
```

```
                        ANSLIST=NO,              NO ANSWER LIST                      *
                        ANSBUF=REPL,             ANSWER BUFFER ADDRESS               *
                        ANSLEN=LREPL             ADDRESS OF ANSWER BUFFER LENGHT
*
         XC      MSGOUT(4),MSGOUT         CLEAR OWN PARAMLIST
         WAITECB ECB=MSGOUT,FORMAT=OS     WAIT FOR REPLY
*
         B       READLOOP
*
CLEANUP  EQU     *
         XC      IUCVPLST(40),IUCVPLST    CLEAR OWN PARAMLIST
         LA      R2,IUCVPLST              R2 POINTS TO OWN PARAMLIST
         IUCV    SEVER,                   SETUP SEVER IUCV PARAMLIST          *
                 MF=L,                                                        *
                 PRMLIST=(R2),                                               *
                 PATHID=PATHID,                                               *
                 USERDTA=NAME
*
         CMSIUCV SEVER,                   EXECUTE IUCV SEVER FUNCTION         *
                 NAME=NAME,               FOR PROGRAM NAME                    *
                 PRMLIST=(R2)
*
         HNDIUCV CLR,NAME=NAME            CLEAR CMS IUCV FUNCTIONS
*
         BR      R11                      BACK TO CMS
         DROP    R12
         EJECT
*
*************************************************************************
* EXTERNAL INTERRUPT HANDLER ROUTINE
* ---------------------------------
* R2  = POINT TO INTERRUPT PARAMETER LIST
* R12 = ENTRY ADDRESS
* R14 = RETURN ADDRESS
*************************************************************************
MSGPATH  EQU     *
         BALR    R12,0                    R12 = LOADADDRESS
         USING   *,R12
         USING   IPARML,R2                R2  = POINTER TO INT PARAMLIST
* DEBUG
*        LINEDIT TEXT='INTERRUPT: IPTYPE=........',SUB=(HEXA,IPTYPE)
* DEBUG
         CLI     IPTYPE,X'02'             CONNECT COMPLETE EXT INT
         BE      CONNCOMP
*
         CLI     IPTYPE,X'07'             INCOMMING REPLY EXT INT
         BNE     INTERR                   ELSE GOTO ERROR
*
         OI      MSGOUT,X'40'             POST ECB
         BR      R14                      BACK TO CMS
*
CONNCOMP EQU     *                        CONNECTION COMLETE EXT INT
         MVC     PATHID(2),IPPATHID       SAVE PATH ID
         MVC     MSGID,IPMSGID            SAVE MESSAGE ID
         MVC     MSGCLASS(4),IPTRGCLS     SAVE MESSAGE CLASS
         OI      CONCOMP,X'40'            POST ECB
         BR      R14                      BACK TO CMS
*
CONPEND  EQU     *                        CONNECTION PENDING EXT INT
         BR      R14                      BACK TO CMS
*
INTERR   EQU     *                        MESSAGE IF UNEXPECTED EXT INT
         LINEDIT TEXT='UNEXPECTED INTERRUPT=........',SUB=(HEXA,IPTYPE)
         BR      R14                      BACK TO CMS
         EJECT
*
```

```
            DS    0D
IUCVPLST DC    40X'00'                  DOUBLE WORD ALIGNMENT
MSGID    DS    F                        SAVE MESSAGE ID
MSGCLASS DS    F                        SAVE MESSAGE CLASS
NAME     DC    CL8'RECIUCV'             PROGRAMNAME
         DC    CL8' '                   MVC WITH LENGTH 16
USER     DC    CL8'RCMSSYS1'            TARGET USER ID
CONCOMP  DC    F'0'                     CONNECTION COMPLETE ECB
MSGOUT   DC    F'0'                     MESSAGE READY ECB
PATHID   DC    H'0'                     SAVE PATHID
BUFERLEN DC    H'80'                    MESSAGE BUFFER LENGTH
MSGAREA  DC    CL80' '                  MESSAGE BUFFER
REPL     DC    CL8' '                   ANSWER BUFFER
LREPL    DC    H'8'                     ANSWER BUFFER LENGTH
DISABLE  DC    X'00'                    FOR DISABLE EXT INT
*
         PRINT NOGEN
         REGEQU                         REGISTER EQUATES
         NUCON                          CMS LOW CORE
         COPY  IPARML                   IUCV PARAMLIST DSECT
         END   SNDIUCV
```

C.3 Das IUCV Empfangsprogramm

```
*********************************************************************
* CMS IUCV RECEIVE PROGRAM
* -----------------------
* DRIEGER 14.12.1988
*
* MACROLIBRARY
* GLOBAL MACLIB DMSSP CMSLIB DMKSP
*********************************************************************
          PRINT GEN
RECIUCV   CSECT
          BALR  R12,0                   R12 = LOADADDRESS
          USING *,R12
          USING NUCON,R0                R0  = CMS LOW CORE
          SSM   DISABLE                 DISABLE EXT INT
          LR    R11,R14
* DEBUG
*         WRTERM 'RECEIVE ACTIVATION ...'
* DEBUG
*
*         TURN IUCV ON FOR PROGRAM NAME
*         MSGPATH = EXT INT HANDLER ROUTINE
*
          HNDIUCV SET,NAME=NAME,EXIT=MSGPATH
*
* DEBUG
*         LR    R10,R15
*         LINEDIT TEXT='HNDIUCV RC=....',SUB=(DEC,(10))
* DEBUG
          LA    R2,IUCVPLST            R2 ADDRESS OF OWN IUCV PARMLIST
          USING IPARML,R2              IPARML DSECT
*
* DEBUG
*         WRTERM 'CONNECT PENDING'
* DEBUG
*
          WAITECB ECB=CONCOMP,FORMAT=OS WAIT FOR CONNECT PENDING EXT INT
*
          IUCV ACCEPT,                 SETUP ACCEPT PARMLIST          *
               PRMLIST=(R2),           R2 POINTS TO PARAMLIST         *
               MF=L,                   LIST FORMAT                    *
               PATHID=PATHID           PATHID
*
          CMSIUCV ACCEPT,              EXECUTE IUCV ACCEPT            *
               PRMLIST=(R2),           R2 POINTS TO PARAMLIST         *
               NAME=NAME,              ACCEPT FOR PROGRAM NAME        *
               EXIT=MSGPATH            EXT INT HANDLER ROUTINE
*
WAITLOOP  EQU   *
*
          WAITECB ECB=MSGIN,FORMAT=OS   WAIT FOR MESSAGE
*
          CLI   SEVCOMP,X'40'          SEVER INTERRUPT OCCURS ?
          BE    CLEANUP                YES, CLEANUP
* DEBUG
*         LINEDIT TEXT='BUFFER=..............',SUB=(CHARA,MSGAREA)
* DEBUG
*                                      WRITE MESSAGE TO FILE
          FSWRITE 'OUT FILE A',FORM=E,BUFFER=MSGAREA,RECFM=F,BSIZE=80
          XC    MSGIN(4),MSGIN         CLEAR ECB
*
          IUCV REPLY,                  REPLY MESSAGE IN PARAMETERLIST *
               PRMLIST=(R2),                                          *
               PATHID=PATHID,                                         *
               MSGID=MSGID,                                           *
```

```
                          TRGCLS=MSGCLASS,                                 *
                          DATA=PRMMSG,                                     *
                          PRMMSG=PRMMSG
*
              B      WAITLOOP
*
*
CLEANUP   EQU    *
              XC     IUCVPLST(40),IUCVPLST   CLEAR OWN IUCV PARAMLIST
              LA     R2,IUCVPLST             R2 POINTS TO OWN PARAMLIST
*
              IUCV   SEVER,                  ESTABLISH SEVER PARAMLIST     *
                     MF=L,                   LIST FORMAT                   *
                     PRMLIST=(R2),           R2 POINTS TO PARAMLIST        *
                     PATHID=PATHID,                                        *
                     USERDTA=NAME            SEVER FOR PROGRAM NAME
*
              CMSIUCV SEVER,                 EXECUTE CMS SEVER FUNCTION    *
                     PRMLIST=(R2),                                         *
                     NAME=NAME               FOR PROGRAM NAME
*
              HNDIUCV CLR,NAME=NAME          CLEAR CMS IUCV
*
              BR     R11                     BRANCH TO CMS
*
              DROP   R12
              EJECT
**********************************************************************
* EXTERNAL INTERRUPT HANDLER ROUTINE
* ----------------------------------
* R2  = POINT TO INTERRUPT PARAMETER LIST
* R12 = ENTRY ADDRESS
* R14 = RETURN ADDRESS
**********************************************************************
MSGPATH   EQU    *
              BALR   R12,0                   R12 ROUTINE ADDRESS
              USING  *,R12
              USING  IPARML,R2               R2 POINTS TO EXT INT PARAMLIST
* DEBUG
*             LINEDIT TEXT='INTERRUPT: IPTYPE=........',SUB=(HEXA,IPTYPE)
* DEBUG
              CLI    IPTYPE,X'01'            CONNECT PENDING EXT.INTERRUPT
              BE     CONPEND
              CLI    IPTYPE,X'03'            SEVER EXT.INTERRUPT
              BE     SEVPEND
              CLI    IPTYPE,X'09'            NON PRIOR. MESSAGE PENDING
              BNE    INTRERR                 ELSE FAILING INTERRUPT TYPE
*
              XC     IUCVPLST(40),IUCVPLST   CLEAR OWN IUCV PARAMLIST
              XC     MSGAREA(80),MSGAREA     CLEAR MESSAGE AREA
              MVC    MSGCLASS,IPTRGCLS       SAVE MESSAGE CLASS
              MVC    MSGID,IPMSGID           SAVE MESSAGE ID
              LA     R2,IUCVPLST             R2 POINTS TO OWN IUCV PARAMLIST
*
              IUCV   RECEIVE,                RECEIVE MESSAGE               *
                     PRMLIST=(R2),                                        *
                     PATHID=PATHID,                                       *
                     MSGID=MSGID,                                         *
                     TRGCLS=MSGCLASS,                                     *
                     BUFLIST=NO,                                          *
                     BUFFER=MSGAREA,                                      *
                     BUFLEN=BUFERLEN
*
              OI     MSGIN,X'40'             POST ECB
*
              BR     R14                     RETURN TO CMS
*
```

```
CONPEND   EQU    *
* DEBUG
*         WRTERM 'CONNECTION PENDING CONDITION'
* DEBUG
          XC     IUCVPLST(40),IUCVPLST    CLEAR OWN IUCV PARAMLIST
          XC     MSGAREA(80),MSGAREA      CLEAR MESSAGE AREA
          MVC    MSGCLASS,IPTRGCLS        SAVE MESSAGE CLASS
          MVC    MSGID,IPMSGID            SAVE MESSAGE ID
          MVC    PATHID(2),IPPATHID       SAVE PATH ID
          LA     R2,IUCVPLST              R2 POINTS TO OWN IUCV PARAMLIST
          OI     CONCOMP,X'40'            POST ECB
          BR     R14                      RETURN TO CMS
*
SEVPEND   EQU    *                        SEVER EXT INT
* DEBUG
*         WRTERM 'SEVER EXT. INTERRUPT'
* DEBUG
          OI     SEVCOMP,X'40'            POST ECB
          OI     MSGIN,X'40'              POST ECB
          BR     R14                      RETURN TO CMS
*
INTRERR   EQU    *
* DEBUG
*         WRTERM 'INTERRUPT FAILING'
* DEBUG
          BR     R14
*
          EJECT
          DS     0D                       DOUBLE WORD ALIGNMENT
IUCVPLST DC     40X'00'                   OWN IUCV PARAMLIST
MSGID    DS     F                         SAVE MESSAGE ID
MSGCLASS DS     F                         SAVE MESSAGE CLASS
NAME     DC     CL8'RECIUCV'              PROGRAM NAME
SEVCOMP  DC     F'0'                      SEVER ECB
CONCOMP  DC     F'0'                      ACCEPT ECB
MSGIN    DC     F'0'                      MESSAGE ECB
PATHID   DC     H'0'                      SAVE PATH ID
BUFERLEN DC     H'80'                     BUFFER LENGTH
MSGAREA  DC     CL80' '                   MESSAGE AREA
PRMMSG   DC     CL8'REPLYMSG'             REPLY MESSAGE TEXT
DISABLE  DC     X'00'                     SAVE FOR SSM
*
          PRINT  NOGEN
          REGEQU                          REGISTER EQUATES
          NUCON                           CMS LOW CORE
          COPY   IPARML                   IUCV PARAMLIST DSECT
          END    RECIUCV
```

Anhang D

REXX Built-in Functions

Die nachfolgenden Funktionen sind in REXX eingebaut. Es ist eine alphabetische Auflistung mit einer kurzen Erklärung. Die genaue Schreibweise der Funktionen entnehmen Sie bitte dem REXX Handbuch. Am besten probieren Sie die Funktionen selbst aus.

Funktion

ABBREV	Liefert logisch wahr ('1'), wenn ein gegebener String die Abkürzung eines anderen Strings ist.
ABS	Liefert den Absolutwert einer Zahl.
ADDRESS	Liefert das gerade gültige CMS Environment.
ARG	Liefert Informationen eines übergebenen Argument-Strings (z.B. die Anzahl der Argumente).
BITAND	Strings bitlogisch verknüpfen.
BITOR	dto.
BITXOR	dto.
CENTER	od.
CENTRE	Einen String in einer gegebenen Länge zentrieren.
COMPARE	Zwei Strings vergleichen.
COPIES	Einen String n-mal kopieren.
C2D	Zeichen in Dezimalwert konvertieren.
C2X	Zeichen in Hexadezimalwert konvertieren.
DATATYPE	Datentyp (numerisch,Alfa,...) eines Strings ermitteln.
DATE	Liefert das aktuelle Datum in verschiedenen Formen.
DELSTR	Zeichen aus einem String löschen.
DELWORD	Worte aus einem String löschen.
D2C	Dezimalwert in Zeichen umwandeln.
D2X	Dezimalwert in Hexadezimalwert umwandeln.
ERRORTEXT	Liefert den Text zu einer REXX Fehlernummer

FIND	Sucht eine Wortfolge in einem String.
FORMAT	Zahlen formatieren und runden.
INDEX	Liefert die Position eines Zeichens in einem String.
INSERT	Fügt Zeichen in einen String ein.
JUSTIFY	Formatiert Worte in einem String (Blocksatz)
LASTPOS	Liefert die Position eines Zeichen an der das Zeichen das letzte mal auftaucht.
LEFT	Liefert die n linken Zeichen eines Strings.
LENGTH	Liefert die Länge eines Strings.
MAX	Liefert die größte Zahl einer Zahlenmenge.
MIN	Liefert die kleinste Zahl einer Zahlenmenge.
OVERLAY	Überlagert einen String mit einem anderen.
POS	Liefert die Position eines Zeichens in einem String.
QUEUED	Liefert die Anzahl Zeilen im Program Stack.
RANDOM	Liefert eine Zufallszahl in einem bestimmten Wertebereich.
REVERSE	Dreht einen String um (das erste Zeichen wird das letzte Zeichen).
RIGHT	Liefert die rechten n Zeichen eines Strings.
SIGN	Liefert das Vorzeichen einer Zahl.
SOURCELINE	Liefert die n-te Zeile im REXX Programm.
SPACE	Fügt Füllzeichen zwischen die Worte eines Strings ein.
STRIP	Entfernt führende und/oder nachfolgende Zeichen aus einem String.
SUBSTR	Liefert einen Teilstring aus einem String.
SUBWORD	Liefert eine Wortfolge aus einem String.
SYMBOL	Prüft, ob ein Symbol eine gültige REXX Variable ist.
TIME	Liefert die aktuelle Zeit in verschiedenen Formen (auch als Stoppuhr verwendbar)
TRACE	Liefert den augenblicklichen TRACE Mode.
TRANSLATE	Übersetzt mittels Tabellen einen String in einen anderen.
TRUNC	Liefert den ganzzahligen Teil einer Zahl oder mit n Nachkommastellen.
USERID	Liefert den Namen der CMS Userid.
VALUE	Liefert den Inhalt eines Symbols.
VERIFY	Vergleicht zwei Strings.

WORD	Liefert das n-te Wort aus einem String.
WORDINDEX	Liefert die Position des n-ten Wortes in einem String.
WORDLENGTH	Liefert die Länge des n-ten Wortes in einem String.
WORDS	Liefert die Anzahl Worte in einem String.
XRANGE	Liefert eine Wertemenge von einem Startwert beginnend bis zu einem Endwert.
X2C	Hexadezimalwert in ein Zeichen umwandeln.
X2D	Hexadezimalwert in einen Dezimalwert umwandeln.

Anhang E

Das REXX Programm VSAMLC EXEC

Das nachfolgende REXX Programm soll ein Beispiel für die Batchverarbeitung im CMS und für die VSAM Verarbeitung im CMS sein.

In einer VSE Umgebung unter VM existieren viele VSAM Minidisks die von den verschiedenen VSE Userid's bedient werden. Für den Systemprogrammierer ist es wichtig, die VSAM Bestände zu beobachten. Das nachfolgende Programm erzeugt einen CMS Batch Job und sendet ihn an die CMS Batch Userid. Der Absender bekommt eine Liste der VSAM Cluster aus dem jeweils gewünschten VSAM Katalog zurück. Die Liste wird mit dem AMS Statement LISTCAT erzeugt. Die sehr unübersichtliche Liste kann dann von weiteren REXX Programmen aufbereitet werden.

```
/*****************************************************************
*    LISTCAT ALL für VSE und CSP                                *
*    ---------------------------                                *
*                                                               *
*    Aufruf: VSAMLC < ! volid ! < (BATCH <userid> > >           *
*                    ! ALL   !                                  *
*                                                               *
*    Der Aufruf ohne Parameter bringt alle gültigen Volume-     *
*    namen. Wird die userid der BATCH Option weggelassen,       *
*    wird an CMSBAT01 übergeben.                                *
*                                                               *
*    Der Aufruf mit Parameter ALL sollte nur im Batchmode       *
*    erfolgen.                                                   *
*****************************************************************/

ARG adresse '('option option2 .;

IF option <> '' THEN DO;
  IF option = 'BATCH' THEN DO;
    IF option2 <> '' THEN
      batchuser = option2
    ELSE
      batchuser = 'CMSBAT01';
  END
  ELSE DO;
    SAY 'Option falsch, nur BATCH erlaubt';
    EXIT 99;
  END;
END;
```

```
voltab.1  = 'CKD122'; userid.1  = 'DSKVSESP'; cuu.1  = '452';
voltab.2  = 'CKD125'; userid.2  = 'DSKMAINT'; cuu.2  = '125';
voltab.3  = 'CKD126'; userid.3  = 'DSKMAINT'; cuu.3  = '126';
voltab.4  = 'MAN001'; userid.4  = 'DSKVSESP'; cuu.4  = '241';
voltab.5  = 'MAN002'; userid.5  = 'DSKMAINT'; cuu.5  = '242';
voltab.6  = 'MAN003'; userid.6  = 'DSKMAINT'; cuu.6  = '243';
voltab.7  = 'MAN005'; userid.7  = 'DSKMAINT'; cuu.7  = '245';
voltab.8  = 'MAN015'; userid.8  = 'DSKVSESP'; cuu.8  = '456';
voltab.9  = 'CKD231'; userid.9  = 'DSKMAINT'; cuu.9  = '331';
voltab.10 = 'CKD232'; userid.10 = 'DSKMAINT'; cuu.10 = '332';
voltab.11 = 'CKD233'; userid.11 = 'DSKMAINT'; cuu.11 = '333';
voltab.12 = 'CKD235'; userid.12 = 'DSKVSESP'; cuu.12 = '453';
voltab.13 = 'CKD236'; userid.13 = 'DSKVSESP'; cuu.13 = '457';
voltab.14 = 'CKD237'; userid.14 = 'DSKVSESP'; cuu.14 = '124';
voltab.15 = 'MAN030'; userid.15 = 'DSKVSESP'; cuu.15 = '335';
voltab.16 = 'MAN33A'; userid.16 = 'DSKVSESP'; cuu.16 = 'A38';
voltab.17 = 'MAN019'; userid.17 = 'DSKVSESP'; cuu.17 = '122';
voltab.18 = 'CFRIS3'; userid.18 = 'PCMSFRIS'; cuu.18 = '503';
voltab.19 = 'CSYS13'; userid.19 = 'RCMSSYS1'; cuu.19 = '503';
voltab.20 = 'CSLZH3'; userid.20 = 'PCMSSLZH'; cuu.20 = '503';
voltab.21 = 'CWOLF3'; userid.21 = 'PCMSWOLF'; cuu.21 = '503';
voltab.22 = 'CSP503'; userid.22 = 'CSPUSER';  cuu.22 = '503';
voltab.23 = 'CSP502'; userid.23 = 'CSPUSER';  cuu.23 = '502';
voltabmax = 23;

/* Tabelle der Katalognamen, vorerst nur in listcat für CSP */

cattab.1  = 'CKD122.USER.CATALOG';
cattab.2  = 'CKD125.USER.CATALOG';
cattab.3  = 'CKD126.USER.CATALOG';
cattab.4  = 'MAN001.USER.CATALOG';
cattab.5  = 'MAN002.USER.CATALOG';
cattab.6  = 'MAN003.USER.CATALOG';
cattab.7  = 'MAN005.USER.CATALOG';
cattab.8  = 'MAN015.USER.CATALOG';
cattab.9  = 'CKD231.USER.CATALOG';
cattab.10 = 'CKD232.USER.CATALOG';
cattab.11 = 'CKD233.USER.CATALOG';
cattab.12 = 'CKD235.USER.CATALOG';
cattab.13 = 'CKD236.USER.CATALOG';
cattab.14 = 'CKD237.USER.CATALOG';
cattab.15 = 'MAN030.USER.CATALOG';
cattab.16 = 'MAN33A.USER.CATALOG';
cattab.17 = 'MAN019.USER.CATALOG';
cattab.18 = 'CFRISUC';
cattab.19 = 'CSYS1UC';
cattab.20 = 'CSLZHUC';
cattab.21 = 'CWOLFUC';
cattab.22 = 'CSP50UC';
cattab.23 = 'MASTCAT';

CALL sortvol voltabmax; /* Tabelle sortieren */

VMFCLEAR;
IF adresse = 'END' THEN  EXIT;

IF adresse = 'ALL' THEN  DO; /* Alle Volumes bearbeiten */
  DO ii=1 TO voltabmax;
    IF LEFT(userid.ii,3) = 'DSK' THEN
      csp = '0'
    ELSE
      csp = '1';
    IF option = 'BATCH' THEN
      IF csp THEN DO;
        SAY 'LISTCAT für CSP im Batchmode nicht möglich';
        SAY 'Volume = 'voltab.ii;
        SAY 'Cat    = 'cattab.ii;
      END
```

```
          ELSE
             CALL listcatbatch voltab.ii
        ELSE
          IF csp THEN
             CALL listcatcsp voltab.ii
          ELSE
             CALL listcat voltab.ii;
    END;
    EXIT;
END;

DO ii=1 TO voltabmax;           /* Ein Volume bearbeiten */
   IF adresse = voltab.ii THEN DO;
      IF LEFT(userid.ii,3) = 'DSK' THEN
         csp = '0'
      ELSE
         csp = '1';
      IF option = 'BATCH' THEN
         IF csp THEN DO;
            SAY 'LISTCAT für CSP im Batchmode micht möglich';
            SAY 'Volume = 'voltab.ii;
            SAY 'Cat    = 'cattab.ii;
            EXIT;
         END
         ELSE
            CALL listcatbatch voltab.ii
      ELSE
         IF csp THEN
            CALL listcatcsp voltab.ii
         ELSE
            CALL listcat voltab.ii
      EXIT;
   END
END;

IF ii > voltabmax THEN DO;
   SAY ' Spezifizierts VSAM Volume nicht vorhanden,';
   SAY ' folgende Volumes sind gültig:';
   SAY COPIES('-',49);
   k = 0;
   DO i=1 TO voltabmax;
      k = k + 1
      z.k = "";
      DO j = i TO 6+i WHILE j <= voltabmax
        z.k = z.k voltab.j
      END;
      i = i + 6;
   END;
   DO n = 1 TO k
      SAY z.n;
   END;
   SAY COPIES('-',49);
   EXIT 99;
END;

EXIT;

/***********************************************************
* LISTCAT VSE (interaktiv)                                 *
***********************************************************/
listcat:
ARG adr;
'VMFCLEAR';
'SET CMSTYPE HT';
'REL 330 (DET';
'CP LINK DSKVSESP 450 330 RR';
'ACC 330 I';
'DLBL * CLEAR';
'SET CMSTYPE RT';
```

```
     /* PLATTE IN ZUGRIFF NEHMEN */
     DO i=1 TO voltabmax;              /* Platte LINK / ACCESS */
       IF adr = voltab.i THEN DO;
         'SET CMSTYPE HT';
         'CP LINK' userid.i cuu.i '331  RR'
         exrc = RC;
         'SET CMSTYPE RT';
         IF exrc <> 0 THEN DO;
           SAY 'VSAMLC: Fehler beim LINK RC='RC;
           EXIT RC;
         END;
         'ACCESS 331 K';
         IF RC <> 0 THEN DO;
           SAY 'VSAMLC: Fehler beim ACCESS RC='RC;
           EXIT RC;
         END;
         LEAVE;
       END
     END;

     'SET DOS ON (VSAM';
     'ASSGN SYSCAT I';
     'DLBL IJSYSCT I (SYSCAT';
     'ASSGN SYS045 K';
     'DLBL IJSYSUC K DSN' adr 'USER CATALOG (SYS045';

     /* LISTCAT ALL */
     fn = adr  !! 'LC';
     ft = 'AMSERV';
     fm = 'A';
     'SET CMSTYPE HT';
     'ERASE' fn ft fm
     'SET CMSTYPE RT';
     l = ' LISTCAT ALL CAT ('!! adr !!'.USER.CATALOG)';
     'EXECIO 1 DISKW' fn ft fm '1 F 80 (VAR L FINIS';

     'AMSERV' fn;

     'ERASE' fn ft fm;

     'SET DOS OFF';
     'REL I (DET';
     'REL K (DET';

     RETURN;

     /****************************************************************
     * LISTCAT CSP (interaktiv)                                      *
     ****************************************************************/
     listcatcsp:
     ARG adr;
     'VMFCLEAR';
     'SET CMSTYPE HT';
     'REL 330 (DET';
     'CP LINK CSPUSER 502 330 RR';
     'ACC 330 I';
     'DLBL * CLEAR';
     'SET CMSTYPE RT';

     /* PLATTE IN ZUGRIFF NEHMEN */
     DO i=1 TO voltabmax;             /* Platte LINK / ACCESS */
       IF adr = voltab.i THEN DO;
         'SET CMSTYPE HT';
         'CP LINK' userid.i cuu.i '331  RR';
         exrc = RC;
         'SET CMSTYPE RT';
```

```
        IF exrc <> 0 THEN DO;
          SAY 'VSAMLC: Fehler beim LINK RC='RC;
          EXIT RC;
        END;
        'ACCESS 331 K';
        IF RC <> 0 THEN DO;
          SAY 'VSAMLC: Fehler beim ACCESS RC='RC;
          EXIT RC;
        END;
        'DLBL IJSYSUC K DSN' cattab.i '(VSAM';
        catname = cattab.i;
        LEAVE;
    END
END;

'DLBL IJSYSCT I DSN MASTCAT (VSAM';

/* LISTCAT ALL */
fn = adr  !! 'LC';
ft = 'AMSERV';
fm = 'A';
'SET CMSTYPE HT';
'ERASE' fn ft fm
'SET CMSTYPE RT';
l = ' LISTCAT ALL CAT ('!! catname !! ')';
'EXECIO 1 DISKW' fn ft fm '1 F 80 (VAR L FINIS';

'AMSERV' fn;

'ERASE' fn ft fm;

'REL I (DET';
'REL K (DET';

RETURN;

/****************************************************************
* LISTCAT VSE (batch)                                          *
****************************************************************/
listcatbatch:
ARG adr;
fn = adr  !! 'LC';
ft = 'AMSERV';
fm = 'A';
'CP SPOOL PUNCH TO' batchuser;
p = 'EXECIO 1 PUNCH (STRING';
p '/JOB' userid() '999999' fn;
p 'CP SPOOL PRT TO' userid();
p 'CP SPOOL CON TO' userid();
p 'CP LINK DSKVSESP 450 330 RR ALL';
p 'ACCESS 330 I';
p 'DLBL * CLEAR';

/* PLATTE IN ZUGRIFF NEHMEN */
DO i=1 TO voltabmax;         /* Platte LINK / ACCESS */
  IF adr = voltab.i THEN DO;
    p 'CP LINK' userid.i cuu.i '331  RR ALL'
    p 'ACCESS 331 K';
    LEAVE;
  END
END;

p 'SET DOS ON (VSAM';
p 'ASSGN SYSCAT I';
p 'DLBL IJSYSCT I (SYSCAT';
p 'ASSGN SYS045 K';
p 'DLBL IJSYSUC K DSN' adr 'USER CATALOG (SYS045';
```

```
/* LISTCAT ALL */
'SET CMSTYPE HT';
'ERASE' fn ft fm
'SET CMSTYPE RT';
l = ' LISTCAT ALL -';
p 'EXECIO 1 DISKW' fn ft fm '0 F 80 (STRING' l;
l = ' CAT ('!! adr !!'.USER.CATALOG)';
p 'EXECIO 1 DISKW' fn ft fm '0 F 80 (STRING' l;

p 'AMSERV' fn '(PRINT';

p 'SET DOS OFF';
p 'REL I (DET';
p 'REL K (DET';

p 'CP CLOSE PRT';
p 'CP CLOSE CONSOLE';
p '/*';

'CP CLOSE PUNCH';
'CP SPOOL PUNCH *';

RETURN;

/********************************************************************
* Sortieren der Volumes                                            *
********************************************************************/
sortvol:
  ARG n;
  K = N;
  DO UNTIL K = 1;
    K = (K+1)%2;
    S = N - K;
    DO I=1 TO S;
      J = I;
      IK = I+K;
      IF voltab.I > voltab.IK THEN DO;
        DO FOREVER;
          JK = J+K;
          /* Tabellen-Elemente austauschen */
          ZW = voltab.J;
          voltab.J = voltab.JK;
          voltab.JK = ZW;

          ZW = cuu.J;
          cuu.J = cuu.JK;
          cuu.JK = ZW;

          ZW = userid.J;
          userid.J = userid.JK;
          userid.JK = ZW;

          ZW = cattab.J;
          cattab.J = cattab.JK;
          cattab.JK = ZW;

          IF (J-K) < 1 THEN LEAVE;
          JK = J-K;
          IF voltab.JK <= voltab.J THEN LEAVE;
          J = J - K;
        END; /* FOREVER */
      END; /* IF voltab.I <= voltab.J */
    END; /* DO I=1 TO S */
  END; /* DO UNTIL K = 1 */
RETURN;
```

Anhang F

/370 Disassembler in REXX

Dieses REXX Programm ist ein Beispiel zur REXX Programmierung. Es soll
Ihnen etwas verdeutlichen, was alles mit REXX Programmiert werden kann.

Diese Version des Disassemblers können Sie verwenden, um ein Object File
(Filetype TEXT) zu analysieren. Das Programm lädt den Objectcode in den
Speicher der CMS Userid und interpretiert den Hexkode. Wenn Sie zu Be-
ginn Basisregister bestimmen, werden die Adressen richtig zugeordnet.

```
/****************************************************************
*            +---------------------------------+            *
*            !  /370  D i s a s s e m b l e r  !            *
*            +---------------------------------+            *
*                   Drieger  April 1990                    *
*                   (Speicherversion)                      *
****************************************************************/
ARG fn ft fm .;
IF fm = '' THEN fm = 'A';
IF ft = '' THEN ft = 'TEXT';
'EXEC EXISTF' fn ft fm;
IF RC <> 0 THEN DO;
  SAY 'Textfile' fn ft fm 'nicht gefunden - Abbruch';
  EXIT 99;
END;
listfile = 'DASS LISTING A';
'EXEC EXISTF' listfile;
IF RC = 0 THEN DO;
  SAY 'Soll die Protokolldatei' listfile 'gelöscht werden ? (J/N)';
  PULL antwort .;
  IF antwort = 'J' THEN DO;
    'ERASE' listfile;
  END;
END;
'LOAD' fn '(NOMAP ORIGIN 20000';
IF RC <> 0 THEN DO;
  SAY 'Load für' fn ft fm 'fehlerhaft RC='RC;
  EXIT RC;
END;
CALL init;          /* OPCODE-Tabelle besetzen   */
CALL basereg;       /* Basisregister bestimmen   */
qq = '0';
DO UNTIL qq;
  pc = 0;           /* Program Counter           */
  adr = 0;          /* lfd. Adresse              */
  instr = 0;        /* lfd. Befehl               */
```

```
    CALL read_adr;
    IF input = 'QQ' THEN EXIT 98;
    CALL read_storage;
    SAY 'Weiter ? (J/N)';
    PULL antwort;
    IF antwort <> 'J' THEN qq = '1';
END;
EXIT;
/********************************** Routinen *******************/
/*
         +--------------------+
         !   R e a d _ A d r  !
         +--------------------+
*/
read_adr:
  DO ii=1 TO 10;     /* Hauptschleife           */
    DO FOREVER;      /* Eingabeschleife         */
      ok1='1'; ok2='1'; ok3='1';
      SAY 'Bitte Startadresse-Endadresse oder';
      SAY '       Startadresse.Bytes';
      SAY 'eingeben. (QQ=Ende)';
      PULL input;
      IF input = 'QQ' THEN RETURN;
      PARSE VAR input startadr operator endadr .;
      pospkt = POS('.',input);
      posstr = POS('-',input);
      posop  = pospkt + posstr;
      IF posop = 0 THEN DO;
        SAY "Operator falsch, nur '.' oder '-' erlaubt";
        ok1='0';
      END;
      IF ok1 THEN DO;
        startadr = LEFT(input,posop-1);
        IF ^DATATYPE(startadr,'X') THEN DO;
          SAY 'Startadresse nicht HEX';
          ok2='0';
        END;
      END;
      IF ok2 THEN DO;
        endadr = RIGHT(input,LENGTH(input)-posop);
        IF ^DATATYPE(endadr,'X') THEN DO;
          SAY 'Endadresse nicht HEX';
          ok3='0';
        END;
      END;
      IF ok1 & ok2 & ok3 THEN LEAVE ii;
    END; /* Eingabeschleife */
  END ii; /* Hauptschleife */
  IF pospkt <> 0 THEN
    endadr = D2X(X2D(startadr)+X2D(endadr));
  pc = startadr;
RETURN; /* read_adr */
/*
         +-------------------------+
         !     Speicher lesen      !
         +-------------------------+
*/
read_storage:
  Z = '*********** START:' pc 'STOP:' endadr '***********';
  CALL WRITE;
  DO WHILE X2D(pc) < X2D(endadr);
    CALL read_display pc;
    CALL disassembler;
  END;
  z = instr 'Befehle analysiert !'
  CALL WRITE;
RETURN;
/*
```

```
              +----------------------------+
              !  R e a d _ D i s p l a y  !
              +----------------------------+
*/
read_display:
  ARG hexloc
  'EXECIO 1 CP (STRING DISPLAY 'hexloc'.16';
   PULL a a1 a2 a3 a4 .;
   zeile = a1 !! a2 !! a3 !! a4
   d = X2D(hexloc)-X2D(a);
   d = d * 2;
   zeile = DELSTR(zeile,1,d);
RETURN; /* read_storage */
/*

              +----------------------------+
              !  D i s a s s e m b l e r  !
              +----------------------------+
*/
disassembler: PROCEDURE EXPOSE ,
                       endadr,      /* abbruch, wenn pc > endadr   */
                       zeile,       /* lfd. text zeile             */
                       zlen,        /* laenge der lfd. textzeile   */
                       ot. ,        /* opcode tabelle              */
                       adr,         /* lfd. adresse                */
                       line,        /* zeilenzaehler               */
                       instr,       /* anzahl der dekod. befehle   */
                       pc,          /* program counter             */
                       lab,         /* label string                */
                       basetab. ,   /* tabelle basisregister       */
                       anzbasreg;   /* anzahl  basisregister       */
   z = '';
   j  = 1                           /* Zeilenanfang                */
   op = SUBSTR(zeile,j,2);          /* Opcode selektieren          */
   index = X2D(op);                 /* Index fuer Opcode Tabelle   */
   err = 0;                         /* Fehlernummer zuruecksetzen  */
   IF ot.index <> 'N' THEN DO;      /* gueltiger 1. OP-Code        */
     instr = instr + 1;
     l = SUBSTR(ot.index,1,1);         /* Befehlslaenge            */
    mnemonic = SUBSTR(ot.index,6,5); /* Befehlsmnemonic           */
     z = mnemonic;
     /* Pruefung der folgenden OPCODES moeglich ?                  */
     /* (1. opcode = lfd. Befehl, 2. opcode = Folgebefehl          */
     /*  3. opcode = uebernächster Befehl)                         */
     IF LENGTH(zeile) > 2*(j+l)-1 THEN DO;
       op2 = SUBSTR(zeile,2*(j+l)-1,2); /* 2. Opcode               */
       index2 = X2D(op2);
       IF ot.index2 <> 'N' THEN DO;      /* 2. Opcode gueltig      */
         l2 = SUBSTR(ot.index2,1,1);      /* Laenge fuer 2. Befehl  */
         /* Pruefung des 3. Opcodes moeglich ?                      */
         IF LENGTH(zeile) > 2*(J+L+L2)-1 THEN DO;
           op3 = SUBSTR(zeile,2*(J+L+L2)-1,2); /* 3. Opcode         */
           index3 = X2D(op3);
/*----*/   IF ot.index3 <> 'N' THEN DO; /* 3. Opcode gueltig       */
/* dec */    CALL instruction;  /* lfd. Befehl dekodieren          */
/*----*/   END
              ELSE err = 1;       /* 3. Opcode ungueltig           */
           END
              ELSE err = 2;       /* Code-Ende in lfd. Zeile erreicht */
         END
           ELSE err = 3;          /* 2. Opcode ungueltig           */
       END;
       ELSE err = 4;             /* Code-Ende in lfd. Zeile erreicht */
     END
     ELSE ERR = 5;                /* kein gueltiger Opcode          */
```

```
     /* Fehlerbehandlung */
     IF err > 0 THEN DO;
       /* SAY 'LINE:' LINE ' ERROR:' ERR; */
       SELECT;
         WHEN err = 1 THEN DO;
           CALL instruction;
           Z = COPIES(' ',21);
           Z = Z !! '*** Error ***  3.   Opcode ungültig';
           CALL WRITE;
         END;
         WHEN ERR = 2 THEN DO;
           CALL instruction;
         END;
         WHEN ERR = 3 THEN DO;
           CALL instruction;
           Z = COPIES(' ',21);
           Z = Z !! '*** Error ***  2.   Opcode ungültig';
           CALL WRITE;
         END;
         WHEN ERR = 4 THEN DO;
           CALL instruction;
         END;
         WHEN ERR = 5 THEN DO;
           x = RIGHT(x,6,'0');
           Z = x' 'op'         *** Error ***  lfd. OPCODE ungültig';
           CALL WRITE;
           j = j + 1;
           pc = D2X(X2D(pc)+1);         /* inqrement program counter  */
         END;
         OTHERWISE;
       END; /* Select */
     END; /* IF err > 0 */
RETURN; /* Disassembler */
/*
             +-----------------------------+
             !  B E F E H L  DEKODIEREN  !
             +-----------------------------+
*/
instruction: PROCEDURE EXPOSE ,
                     pc,          /* program counter            */
                     l,           /* laenge des lfd. befehls    */
                     zeile,       /* lfd. text zeile            */
                     j,           /* index in der textzeile     */
                     z,           /* output zeile               */
                     ot.,         /* opcode tabelle             */
                     index,       /* index in der opcode tab.   */
                     lab,         /* label string               */
                     basetab.,    /* tabelle basisregister      */
                     anzbasreg,   /* anzahl  basisregister      */
                     adr;         /* lfd. adresse               */
     adr = pc;                    /* ADRESSE DES LFD. BEFEHLS   */
     pc = D2X(X2D(pc)+X2D(l));    /* INCREMENT PROGRAM COUNTER  */
     adrx = RIGHT(adr,6,'0');     /* HEX-UMWANDLUNG DER ADRESSE */
     code = SUBSTR(zeile,J*2-1,L*2); /* BEFEHLS-CODE            */
     SELECT;                      /* AUFBEREITUNG DER DRUCKZEILE */
       WHEN l = 2 THEN space = '     ';
       WHEN l = 4 THEN space = '   ';
       OTHERWISE space = '';
     END;
     z = adrx !! ' ' code !! space !! ' ' !! z;
     typ = SUBSTR(ot.index,12,2);    /* BEFEHLSTYP */
     mnemonic = SUBSTR(ot.index,6,5); /* BEFEHLSMNEMONIC */
     OPRNT = '';
```

```
SELECT;
  WHEN (typ = 'DG') THEN DO;       /* ++ */
    RX   = SUBSTR(CODE,3,1);
    RY   = SUBSTR(CODE,4,1);
    DCODE = SUBSTR(CODE,5,4);
    OPRNT = 'RX'RX',RY'RY',C'DCODE;
  END;
  WHEN (TYP = 'RR') THEN DO;
    SELECT;
      WHEN (MNEMONIC = 'SPM') THEN DO;
        R1 = SUBSTR(CODE,3,1);
        OPRNT = 'R'R1;
      END;
      WHEN (MNEMONIC = 'SVC') THEN DO;
        I1 = SUBSTR(CODE,3,2);
        OPRNT = X2D(I1);
      END;
      WHEN (MNEMONIC = 'BCR') THEN DO;
        M1 = SUBSTR(CODE,3,1);
        R2 = SUBSTR(CODE,4,1);
        OPRNT = 'M'M1',R'R2;
        SELECT;
          WHEN (M1 = 'B') THEN OPRNT = OPRNT !! ' (BNLR BNMR)';
          WHEN (M1 = 'D') THEN OPRNT = OPRNT !! ' (BNHR BNPR)';
          WHEN (M1 = 'E') THEN OPRNT = OPRNT !! ' (BNOR)';
          WHEN (M1 = 'F') THEN OPRNT = OPRNT !! ' (BR)';
          WHEN (M1 = '1') THEN OPRNT = OPRNT !! ' (BOR)';
          WHEN (M1 = '2') THEN OPRNT = OPRNT !! ' (BHR BPR)';
          WHEN (M1 = '4') THEN OPRNT = OPRNT !! ' (BLR BMR)';
          WHEN (M1 = '7') THEN OPRNT = OPRNT !! ' (BNER BNZR)';
          WHEN (M1 = '8') THEN OPRNT = OPRNT !! ' (BER BZR)';
          OTHERWISE;
        END;
      END;
      OTHERWISE DO;
        R1 = SUBSTR(CODE,3,1);
        R2 = SUBSTR(CODE,4,1);
        OPRNT = 'R'R1',R'R2;
      END;
    END; /* SELECT */
  END; /* WHEN */
  WHEN (TYP = 'RX') THEN DO;
    SELECT;
      WHEN (MNEMONIC = 'BC') THEN DO;
        M1 = SUBSTR(CODE,3,1);
        X2 = SUBSTR(CODE,4,1);
        B2 = SUBSTR(CODE,5,1);
        D2 = SUBSTR(CODE,6,3);
        OPRNT = 'M'M1',D'D2'(X'X2',B'B2')';
        SELECT;
          WHEN (M1 = 'B') THEN OPRNT = OPRNT !! ' (BNL BNM)';
          WHEN (M1 = 'D') THEN OPRNT = OPRNT !! ' (BNH BNP)';
          WHEN (M1 = 'E') THEN OPRNT = OPRNT !! ' (BNO)';
          WHEN (M1 = 'F') THEN OPRNT = OPRNT !! ' (B)';
          WHEN (M1 = '1') THEN OPRNT = OPRNT !! ' (BO)';
          WHEN (M1 = '2') THEN OPRNT = OPRNT !! ' (BH BP)';
          WHEN (M1 = '4') THEN OPRNT = OPRNT !! ' (BL BM)';
          WHEN (M1 = '7') THEN OPRNT = OPRNT !! ' (BNE BNZ)';
          WHEN (M1 = '8') THEN OPRNT = OPRNT !! ' (BE BZ)';
          OTHERWISE;
        END;
      END;
      OTHERWISE DO;
        R1 = SUBSTR(CODE,3,1);
        X2 = SUBSTR(CODE,4,1);
        B2 = SUBSTR(CODE,5,1);
        D2 = SUBSTR(CODE,6,3);
        OPRNT = 'R'R1',D'D2'(X'X2',B'B2')';
      END;
```

```
       END; /* SELECT */
       LAB = '';
       CALL LABEL B2 D2;
       OPRNT = OPRNT !! COPIES(' ',43-LENGTH(OPRNT)-LENGTH(LAB)) !! LAB;
     END;
   WHEN (TYP = 'RS') THEN DO;
     SELECT;
       WHEN ((MNEMONIC = 'SRL')    ,
             ! (MNEMONIC = 'SLL')  ,
             ! (MNEMONIC = 'SRA')  ,
             ! (MNEMONIC = 'SLA')  ,
             ! (MNEMONIC = 'SRDL') ,
             ! (MNEMONIC = 'SLDL') ,
             ! (MNEMONIC = 'SRDA') ,
             ! (MNEMONIC = 'SLDA')) THEN DO;
         R1 = SUBSTR(CODE,3,1);
         B2 = SUBSTR(CODE,5,1);
         D2 = SUBSTR(CODE,6,3);
         OPRNT = 'R'R1',D'D2'(B'B2')';
       END;
       OTHERWISE DO;
         R1 = SUBSTR(CODE,3,1);
         B2 = SUBSTR(CODE,5,1);
         R3 = SUBSTR(CODE,4,1);
         D2 = SUBSTR(CODE,6,3);
         OPRNT = 'R'R1',R'R3',D'D2'(B'B2')';
       END;
     END; /* SELECT */
     LAB = '';
     CALL LABEL B2 D2;
     OPRNT = OPRNT !! COPIES(' ',43-LENGTH(OPRNT)-LENGTH(LAB)) !! LAB;
   END; /* WHEN */
   WHEN (TYP = 'SI') THEN DO;
     I1 = SUBSTR(CODE,3,2);
     B1 = SUBSTR(CODE,5,1);
     D1 = SUBSTR(CODE,6,3);
     OPRNT = 'D'D1'(B'B1'),I'I1;
     LAB = '';
     CALL LABEL B1 D1;
     OPRNT = OPRNT !! COPIES(' ',43-LENGTH(OPRNT)-LENGTH(LAB)) !! LAB;
   END;
   WHEN (TYP = 'S ') THEN DO;
     SELECT;
       WHEN (SUBSTR(CODE,1,2) = 'B202') THEN DO;
         Z = DELSTR(Z,22,5);
         Z = INSERT('STIDP',21);
       END;
       OTHERWISE;
     END;
     B2 = SUBSTR(CODE,5,1);
     D2 = SUBSTR(CODE,6,3);
     OPRNT = 'D'D2'(B'B2')';
     LAB = '';
     CALL LABEL B2 D2;
     OPRNT = OPRNT !! COPIES(' ',43-LENGTH(OPRNT)-LENGTH(LAB)) !! LAB;
   END;
   WHEN (TYP = 'SS') THEN DO;
     SELECT;
       WHEN (MNEMONIC = 'SRP') THEN DO;
         L1 = SUBSTR(CODE,3,1);
         I1 = SUBSTR(CODE,4,1);
         B1 = SUBSTR(CODE,5,1);
         D1 = SUBSTR(CODE,6,3);
         B2 = SUBSTR(CODE,9,1);
         D2 = SUBSTR(CODE,10,3);
         OPRNT = 'D'D1'(L'L1',B'B1'),D'D2'(B'B2'),I'I1;
       END;
```

```
        OTHERWISE DO;
          L1 = SUBSTR(CODE,3,2);
          B1 = SUBSTR(CODE,5,1);
          D1 = SUBSTR(CODE,6,3);
          B2 = SUBSTR(CODE,9,1);
          D2 = SUBSTR(CODE,10,3);
          OPRNT = 'D'D1'('L'L1',B'B1'),D'D2'('B'B2')';
        END;
      END; /* SELECT */
      LAB = '';
      CALL LABEL B1 D1;
      OPRNT = OPRNT !! COPIES(' ',36-LENGTH(OPRNT)-LENGTH(LAB)) !! LAB;
      CALL LABEL B2 D2;
      OPRNT = OPRNT !! COPIES(' ',43-LENGTH(OPRNT)-LENGTH(LAB)) !! LAB;
    END; /* WHEN */
    OTHERWISE;
  END; /* SELECT */
  Z = Z !! ' ' !! OPRNT;
  J = J + L; /* UM DIE BEFEHLSLAENGE IN DER TXT-ZEILE VORSETZEN */
  CALL WRITE;
RETURN; /* instruction */
/*
          +-------------+
          !  W R I T E  !
          +-------------+
*/
write:
  z = ' ' !! z;
  SAY z;
  QUEUE z;
  'EXECIO 1 DISKW DASS LISTING A';
RETURN; /* write */
/*
          +-------------------+
          !  Label aufbauen   !
          +-------------------+
*/
label: PROCEDURE EXPOSE basetab. anzbasreg lab;
  ARG b d
  IF anzbasreg > 0 THEN DO;
    DO i=1 TO anzbasreg;
      IF basetab.i.1 = b THEN DO;
        lab = D2X(X2D(basetab.i.2) + X2D(d));
        lab = RIGHT(lab,6,'0');
      END;
    END;
  END;
RETURN;
/*
          +------------------------------------------+
          !  B A S I S R E G I S T E R  BESTIMMEN  !
          +------------------------------------------+
*/
basereg: PROCEDURE EXPOSE basetab. anzbasreg;
  'GLOBALV SELECT $DASS$ GET ANZBASREG';
  IF (anzabsreg <> 0) & (anzbasreg <> '') THEN DO;
    SAY 'Sind die Basisregister ok ? (J/N)';
    DO i=1 TO anzbasreg;
      'GLOBALV SELECT $DASS$ GET BASETAB.'i'.1';
      'GLOBALV SELECT $DASS$ GET BASETAB.'i'.2';
      SAY 'Base-Reg =' RIGHT(basetab.i.1,2),
          'Base-Adr =' RIGHT(basetab.i.2,6);
    END;
    PULL antwort .;
    IF antwort = 'J' THEN RETURN;
  END;
```

```
      i = 0; /* INDEX BASETAB */
DO b=1 TO 16;
  SAY 'Bitte Basisregister und Adresse eingeben, Ende=0';
   DO a=1 TO 10;
     PULL basreg basadr .;
     IF basreg = 0 THEN LEAVE b;
     IF basreg <> '' & basadr = '' THEN DO;
       SAY 'Eingabefehler, Adresse fehlt';
       LEAVE a;
     END;
     IF DATATYPE(basreg,'X') & DATATYPE(basadr,'X') THEN DO;
       i = i + 1;
       basetab.i.1 = basreg;
       basetab.i.2 = basadr;
       LEAVE a;
     END; /* IF */
     SAY 'Eingabefehler, Register und Adresse nicht in HEX';
   END a; /* FOREVER */
END b; /* FOREVER */
anzbasreg = i; /* Anzahl Basisregister */
'GLOBALV SELECT $DASS$ PURGE';
'GLOBALV SELECT $DASS$ PUT ANZBASREG';
DO i=1 TO anzbasreg;
   'GLOBALV SELECT $DASS$ SET BASETAB.'i'.1' basetab.i.1;
   'GLOBALV SELECT $DASS$ SET BASETAB.'i'.2' basetab.i.2;
END;
RETURN;
/*
          +------------------------------------------+
          !  O P C O D E - TABELLE INITIALISIEREN   !
          +------------------------------------------+
*/
init: PROCEDURE EXPOSE ot.;
  DO i=0 TO 255;
     ot.i = 'N';
  END;
  ot.4 = '2 04 SPM   RR'
  ot.5 = '2 05 BALR  RR'
  ot.6 = '2 06 BCTR  RR'
  ot.7 = '2 07 BCR   RR'
  ot.8 = '2 08 SSK   RR'
  ot.9 = '2 09 ISK   RR'
  ot.10 = '2 0A SVC   RR'
  ot.14 = '2 0E MVCL  RR'
  ot.15 = '2 0F CLCL  RR'
  ot.16 = '2 10 LPR   RR'
  ot.17 = '2 11 LNR   RR'
  ot.18 = '2 12 LTR   RR'
  ot.19 = '2 13 LCR   RR'
  ot.20 = '2 14 NR    RR'
  ot.21 = '2 15 CLR   RR'
  ot.22 = '2 16 OR    RR'
  ot.23 = '2 17 XR    RR'
  ot.24 = '2 18 LR    RR'
  ot.25 = '2 19 CR    RR'
  ot.26 = '2 1A AR    RR'
  ot.27 = '2 1B SR    RR'
  ot.28 = '2 1C MR    RR'
  ot.29 = '2 1D DR    RR'
  ot.30 = '2 1E ALR   RR'
  ot.31 = '2 1F SLR   RR'
  ot.32 = '2 20 LPDR  RR'
  ot.33 = '2 21 LNDR  RR'
  ot.34 = '2 22 LTDR  RR'
  ot.35 = '2 23 LCDR  RR'
  ot.36 = '2 24 HDR   RR'
  ot.37 = '2 25 LRDR  RR'
  ot.38 = '2 26 MXR   RR'
  ot.39 = '2 27 MXDR  RR'
```

```
ot.40  = '2 28 LDR   RR'
ot.41  = '2 29 CDR   RR'
ot.42  = '2 2A ADR   RR'
ot.43  = '2 2B SDR   RR'
ot.44  = '2 2C MDR   RR'
ot.45  = '2 2D DDR   RR'
ot.46  = '2 2E AWR   RR'
ot.47  = '2 2F SWR   RR'
ot.48  = '2 30 LPER  RR'
ot.49  = '2 31 LNER  RR'
ot.50  = '2 32 LTER  RR'
ot.51  = '2 33 LCER  RR'
ot.52  = '2 34 HER   RR'
ot.53  = '2 35 LRER  RR'
ot.54  = '2 36 AXR   RR'
ot.55  = '2 37 SXR   RR'
ot.56  = '2 38 LER   RR'
ot.57  = '2 39 CER   RR'
ot.58  = '2 3A AER   RR'
ot.59  = '2 3B SER   RR'
ot.60  = '2 3C MER   RR'
ot.61  = '2 3D DER   RR'
ot.62  = '2 3E AUR   RR'
ot.63  = '2 3F SUR   RR'
ot.64  = '4 40 STH   RX'
ot.65  = '4 41 LA    RX'
ot.66  = '4 42 STC   RX'
ot.67  = '4 43 IC    RX'
ot.68  = '4 44 EX    RX'
ot.69  = '4 45 BAL   RX'
ot.70  = '4 46 BCT   RX'
ot.71  = '4 47 BC    RX'
ot.72  = '4 48 LH    RX'
ot.73  = '4 49 CH    RX'
ot.74  = '4 4A AH    RX'
ot.75  = '4 4B SH    RX'
ot.76  = '4 4C MH    RX'
ot.78  = '4 4E CVD   RX'
ot.79  = '4 4F CVB   RX'
ot.80  = '4 50 ST    RX'
ot.84  = '4 54 N     RX'
ot.85  = '4 55 CL    RX'
ot.86  = '4 56 O     RX'
ot.87  = '4 57 X     RX'
ot.88  = '4 58 L     RX'
ot.89  = '4 59 C     RX'
ot.90  = '4 5A A     RX'
ot.91  = '4 5B S     RX'
ot.92  = '4 5C M     RX'
ot.93  = '4 5D D     RX'
ot.94  = '4 5E AL    RX'
ot.95  = '4 5F SL    RX'
ot.96  = '4 60 STD   RX'
ot.103 = '4 67 MXD   RX'
ot.104 = '4 68 LD    RX'
ot.105 = '4 69 CD    RX'
ot.106 = '4 6A AD    RX'
ot.107 = '4 6B SD    RX'
ot.108 = '4 6C MD    RX'
ot.109 = '4 6D DD    RX'
ot.110 = '4 6E AW    RX'
ot.111 = '4 6F SW    RX'
ot.112 = '4 70 STE   RX'
ot.120 = '4 78 LE    RX'
ot.121 = '4 79 CE    RX'
ot.122 = '4 7A AE    RX'
ot.123 = '4 7B SE    RX'
ot.124 = '4 7C ME    RX'
ot.125 = '4 7D DE    RX'
```

```
        ot.126 = '4 7E AU    RX'
        ot.127 = '4 7F SU    RX'
        ot.128 = '4 80 SSM   SI'
        ot.131 = '4 83 DIAG  DG'
        ot.132 = '4 84 WRD   SI'
        ot.133 = '4 85 RDD   SI'
        ot.134 = '4 86 BXH   RS'
        ot.135 = '4 87 BXLE  RS'
        ot.136 = '4 88 SRL   RS'
        ot.137 = '4 89 SLL   RS'
        ot.138 = '4 8A SRA   RS'
        ot.139 = '4 8B SLA   RS'
        ot.140 = '4 8C SRDL  RS'
        ot.141 = '4 8D SLDL  RS'
        ot.142 = '4 8E SRDA  RS'
        ot.143 = '4 8F SLDA  RS'
        ot.144 = '4 90 STM   RS'
        ot.145 = '4 91 TM    SI'
        ot.146 = '4 92 MVI   SI'
        ot.147 = '4 93 TS    S '
        ot.148 = '4 94 NI    SI'
        ot.149 = '4 95 CLI   SI'
        ot.150 = '4 96 OI    SI'
        ot.151 = '4 97 XI    SI'
        ot.152 = '4 98 LM    RS'
        ot.172 = '4 AC STNSM SI'
        ot.173 = '4 AD STOSM SI'
        ot.174 = '4 AE SIGP  RS'
        ot.177 = '4 B1 LRA   RX'
        ot.178 = '4 B2 STIDP S '   /* B2 KOMMT MEHRFACH VOR !! */
        ot.182 = '4 B6 STCTL RS'
        ot.183 = '4 B7 LCTL  RS'
        ot.186 = '4 BA CS    RS'
        ot.187 = '4 BB CDS   RS'
        ot.189 = '4 BD CLM   RS'
        ot.190 = '4 BE STCM  RS'
        ot.191 = '4 BF ICM   RS'
        ot.209 = '6 D1 MVN   SS'
        ot.210 = '6 D2 MVC   SS'
        ot.211 = '6 D3 MVZ   SS'
        ot.212 = '6 D4 NC    SS'
        ot.213 = '6 D5 CLC   SS'
        ot.214 = '6 D6 OC    SS'
        ot.215 = '6 D7 XC    SS'
        ot.220 = '6 DC TR    SS'
        ot.221 = '6 DD TRT   SS'
        ot.222 = '6 DE ED    SS'
        ot.240 = '6 F0 SRP   SS'
        ot.241 = '6 F1 MVO   SS'
        ot.242 = '6 F2 PACK  SS'
        ot.243 = '6 F3 UNPK  SS'
        ot.248 = '6 F8 ZAP   SS'
        ot.249 = '6 F9 CP    SS'
        ot.250 = '6 FA AP    SS'
        ot.251 = '6 FB SP    SS'
        ot.252 = '6 FC MP    SS'
        ot.253 = '6 FD DP    SS'
RETURN; /* init */
```

Anhang G

Bilder

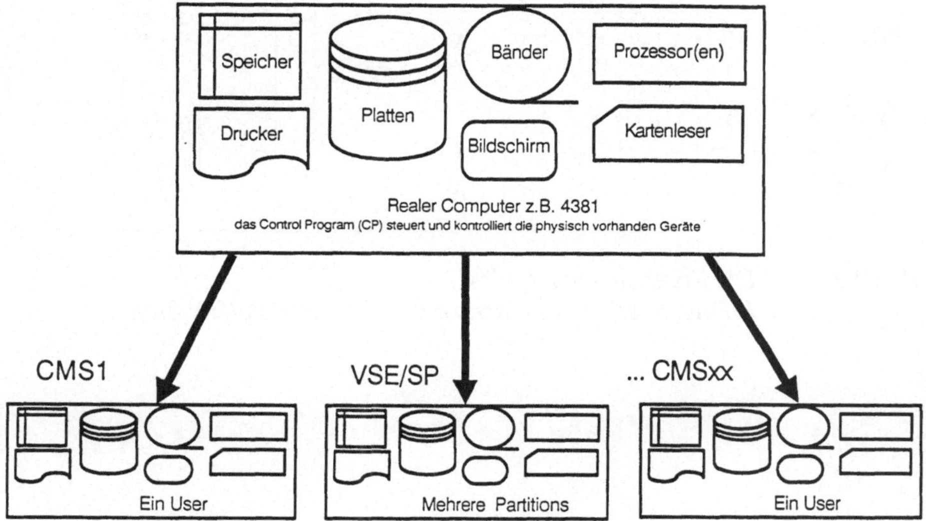

BILD 1:   *Virtualisierung der realen Welt durch das CP*
              Kapitel 2: Einführung in das Betriebssystem

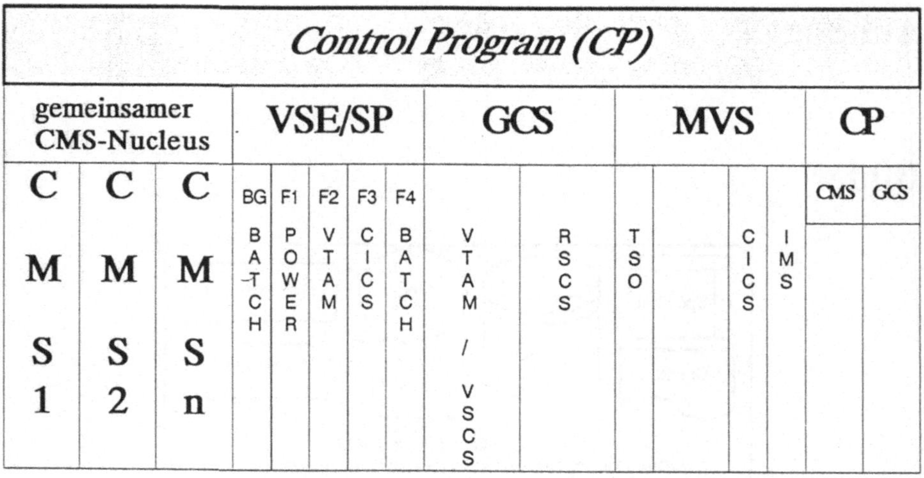

Control Program (CP)				
gemeinsamer CMS-Nucleus	**VSE/SP**	**GCS**	**MVS**	**CP**
C M S 1 C M S 2 C M S n	BG BATCH F1 POWER F2 VTAM F3 CICS F4 BATCH	VTAM / VSCS RSCS	TSO CICS IMS	CMS GCS

BILD 2: *Die Komponenten des VM*
     Kapitel 3: Die Komponenten des VM - eine Aufzählung

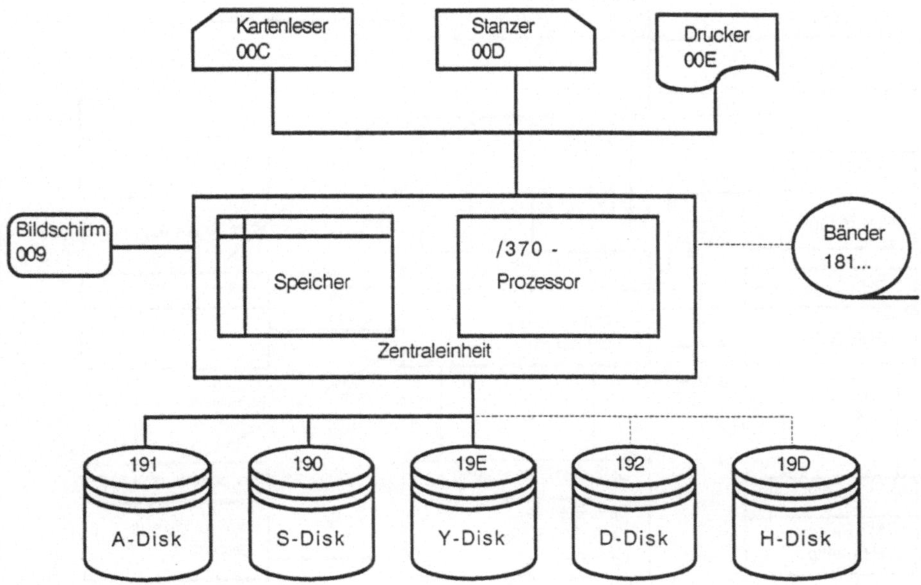

BILD 3:   *Typische Konfiguration einer CMS Maschine*
              Kapitel 4: Die viruelle CMS Maschine und deren Konfiguration

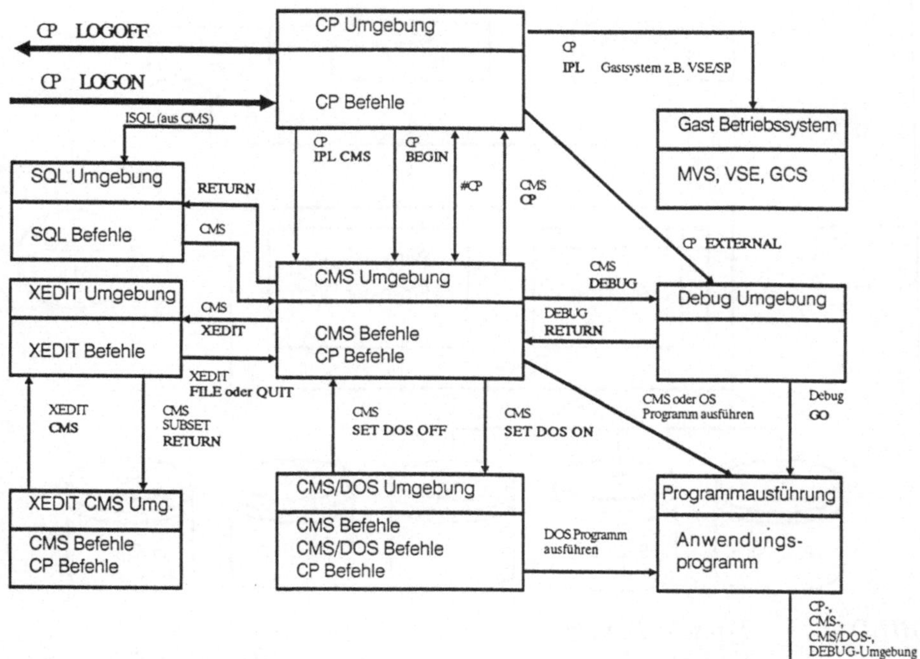

BILD 4:   Die CMS Umgebung
Kapitel 4: Die virtuelle CMS Maschine und deren Konfiguration

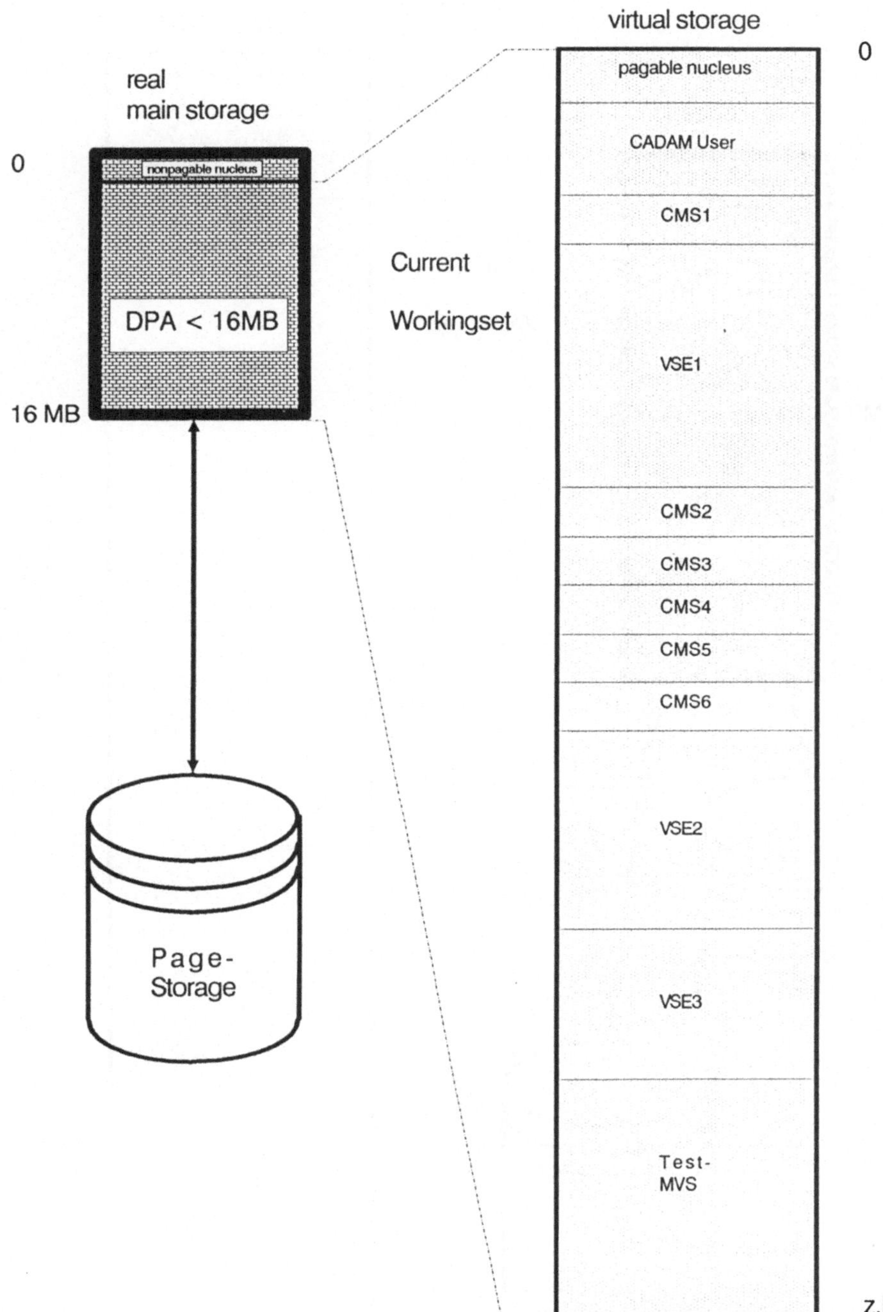

BILD 5:   Speicherverwaltung < 16 Mb
Kapitel 12: Performance

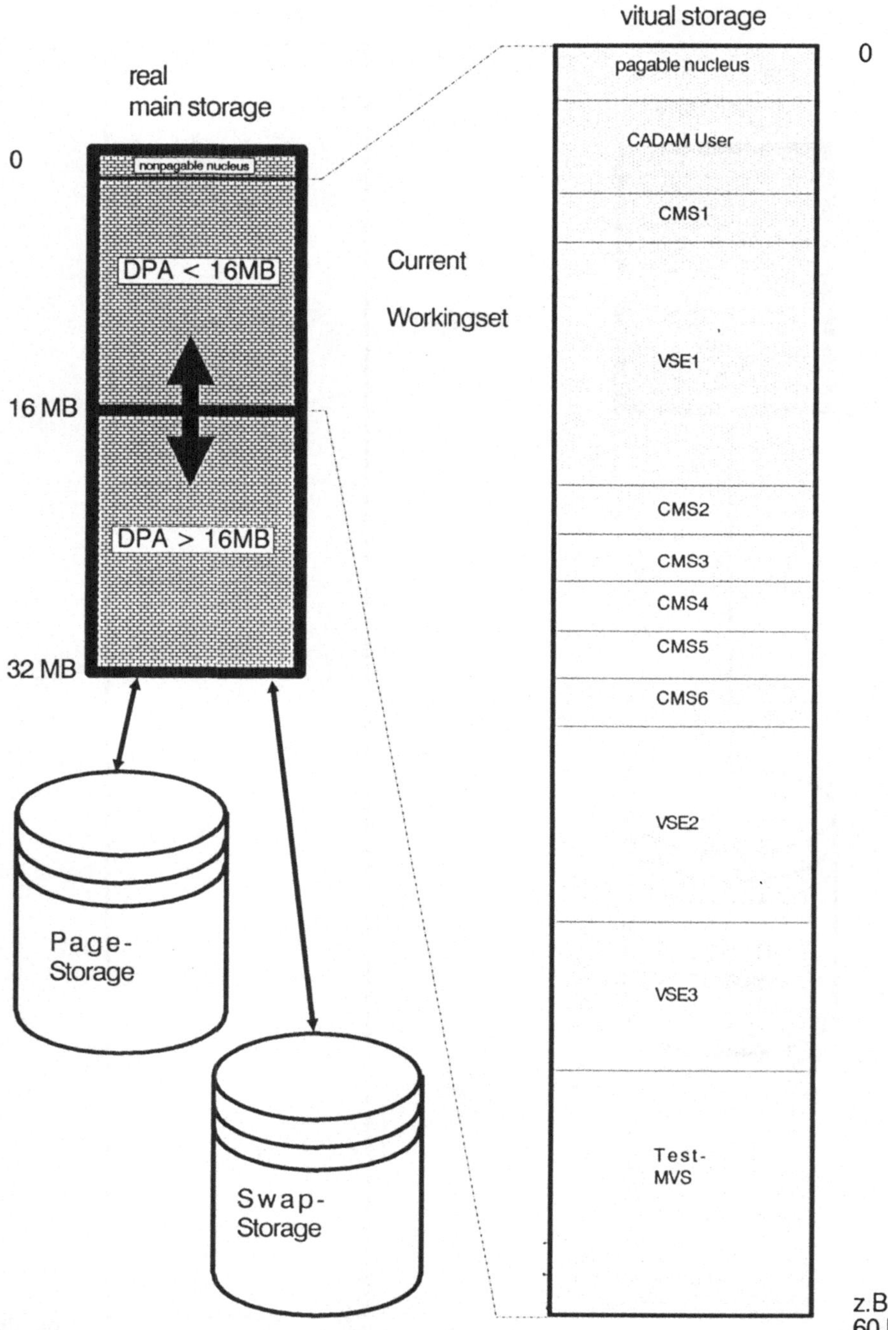

BILD 6:   Speicherverwaltung > 16 Mb
Kapitel 12: Performance

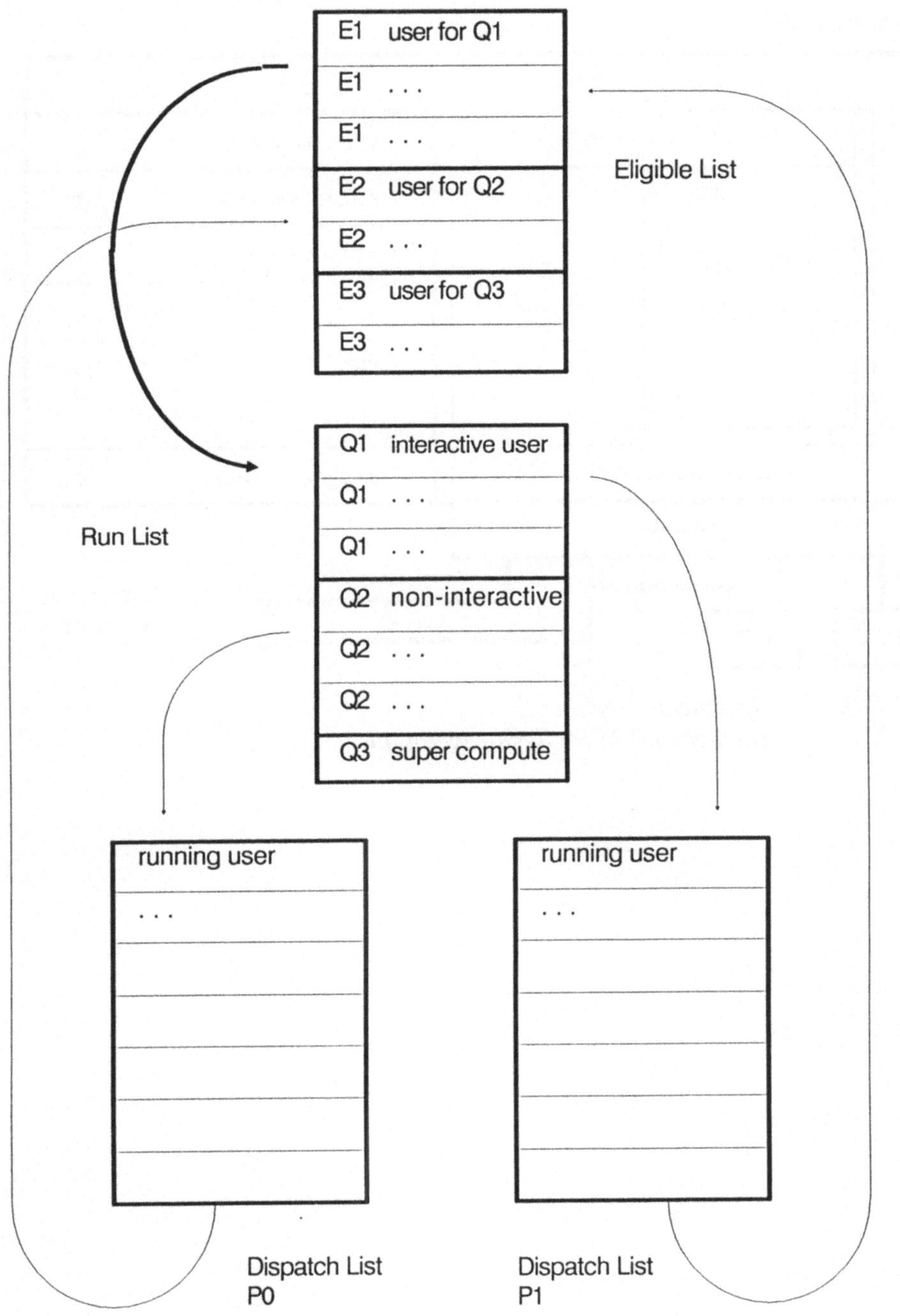

BILD 7:   *VM Queues*
Kapitel 12: Performance

Rechner A

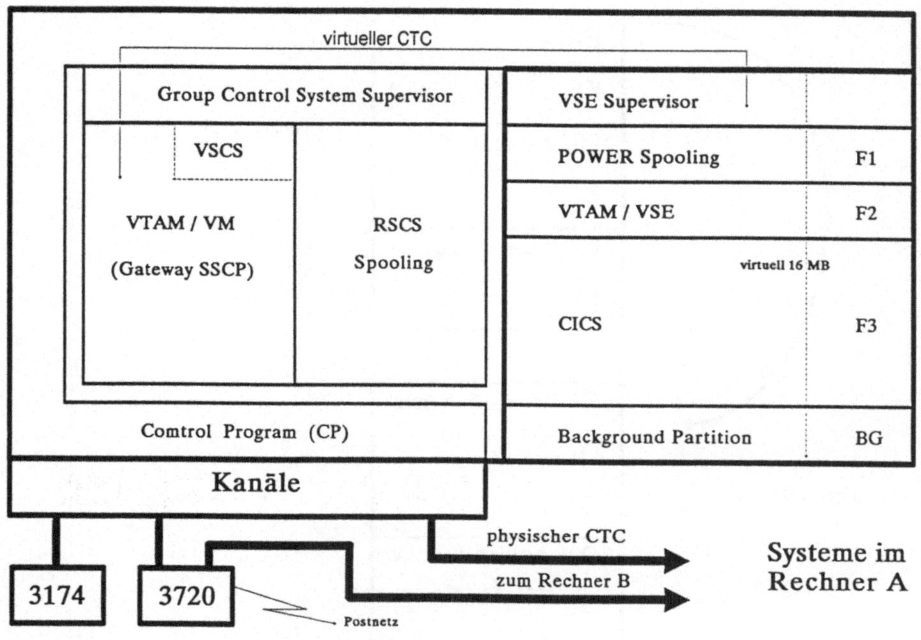

BILD 8:   *Systeme im Rechner A*
                   Kapitel 13: VM im Rechnerverbund

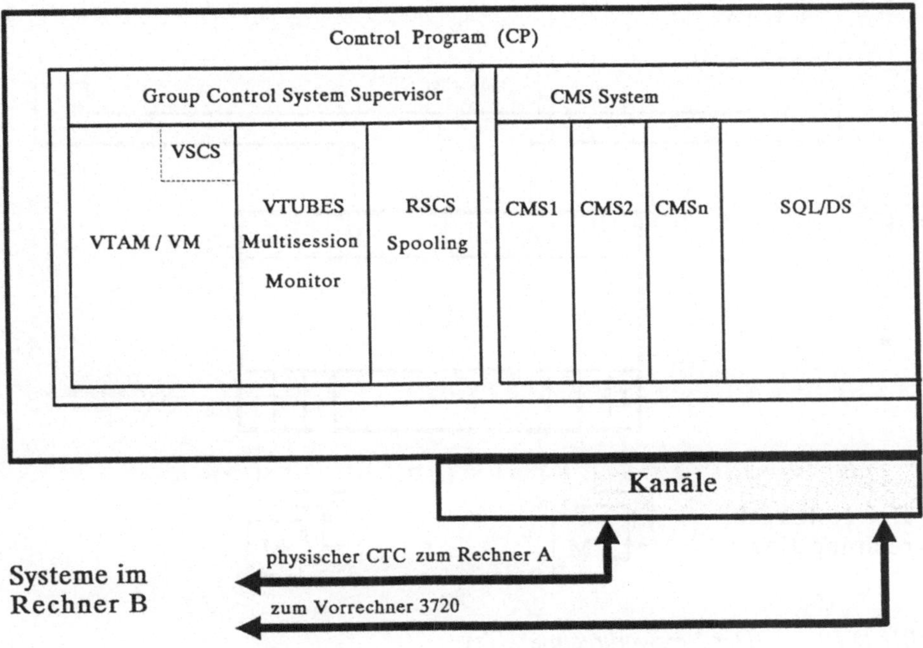

BILD 9:   *Systeme im Rechner B*
             Kapitel 13: VM im Rechnerverbund

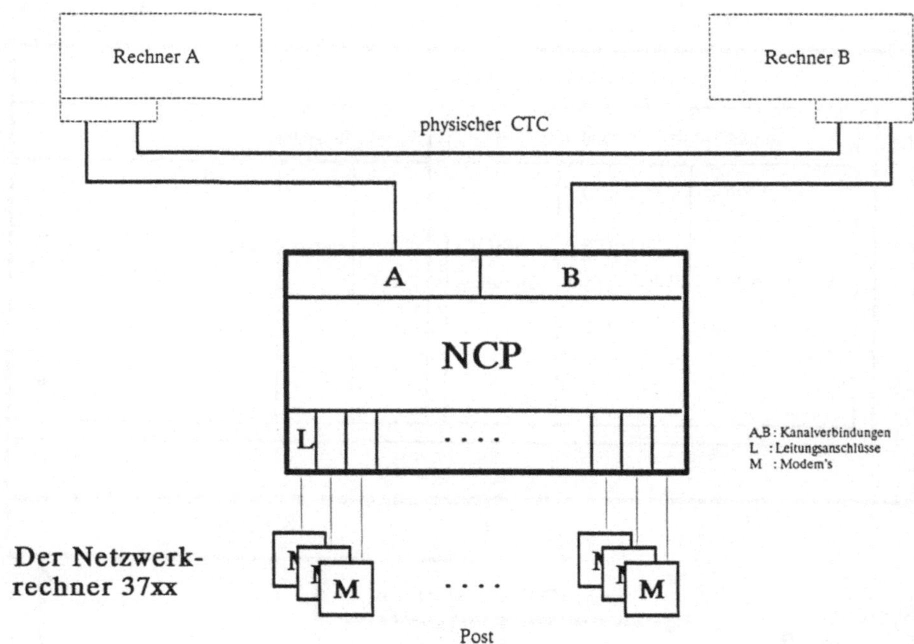

BILD 10:   *Der Netzwerkrechner 37xx*
                  Kapitel 13: VM im Rechnerverbund

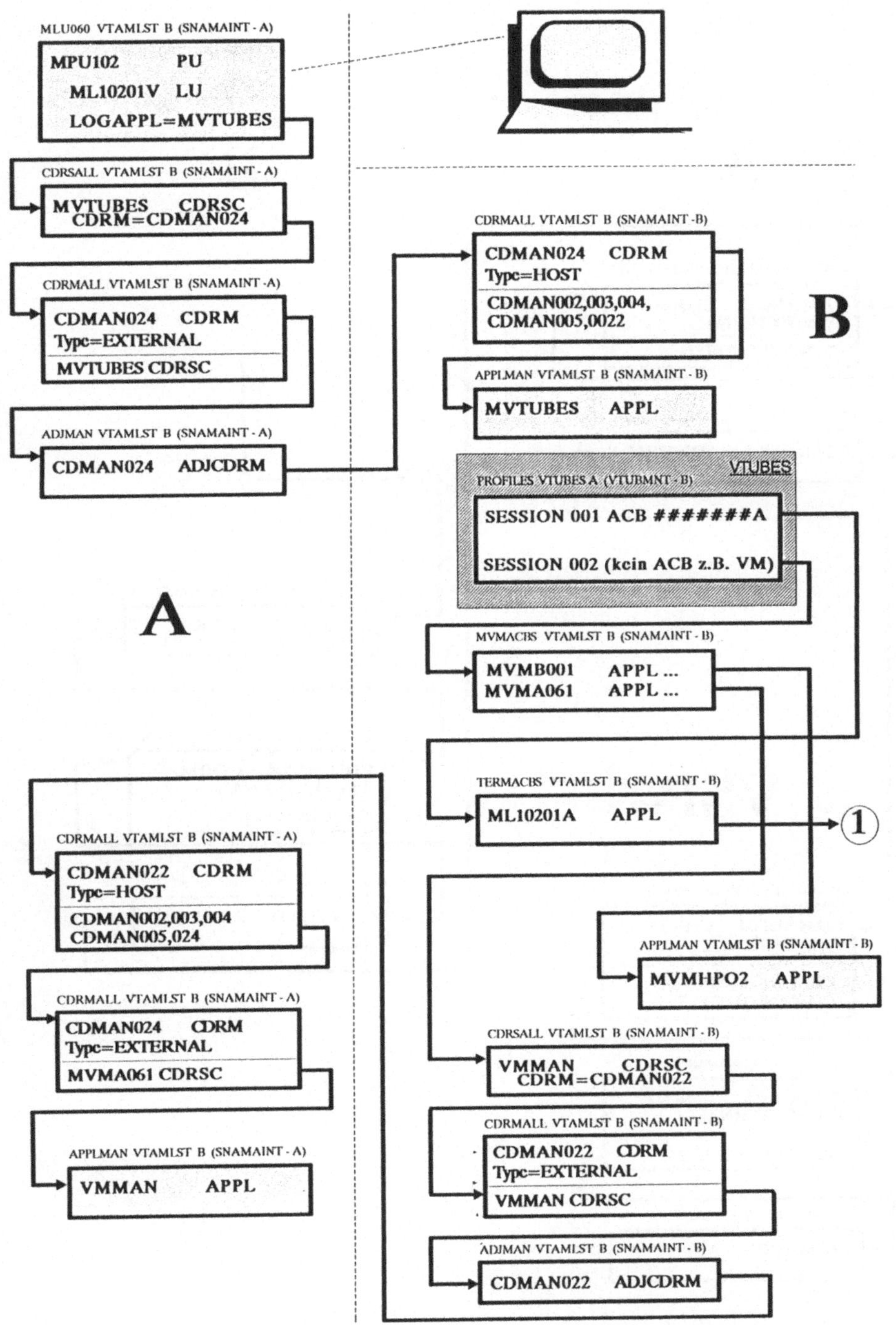

BILD 11:   VTUBES Cross-Domain Sessions (1)
Kapitel 13: VM im Rechnerverbund

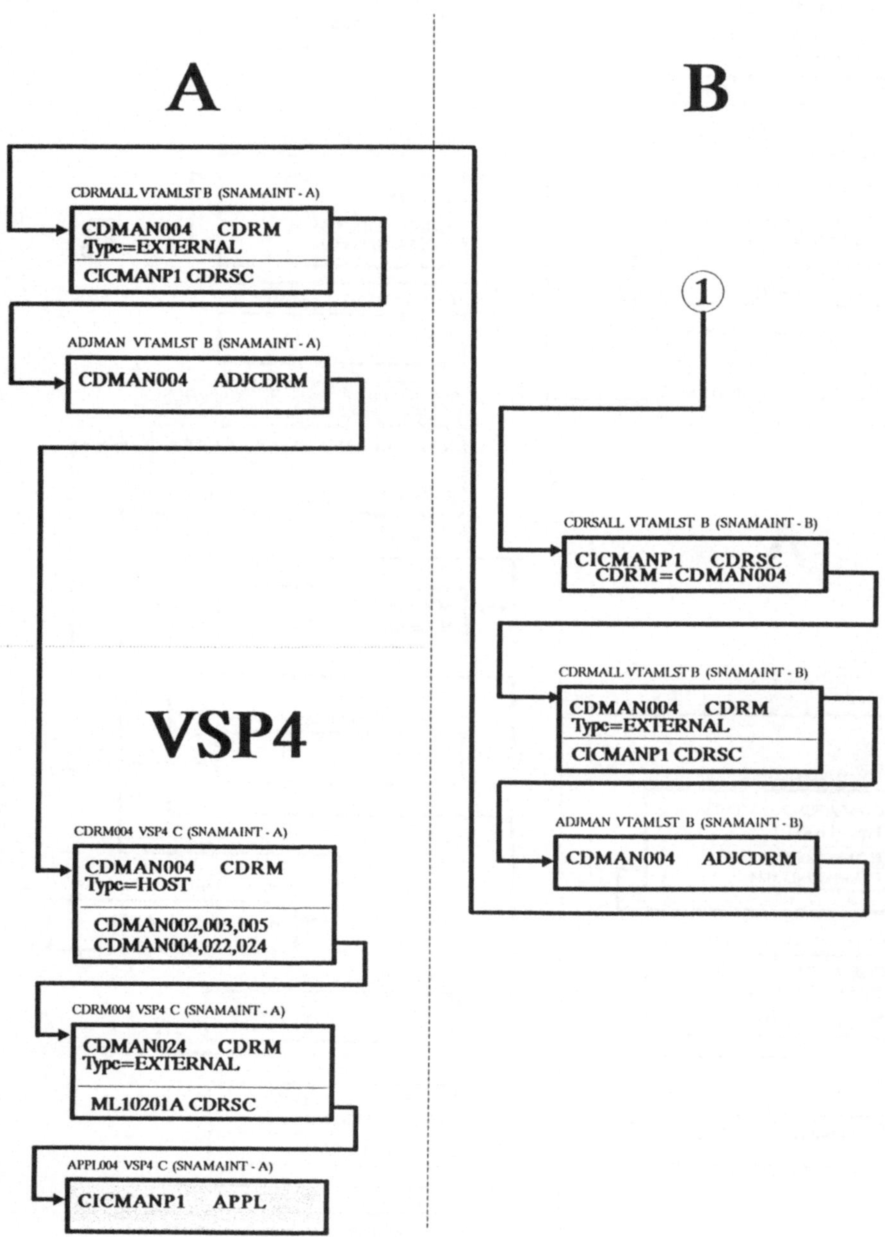

BILD 12:   *VTUBES Cross-Domain Sessions (2)*
             Kapitel 13: VM im Rechnerverbund

Anhang H

Glossar

*BLOCKIO	Interne Userid für den DASD Block I/O Service.
*CCS	Interne Userid für den SNA Console Communication Service.
*LOGREC	Interne Userid für den Error Logging System Service.
*MSG	Interne Userid für den Message System Service.
*MSGALL	Interne Userid für den Message All System Service.
*SIGNAL	Interne Userid für den Signal System Service.
*SPL	Interne Userid für den Spool System Service.
/370 Architektur	Beschreibung der gründsätzlichen Funktionsweise der Rechnerklase /370. Festlegung der Maschinenbefehle, der Adressierung, die Ein- und Ausgabebehandlung und der Interruptstruktur.
16MB-Grenze	Adressierungsgrenze der non-XA-Architektur.
3174-Tokenring-Gateway	3174 Terminalsteuereinheit als Übergangsmedium in einen Tokenring.
4381	Rechnertyp.

A

ABBREV	Logische REXX Funktion zum ermitteln von Abkürzungen.
ABEND Codes	Fehlerkode nach einem unerwarteten Programmabbruch.
ACCOUNT Statement	Zuordnung einer Accountinformation zu einer CMS-Userid im VM-Directory.

Accounting	Gewinnung und Abrechnung von Kennzahlen des Rechenzentrums als Voraussetzung für einen wirtschaftlichen Betrieb.
ADDRESS	REXX Statement zur Festlegung eines Environments.
Adjacent Table	Verzeichnis der SNA-Netze und Cross-Domain-Resource-Manager in einem SNI-Verbund.
AFFINITY	Zuordnung eines Prozessors zu einer Userid.
AMS	System zur Verwaltung von VSAM-Objekten.
AMSERV	CMS-Kommando zum Aufruf der AMS-Services.
Antwortzeiten	Oft umstrittenes Zeitintervall zwischen einer Bildschirmeingabe und der Antwort des Rechners.
Anwendungsentwicklung	Personal, Methoden und Werkzeuge zum Erstellen eines Anwendungsprogrammes.
Anwendungssystem	Programmsammlung zur Bearbeitung eines Sachgebietes; z.B. Personalverwaltung, Finazbuchhaltung, etc.
Application Control Block	VTAM Steuerblock zur Beschreibung einer VTAM-Anwendung.
Applications	VTAM-Anwendungen.
Arbeitsvorbereitung	Personal und Methoden zum direkten Rechnerbetrieb.
Architektur	Festlegung von Regeln für ein bestimmtes Gebiet; z.B. Hardware /370, SNA, SAA, etc.
ASSEMBLE	CMS Assembleraufruf.
Assembler	Übersetzer Mnemonischer Maschinenbefehle in ein linkbares Module.
Assemblerbefehl	Mnemonische Schreibweise für einen Maschinenbefehl.
Assemblermakro	Zusammenfassung von Assemblerbefehlen zu einer Einheit.
ASSGN	Zuordnung von systemlogischen Einheiten zu virtuellen Peripheriegeräten.

B

B-Books	Abschnitt in einer VSE Source Statement Bibliothek.
BATCH	DV-technische Verarbeitungsweise von Programmen im Stapelbetrieb.
Batch-Job	Zusammenfassung von Jobcontrol-Statements zur Ausführung eines oder mehrerer Batch-Programme.
Baud	Maßeinheit für Bit pro Sekunde bei der seriellen Datenübertragung.
Betriebsmittel	Resourcen einer Rechenanlage, die ein Betriebssystem verwaltet.
Betriebssystem	Steuerprogramm zur sinnvollen, komfortablen und wirtschaftlichen Nutzung der Rechnerresourcen wie CPU, interner und externer Speicher, Peripherie, etc.
Bildschirmkopie	Möglichkeit, den Bildschirminhalt zu drucken.

C

CADAM	Elektronisches Zeichenprogramm für den Konstrukteur.
Carriage Control	Vorschubsteuerzeichen bei Druckern.
CDRM	Cross-Domain-Resource-Manager.
CDRS	Cross-Domain-Resource.
CHANGE	CMS-Befehl zum Ändern von Spoolfile-Attributen.
Channel-to-Channel-Adapter	Kanalverbindung zwischen physischen oder logischen CPU's.
CICS	Customer Information Control System. Trägersystem für die ONLINE-Verarbeitung.
CKD-Einheit	Magnetplattenspeicher. CKD (Count Key Data) bezeichnet die Art der physischen Speicherung.
CLUSTER	VSAM-Datei.
CMS	Timesharingsystem im VM.
CMS BATCH	Möglichkeit der Batchverarbeitung im CMS.
CMS File Sharing	Konkurrierender Zugriff auf CMS-Dateien.
CMS Filename	Kennzeichnung einer CMS-Datei.
CMS Lader	Einrichtung zum Laden eines Programms in den Speicher einer CMS-Userid.
CMS VSAM Files	VSAM-Dateien im CMS.

CMS-ESERV	Bearbeitung von VSE E-Makros im CMS.
CMS-SSERV	Bearbeitung von VSE Makros im CMS.
CMS-Userid	Virtueller Rechner im VM.
CMS-XEDIT-Kommando	Aufruf des VM Editors aus dem CMS.
COMPARE	CMS-Befehl zum Vergleich von CMS-Dateien.
Compiler	Übersetzer von höheren Programmiersprachen in Maschinenbefehle.
Computernetz	Verbindung mehrerer Rechner mittels der Datenfernverarbeitung.
Computerviren	Meist auf Schaden ausgerichtete Programme die sich in andere Programme "einnisten".
CONSOLE	Bezeichnung des Bildschirms für einen virtuellen Rechner (Directory-Statement).
Console Stack	Bildschirmpufferspeicher.
CONTROL PROGRAM	Steuerprogramm zur Verwaltung der Hardware.
COPYFILE	CMS-Befehl zum Kopieren von CMS-Dateien.
Core-Image-Libraries	VSE Ladebibliothek für Programme.
COUPLE	Aufbau einer virtuellen CTC-Verbindung.
CP	-> Control Program.
CP Read	Anzeige des CP-Environments am Bildschirm.
CP-User	Virtueller Rechner ohne Gastsystem.
Cross System Product	4GL Entwicklungssystem.
Cross-Domain-Ressources	-> CDRS.
Cross-Domain-Resource-Manager	-> CDRM.
CSP	-> Cross System Product.
CTCA	-> Channel-to-Channel-Adapter.

D

D-Disk	CMS Minidisk 192, meist als Public-Disk verwendet.
DASD	Bezeichnung einer Magnetplatteneinheit.
Datenbanksystem	System zum optimalen Zugriff auf die Daten nach einer bestimmten Methode (hierarchisch, relational, etc.).
Datenintegrität	Logische Korrektheit der Daten in einem Datenhaltungssystem.
Datensicherheit	Schutz der Daten vor Zerstörung und unerlaubten Zugriff.

Datensicherung	Methode zur sicheren Aufbewahrung der Datenbestände.
DATEX-L	Postdienst für den Datenaustausch.
DATEX-P	Postdienst für den Datenaustausch.
DD Statement	MVS Jobcontrol-Statement zur Beschreibung einer Datei oder eines Peripheriegerätes.
DDR	Sicherungs- und Kopierprogramm für Magnetplatten.
DEBUG	DEBUG Umgebung.
Debugger	Hilfmittel zur Fehleranalyse bei der Programmentwicklung.
Device Support Facility	VSE Formatierungsprogramm für Magnetplatten.
Devices	Allgemeiner Ausdruck für an den Rechner anschließbare Geräte.
DIAGNOSE	Anforderung bestimmter VM-Dienste aus Programmen heraus (reservierter Operationscode).
DIRECTORY	Verzeichnis zur Definition aller virtuellen Rechner in einem CP.
DISCONNECT	CMS-Befehl zur Trennung eines virtuellen Rechners von seinem Bildschirm.
Dispatch List	CP-interne Liste für den Scheduler.
Disposition	Verarbeitungsweise von VSE-Job's.
DIST	Listenkennzeichnung.
DLBL	Beschreibung einer VSE-Datei in der Jobcontrol.
DMKRIO	CP-Verzeichnis aller realen Geräte, die das CP steuern muß.
Domain	Wirkungsbereich einer VTAM-Subarea.
DOS	Vorläufer des VSE/SP.
DOS Minidisk	Minidisk eines virtuellen Rechners, die mit DSF formatiert ist, z.B. zur Aufnahme eines VSAM-Objektes.
DOSLIB	Ladebibliothek für VSE-Programme im CMS.
DOSLKED	Programm zum Binden von VSE-Objectmodulen im CMS.
DPA	Dynamic Paging Area. Speicherbereich im Hauptspeicher zur Aufnahme der virtuellen Rechner.

E

Eligible List	CP-interne Liste für den Scheduler.
Environment	Abgrenzung von Programmen in einem virtuellen Rechner; z.B. CMS und XEDIT oder CMS und ISQL.
EPLIST	Festgelegte Parameterliste für den Datenaustausch eines Programms mit dem CMS.
ERASE	CMS-Befehl zum Löschen von CMS-Dateien.
EXEC	CMS-Befehl zur Ausführung von REXX-Programmen. Filetype für REXX-Programme.
EXECIO	Zugriffsmethode auf CMS-Dateien für REXX-Programme.
Explicit route	Bezeichnung eines VTAM Kommunikationspfades zu einer benachbarten Subarea.
EXPORT	AMS Service zum entfernen eines VSAM-Katalogs.
Extended Storage	Spezieller Speicher zum Swapping und Paging.
EXTENT	Festlegung des Speicherbereichs für eine VSE-Datei auf einer Magnetplatte.

F

FBA-Einheit	Magnetplattenspeicher. FBA (fixed block address) bezeichnet die Art der physischen Speicherung. Siehe auch CKD.
Festplatte	Kleine Magnetplatteneinheit in einem PC oder in einer 37xx-Einheit.
FETCH	Laden eines VSE-Programms aus einer DOSLIB in der Speicher des virtuellen Rechners.
FILEDEF	Simulation des MVS DD-Statements im CMS.
FILELIST	Übersicht über die CMS-Dateien einer Minidisk.
Filemode	Zuordnung einer CMS-Datei zu einer Minidisk.
Filenamen	Hauptname einer CMS-Datei.
Filetransfer	Methode zum Übertragen von Dateien zwischen unterschiedlichen Rechnern und Betriebssystemen.
Filetype	Charakterisierung des Inhalts einer CMS-Datei.

Firmware	Hardwarenahe Programme; z.B. Customizing einer 3174.
Formatieren	Vorbereiten einer Magnetplatte zur Aufnahme von Dateien eines bestimmten Formats.

G

Garbage collection	Bereinigung des Hauptspeichers; Freigeben nicht mehr benutzter Speicherblöcke.
Gastbetriebssystem	Betriebssystem unter der Steuerung des CP.
Gateway-SSCP	Übergangspunkt eines SNA-Netzes zu einem SNI-Verbund.
GCS	Group Control System.
GENMOD	CMS-Befehl zum Bilden eines Programm-Modules.
GLOBAL	CMS-Befehl zum Aktivieren verschiedener CMS-Bibliotheken.

H

Hash	Algorithmus zum Bestimmen eines Schlüssels für einen wahlfreien Datenzugriff.
Hauptspeicher	Interner Speicher eines Rechners.
HPO	High Performance Option.

I

ICCF	Interactive Communications Control Facility.
IDENTIFY	CMS-Befehl zum Abfragen des Namens des virtuellen Rechners.
IJSYSCT	VSAM-Mastercatalog.
IJSYSUC	VSAM-Usercatalog.
IML	Initial Microprogram Load. Start des Mikroprogramms.
IMPORT	Importieren von VSAM-Katalogen.
INDICATE	CP-Befehl zur Anzeige von Performance-Daten.
INCLUDE	Einfügen von Objectmodulen während eines Bindevorgangs für ein CMS-, OS- oder CMS-Programm.
Indexdatei	Datei mit Satzschlüsseln und internen Informationen für den direkten Zugriff auf Daten.

Interpreter	Direkte Analyse und Ausführung von Programmen im Quellkode.
Interrupt	Unterbrechung eines Programms, ausgelöst durch einen externen Vorgang (z.B. I/O).
IPCS	Interactive Problem Control System. Programm zur Dumpanalyse.
IPL	Initial Programm Load. Start eines Betriebssystems.
ISAM	Zugriffsmethode für die indexsequentielle Dateiverarbeitung.
ISPF	
IUCV	Inter-User Communications Vehicle. System zum Datenaustausch zwischen virtuellen Rechnern.

J

Job Control Language	Jobsteuersprache abhängig vom Betriebssystem (MVS oder VSE, VM hat keine Jobcontrol).
Jobcontrol	Regelwerk der Jobsteuersprache.

K

Kartenleser	Eingabemedium für Batchjobs bzw. empfangendes Medium des virtuellen Rechners beim Filetransfer.
Kennzahlen	Zahlenwerk, das die technische und wirtschaftliche Leistungsfähigkeit eines Rechenzentrums repräsentiert.
Klasse	Berechtigungsstufe für CP-Befehle.
Klausel	Syntaktische Einheit der Sprache REXX.
Konfigurationsliste	Verzeichnis der VTAM-Majornodes.

L

Leitungsdienste	Das Postangebot zur Datenübertragung.
Leitungsprozessor	Spezialrechner in der 37xx-Einheit zur Bedienung der Postleitungen.
LFU-Algorithmus	Last Frequently Used Regel beim Paging.
LIBDEF-Statement	Bekanntgabe eines Bibliothektyps in der VSE-Jobcontrol.
LIBR	VSE Bibliotheks Utility.

LINK	Statischer oder dynamischer Zugriff auf Minidisk's eines anderen virtuellen Rechners.
LISTDS	Anzeige von OS- oder DOS-Dateien auf einer OS- bzw. DOS-formatierten Minidisk.
LISTFILE	CMS-Befehl zur Anzeige von CMS-Dateien auf einer Minidisk.
LKED	OS-Linker zum Binden von OS-Programmen.
Logical unit	Endgerät (Bildschirm) in einem VTAM-Netz.
LOAD	Laden eines CMS-Programms in den Speicher eines virtuellen Rechners.
LOADCMD	Laden eines GCS-Modules und Vergabe eines Prefixes zur Kommunikation mit dem Module.
LOADLIB	OS-Ladebibliothek für OS-Programme im CMS.
Lockfile	Sperrverzeichnis beim VSE Plattensharing.
LOGAPPL	Angabe der VTAM-Anwendung mit der z.B. ein Bildschirm nach dem aktivieren verbunden werden soll.
Logische Hosts	SSCP's in virtuellen Rechnern.
Logon	Anmeldung eines virtuellen Rechners oder Sessionaufbau zu einer VTAM-Anwendung.
LRU-Algorithmus	Last Resently Used Algorithmus beim Paging.
LU	-> Logical Unit.

M

MACLIB	CMS Makrobibliothek.
MACLIST	FILELIST-ähnliche Anzeige der Makros in einer MACLIB.
MDISK	Virtuelle Magnetplatte eines virtuellen Rechners.
Metasprache	Regel zur Beschreibung der Syntax einer Programmiersprache.
Mikroprogramm	Programm zur Abbildung der fest definierten Operationscodes (Maschinenbefehle) auf die Hardware.
Minidisk	-> MDISK.
MIPS	Million Instructions per second.
MLT-Support	3174-Unterstützung mehrfach logischer Terminals.

Modem	Übergabepunkt der Postleitung.
MODULE	Fertig gebundenes CMS-Programm.
MONITOR	Befehl zur Gewinnung von Performancedaten.
MOVEFILE	OS-Kopierprogramm.
Multisession-Monitoren	Möglichkeit zum Unterhalt mehrerer VTAM-Sessions von einer LU aus.
Multiuserfähigkeit	Fähigkeit eines Betriebssystems, mehrere Anwender quasi gleichzeitig zu bedienen.
MVS	Multiple virtual storage. Das Betriebssystem der Großsysteme.
NCP	Network Control Program. Betriebssystem im 37xx-Controller.

N

NETWORK-Makro	Bekanntgabe eines SNA-Netzwerkes in einem SNI-Verbund.
Netview	Hilfsprogramm zur Steuerung eines SNA-Netzes.
Network Control Program	-> NCP.
Nickname	Zusammenfassender symbolischer Name für eine oder mehrere Userid's in einem Netzknoten.
Non-interactive	Status eines virtuellen Rechners nach der Berechnung der Deadline-Priority durch den Scheduler.
Nonpagable	Bereich im Hauptspeicher für CP-Module die nicht dem Paging unterliegen dürfen.

O

OLDDATE	Option beim COPYFILE-Befehl um das kopierte File mit dem Orginaldatum zu versehen.
Optionen	Zusatzparameter zu CP- und CMS-Befehlen.
ORIGINID	Userid die ein Spoolfile ursprünglich erzeugt hat.
OS	Operating System, Vorläufer des MVS.
OSRUN	Laden und starten eines OS-Programms im CMS.
OVERRIDES	Zuweisung von selbst definierten Klassen zu CP-Befehlen.

P

Page	4k-Bereich im Hauptspeicher.
Pagein	Hereinholen einer Page vom externen Speicher in den Hauptspeicher.
Pageout	Abspeichern einer Page auf den externen Speicher.
Partition	Definierter Bereich im VSE-Speicher zur Ausführung von Programmen.
Passwort	Schutzwort als Ausweis bei einem LOGON.
PEEK	Anzeige eines Spoolfiles.
PER	CP Trace Befehl.
Performance	Allgemeiner Ausdruck zur Beschreibung der Leistungsfähigkeit eines Rechners.
Performancemessung	Gewinnung von Leistungsdaten eines Rechners.
Pfad	VTAM Kommunikationspfad.
PLIST	Parameterliste für Programme, die mit dem CMS oder CP kommunizieren wollen. (Siehe auch -> EPLIST).
POWER	Ein- und Ausgabesteuersystem im VSE.
POWER-Queue-Files	Speichersystem zum Speichern der POWER-Dateien (RDR-, LST-, PUN- und XMT-Files).
Prefix Bereich	Bereich im XEDIT-Screen zur Aufnahme der Prefix-Kommandos.
Prefix Kommando	Kommandos für den XEDIT-Prefixbereich zum Kopieren, Verschieben, Löschen von Zeilen.
Primary allocation	Hauptdatenbereich für eine VSAM-Datei.
PROFILE EXEC	REXX-Programm, das unmittelbar nach dem LOGON an einen virtuellen Rechner ausgeführt wird.
PROFILE GCS	REXX-Programm, das unmittelbar nach einem LOGON an einen auf das GCS IPL'den Rechner ausgeführt wird.
PROFILE XEDIT	REXX-Programm (XEDIT-Makro), das nach dem Aufruf des XEDIT ausgeführt wird und so den Editor für den Anwender konfiguriert.
PROFS	Bürokommunikationssystem im VM.
Program Stack	Puffer zur Kommunikation mit CP- und CMS-Befehlen.
PROP	Einrichtung zur Vereinfachung von Operating-Aufgaben im VM.
Prozessor	Zentrales Element zur Ausführung der Maschinenbefehle.

PSW Austausch	Vorgang des Programmadressenaustausches bei einem Interrupt.
PUNCH	CMS-Befehl zum Stanzen von CMS-Dateien (natürlich auf den virtuellen Stanzer).

Q

QDROP	Regel, wann ein virtueller Rechner eine Scheduler-Queue verläßt.
QMF	Query Management Facility. System zur Gestaltung von SQL-Abfragen.

R

Rückrufeinrichtung	Einrichtung zum Erzwingen eines Rückrufes beim Aufbau einer VTAM-Session über eine Wählleitung.
RACF	Resource Access Control Facility. Zugriffsschutzsystem für alle Betriebsmittel des Rechners.
RDRList	FILELIST-ähnliche Anzeige der Spollfiles auf dem virtuellen Reader.
READCARD	Einlesen von Punch-Spoolfiles in eine CMS-Datei.
READER	Virtueller Kartenleser.
Ready Meldung	Bereitschaftsmeldung des CMS.
RECEIVE	Empfangen von Dateien in ein CMS-File.
Rechnerverbund	Kommunikationsnetz zwischen mehreren Rechnern.
RENAME	Umbenennen von CMS-Dateien.
REPLACE	Option beim RECEIVE um ein bereits existierendes File zu überschreiben.
REPRO	VSAM Kopierprogramm.
REXX	Interpreter für die Sprache REXX.
Ring	Mehrere XEDIT-Files im Speicher.
RSCS	Remote Spooling Communications Subsystem.
Run List	CP-interne Liste des Schedulers.
RXQL	REXX-Interface zum SQL.

S

SAVEFD	Abspeichern eines Minidisk-Directories in ein Shared Segment.
SAA	System Application Architecture.
SAM	Sequential Access Method.

Saved System	Fertig gebundenes Programmsystem zur Einlagerung in den Speicher eines virtuellen Rechners.
Scheduler	Zentrales Steuermodul zur Zuteilung der Resourcen an die virtuellen Rechner.
SCRIPT	Textformatierungssprache.
Sequentielle Datei	Speicherungsform für die sequentielle Verarbeitung von Datensätzen.
Secondary allocation	Sekundärdatenbereich für eine VSAM-Datei.
Seek	Positionierung des Zugriffsarmes einer Magnetplatteneinheit.
SENDFILE	Programm zum Verschicken von CMS-Dateien an andere virtuelle Rechner (auch in anderen Knoten).
Session	SNA Kommunikationspfad zwischen einer LU und einer Anwendung.
Sessionmonitor	Auswahlmenue verfügbarer VTAM Anwendungen.
Sicherheitssystem	Zugriffsschutzsystem und organisatorische Vorschriften zum Schutz der Daten und der Hardware.
SMSG	Special Message. Mittel zur Kommunikation mit Servern; z.B. RSCS.
SNA	System Network Architecture.
SNI	System Network Interconnection.
SPACE	VSAM-Bereich zur Aufnahme von VSAM-Dateien.
Speicherseite	-> Page.
Speicherverwaltung	Module des CP zur Zuteilung von Speicher an die virtuellen Rechner.
SPGEN	Generierungsprogramm bei der VM-Installation und Pflege.
SPOOL	CP-Befehl zur Festlegung von Spoolfile Attributen.
Spoolfiles	Dateien im Spoolbereich (RDR, PRT, PUN).
SPOOLID	Nummer eines Spoolfiles bezogen auf die Userid.
SQL/DS	Structured Query Language / Data System. Relationale Datenbank für VM. Äquivalent zu DB2 im MVS.
SSCP	System Services Control Point.
SSP	System Support Programm.
Standalone	Attribut eines Programms, ohne Betriebssystem lauffähig zu sein.

Standleitungen	Dauernde Verbindung von Rechnern im Postnetz.
Stealing	Entfernen von eigentlich nicht pagebaren Seiten.
Subarea-Nummer	"Postleitzahl" einer VTAM-Domäne.
Suchreihenfolge	Anordnung der Minidisk's bei der Suche nach REXX-Programmen und Modulen.
Super compute bound	-> Non-interactive
Supervisor Calls	Anforderung von Betriebssystemdiensten.
Swap	Mehrere zusammenhängende Speicherseiten mit einem I/O auf den externen Speicher schreiben bzw. von dort zu lesen.
Swapset	Die für das Swapping ausgewählten Speicherseiten.
Swapsetsize	Anzahl der Speicherseiten in einem Swapset.
Synonymtabelle	Umbenennung von CP- und CMS-Befehlen oder REXX-Programmen.
System Network Interconnection	-> SNI.
SYSTEM PRODUCT EDITOR	-> XEDIT.
System Services Control Point	-> SSCP.
System Support Programs	-> SSP.
Systems Application Architecture	-> SAA.
Systems Network Architecture	-> SNA.
SYSxxx	Systemlogische Einheit im VSE.

T

Temporäre DASD	Temporäre Minidisk während den LOGON-/LOGOFF-Zeitraums.
Terminalsteuereinheit	Vorrechner für die Bildschirme.
TEXT File	Ausgabefile des Assemblers (Objectmodule).
Timesharingsystem	Multiusersystem zur Bedienung der Anwender.
Tokenring	Flexible Art des Bildschirmanschlusses.
TRACE	REXX-Befehl zur Fehleranalyse.
TSO	Timesharing Option. Multiusersystem im MVS.
TXTLIB	Bibliothek von Objectmodulen.

U

UR-Einheiten	Unit Record Einheiten. Reader, Punch, Print.
Usercatalog	VSAM Dateiverzeichnis.

V

V.24-Stecker	Anschlußstecker für DFÜ-Leitungen.
VAE	Zusammenfassung von VSE-Partitions zu einem pagebaren Speicherbereich.
VCNA	Virtual Telecommunication Access Method
Virtual route	VTAM Kommunikationspfad von einer Subarea zu einer Ziel-Subarea.
Virtual Telecommunication Access Method	VTAM.
Virtualisierung	Abbildung der realen Welt für einen virtuellen Rechner.
Virtuelle Rechner	Abbildung des realen Rechners auf mehrere logische Einheiten.
Virtueller Speicher	Abbildung des realen Speichers für einen virtuellen Rechners.
VM	Virtual Machines.
VM Directory	Verzeichnis zur Definition der virtuellen Rechner in einem CP.
VM Logon-Bild	Anmeldemaske zum CP.
VM Queues	CP-interne Listen des Schedulers zur Vergabe der Resourcen an die virtuellen Rechner.
VM SNA Console Support	SNA Bildschirmunterstützung im VM.
VM unter VM	Betrieb eine kompletten VM in einem VM (meist zur Installation eines neuen Releases).
VM-enabled	Bildschirm unter alleiniger Steuerung des VM (ohne VTAM).
VM/370	Erstes für den Kunden verfügbares VM.
VM/SP	Derzeitiges VM.
VM/XA	VM mit Unterstützung der XA-Architektur (Überwindung der 16MB-Grenze).
VMCF	Virtual Machine Communication Facility.
Vorrechner	37xx Einheit.
VSAM	Virtual Storage Access Method.
VSAM-Cluster	VSAM-Datei.
VSAM-SHARE OPTIONS	Regelung der VSAM Zugriffe.
VSAM-Catalog	VSAM-Dateiverzeichnis.

VSAM-Mastercatalog   VSAM-Katalogverzeichnis.
VSAM/VSE   VSAM im VSE.
VSCS   VTAM SNA Console Support.
VSE   Virtal Storage Extended.
VSE Power   VSE Spoolingsystem.
VSE/SP   Virtual Storage Extended / System
                             Package.
VTAM   Virtual Telecommunication Access
                             Method.

VTAM Communications
      Network Application   -> VCNA.
VTAM-Programm   VTAM Anwendung.

W

Wählleitungsnetz   Telefonnetz.
Wählleitung   Leitungsverbindung im Telefonnetz.
Working-Set   Durchschnittlicher Speicherbedarf eines
                             virtuellen Rechners.

X

XEDIT   Texteditor des VM.
XEDIT-Subcommands   Kommandos des Texteditors.
XEDIT-XEDIT-Kommando   XEDIT-Aufruf innerhalb des Editors.

Z

Zero-Page   Speicherseite ab Adresse X'0'. Dieser
                             Bereich enthält hardwareabhängige und
                             interruptabhängige PSW's.

Literaturverzeichnis

An Introduction to Operating Systems, Harvey M. Deitel, Addison Wesley (1)

Betriebssysteme aus Benutzersicht, Peter Calingaert, Oldenbourg Verlag München (2)

VM/CMS Handbook for Programmers, Users, and Managers, Howard Fosdick, Hayden Books (3)

VM/SP System Facilities for Programming, IBM SC24-5288 (4)

VM/SP Quick Reference, IBM SX22-0005 (5)

CMS Command Reference, IBM SC19-6209 (6)

CP Command Reference, IBM SC19-6211 (7)

CMS User's Guide, IBM SC19-6210 (8)

System Product Interpreter Users's Guide, IBM SC24-5238 (9)

System Product Interpreter Reference, IBM SC24-5239 (10)

CMS for System Programming, IBM SC24-5286 (11)

Sachwortverzeichnis